MATH

# 정답 및 풀이

CHAPTER 1 다항식의 연산

본문 p.11

## 줄기 문제

### [줄기 1-1]

풀이 1) $x$에 대하여 차수가 높은 항부터 정리하면

$x^3y-2x^2+3y^2-xy+2y+1$
$=x^3y-2x^2-xy+3y^2+2y+1$

2) $y$에 대하여 차수가 높은 항부터 정리하면

$x^3y-2x^2+3y^2-xy+2y+1$
$=3y^2+x^3y-xy+2y-2x^2+1$
$=3y^2+(x^3-x+2)y-2x^2+1$

정답 1) $x^3y-2x^2-xy+3y^2+2y+1$
2) $3y^2+(x^3-x+2)y-2x^2+1$

### [줄기 2-1]

풀이 1) $2A-(B-C)=2A-B+C$
$=2(2x^2-2xy+3y^2)-(3x^2-xy-6y^2)+(-x^2+3xy)$
$=4x^2-4xy+6y^2-3x^2+xy+6y^2-x^2+3xy$
$=(4x^2-3x^2-x^2)+(-4xy+xy+3xy)+(6y^2+6y^2)$
$=12y^2$

2) $6A-3\{B+2(A-C)\}+3B-7C$
$=6A-3(B+2A-2C)+3B-7C$
$=6A-3B-6A+6C+3B-7C$
$=-C=-(-x^2+3xy)=x^2-3xy$

정답 1) $12y^2$ 2) $x^2-3xy$

### [줄기 2-2]

핵심 연산 ∘ 이 여러 개 있을 때, 연산의 계산 순서는 앞에서부터 차례대로 계산한다.

풀이 $(x^2+y)\circ(x+y+1)\circ(2x^2+y)$
$=\{(x^2+y)\circ(x+y+1)\}\circ(2x^2+y)$
$=\{(x^2+y)-3(x+y+1)\}\circ(2x^2+y)$
$=(x^2+y-3x-3y-3)\circ(2x^2+y)$
$=(x^2-3x-2y-3)\circ(2x^2+y)$
$=(x^2-3x-2y-3)-3(2x^2+y)$
$=x^2-3x-2y-3-6x^2-3y$
$=-5x^2-3x-5y-3$

정답 $-5x^2-3x-5y-3$

### [줄기 2-3]

풀이 i) $A\oplus B=5A+2B$에서 연산 ⊕의 정의
⇨ 앞의 것의 5배에 뒤의 것의 2배를 더하라는 의미이다. … ㉠

ii) $A\ominus B=A-3B$에서 연산 ⊖의 정의
⇨ 앞의 것에서 뒤의 것의 3배를 빼라는 의미이다. … ㉡

$A\oplus(B\ominus A)=A\oplus(B-3A)$ (∵ ㉡)
$=5A+2(B-3A)$ (∵ ㉠)
$=2B-A$

$A=3x^2-2$, $B=x^3-1$일 때
$=2(x^3-1)-(3x^2-2)$
$=2x^3-3x^2$

정답 $2x^3-3x^2$

### [줄기 3-1]

풀이 1) $(2x+3)(x-1)^2$
$=(2x+3)(x^2-2x+1)$
$=2x^3-4x^2+2x+3x^2-6x+3$
$=\mathbf{2x^3-x^2-4x+3}$

2) $(a-2b)^2(3a+b-4)$
$=(a^2-4ab+4b^2)(3a+b-4)$
$=3a^3+a^2b-4a^2-12a^2b-4ab^2+16ab+12ab^2+4b^3-16b^2$
$=\mathbf{3a^3-11a^2b-4a^2+8ab^2+16ab+4b^3-16b^2}$

3) $(2t+k)(t-k)(3t+2k-1)$
$=(2t^2-2kt+kt-k^2)(3t+2k-1)$
$=(2t^2-kt-k^2)(3t+2k-1)$
$=6t^3+4kt^2-2t^2-3kt^2-2k^2t+kt$
$-3k^2t-2k^3+k^2$
$=\mathbf{6t^3+kt^2-2t^2-5k^2t+kt-2k^3+k^2}$

정답 풀이 참조

## [줄기 3-2]

핵심 세 다항식의 곱셈의 전개식에서 계수를 구할 때, 복잡한 두 다항식의 곱셈에서 구하고자 하는 항이 나올 수 있는 부분을 먼저 전개한다.

풀이 i) $(x^2-4x+5)(3x^4+x^2-6x-7)$의 전개식에서 $x^2$항은
$x^2\cdot(-7)+(-4x)\cdot(-6x)+5\cdot x^2=22x^2$
ii) $(x^2-4x+5)(3x^4+x^2-6x-7)$의 전개식에서 $x^3$항은
$x^2\cdot(-6x)+(-4x)\cdot x^2=-10x^3$
$(2x-3)(x^2-4x+5)(3x^4+x^2-6x-7)$의 전개식에서 $x^3$항은
$2x\cdot22x^2+(-3)\cdot(-10x^3)=44x^3+30x^3$
$=74x^3$
$\therefore$ ($x^3$의 계수)$=74$

정답 74

## [줄기 3-3]

핵심 상수항은 $x^0$의 계수이다.
따라서 *상수항도 계수에 포함된다.

풀이 $(x-5)(7x^2+x-1)(2x-3)^2$ …㉠을 전개하면 최고차항이 5차인 다항식이 나온다. 이것을 임의로 정리해 보면
$ax^5+bx^4+cx^3+dx^2+ex+f$ …㉡가 된다.
계수들의 총합 $a+b+c+d+e+f$를 구하기 위해서는 $x=1$을 ㉡에 대입하면 된다. ㉡에 $x=1$을 대입한 것은 ㉠에 $x=1$을 대입한 것과 같으므로
$(1-5)(7+1-1)(2-3)^2=(-4)\cdot7\cdot1$
$=-28$

정답 $-28$

## [줄기 3-4]

핵심 주어진 식의 전개식에 $y=0$을 대입하면 $y$가 포함된 항은 0이 되므로 $y$가 포함된 항을 모두 제외할 수 있다.
⇨ (주어진 식)=(전개식)이므로 주어진 식에 $y=0$을 대입한다.

풀이 주어진 식의 전개식에 $x=1$, $y=0$, $z=1$을 대입하면 $y$를 포함하지 않는 항의 계수들의 총합을 구할 수 있다.
$(1+3\cdot0-2\cdot1)^7=(-1)^7=-1$

정답 $-1$

## [줄기 4-1]

풀이 1) (앞+뒤)(앞$^2-$앞$\cdot$뒤+뒤$^2$)=앞$^3+$뒤$^3$
$(3x+2y)\{(3x)^2-3x\cdot2y+(2y)^2\}$
$=(3x)^3+(2y)^3$
$=\mathbf{27x^3+8y^3}$

2) $(x-1)(x+2)(x-3)$
$=\{x+(-1)\}(x+2)\{x+(-3)\}$
$=x^3+$(모두 합)$x^2+$(곱의 합)$x+$(모두 곱)
$=\mathbf{x^3-2x^2-5x+6}$

3) (앞+뒤)(앞$-$뒤)=앞$^2-$뒤$^2$
$(x^2+x+y^2)(x^2-x+y^2)$
$=\{(x^2+y^2)+x\}\{(x^2+y^2)-x\}$
$=(x^2+y^2)^2-x^2$
$=\mathbf{x^4+y^4+2x^2y^2-x^2}$

4) $(a+b+c)^2=a^2+b^2+c^2+2(ab+bc+ca)$
$(2x-y+z)^2$
$=\{2x+(-y)+z\}^2$
$=(2x)^2+(-y)^2+z^2$
$+2\{2x\cdot(-y)+(-y)\cdot z+z\cdot2x\}$
$=4x^2+y^2+z^2+2(-2xy-yz+2zx)$
$=\mathbf{4x^2+y^2+z^2-4xy-2yz+4zx}$

5) $(a+b)^3=a^3+3a^2b+3ab^2+b^3$
$(2x+3y)^3$
$=(2x)^3+3(2x)^2\cdot3y+3\cdot2x\cdot(3y)^2+(3y)^3$
$=\mathbf{8x^3+36x^2y+54xy^2+27y^3}$

6) $(a-b)^3=a^3-3a^2b+3ab^2-b^3$

$(x-3y)^3$

$=x^3-3\cdot x^2\cdot 3y+3\cdot x\cdot(3y)^2-(3y)^3$

$=\mathbf{x^3-9x^2y+27xy^2-27y^3}$

7) $a^3+b^3+c^3-3abc$

$=(a+b+c)(a^2+b^2+c^2-ab-bc-ca)$

$(x-2y-z)(x^2+4y^2+z^2+2xy-2yz+xz)$

$=\{x+(-2y)+(-z)\}$

$\times\{x^2+(-2y)^2+(-z)^2-x(-2y)$

$-(-2y)(-z)-(-z)x\}$

$=x^3+(-2y)^3+(-z)^3-3x(-2y)(-z)$

$=\mathbf{x^3-8y^3-z^3-6xyz}$

정답 풀이 참조

## [줄기 4-2]

풀이 1) $(x+2)(x-1)(x+4)(x+7)$

$=(\underline{x+2)(x+4})(\underline{x-1)(x+7})$

$=(x^2+6x+8)(x^2+6x-7)$

$=(t+8)(t-7)$ ← $x^2+6x=t$로 치환

$=t^2+t-56$ ← $t=x^2+6x$를 대입

$=(x^2+6x)^2+(x^2+6x)-56$

$=x^4+12x^3+36x^2+x^2+6x-56$

$=x^4+12x^3+37x^2+6x-56$

2) $(x+2)^2(x^2-2x+4)^2$

$=\{(x+2)(x^2-2x+4)\}^2$

$=(x^3+2^3)^2$

$=(x^3+8)^2$

$=x^6+16x^3+64$

정답 1) $x^4+12x^3+37x^2+6x-56$
2) $x^6+16x^3+64$

## [줄기 4-3]

핵심 $\bigcirc^3+\square^3+\triangle^3$ 꼴은 아래 공식을 이용한다.
$a^3+b^3+c^3-3abc$
$=(a+b+c)(a^2+b^2+c^2-ab-bc-ca)$

($\because$ $\bigcirc^3+\square^3+\triangle^3$ 꼴은 고등과정에서 이것 말고는 쓸 공식이 없다.)

풀이 $x^3+y^3+z^3$, 즉 $\bigcirc^3+\square^3+\triangle^3$ 꼴이므로

$x^3+y^3+z^3-3xyz$

$=(x+y+z)(x^2+y^2+z^2-xy-yz-zx)\cdots$ ㉠

$(x+y+z)^2=x^2+y^2+z^2+2(xy+yz+zx)$

$2^2=x^2+y^2+z^2+2\cdot(-3)$

$\therefore x^2+y^2+z^2=10$

따라서 ㉠에서

$x^3+y^3+z^3-3\cdot 4=2\cdot\{10-(-3)\}$

$\therefore x^3+y^3+z^3=38$

정답 38

## [줄기 4-4]

풀이 $(a^2+b^2+c^2)^2$

$=a^4+b^4+c^4+2(a^2b^2+b^2c^2+c^2a^2)\cdots$ ㉠

$(ab+bc+ca)^2$

$=a^2b^2+b^2c^2+c^2a^2+2(ab^2c+abc^2+a^2bc)$

$=a^2b^2+b^2c^2+c^2a^2+2abc(a+b+c)\cdots$ ㉡

$(a+b+c)^2=a^2+b^2+c^2+2(ab+bc+ca)$

$1^2=5+2(ab+bc+ca)$

$\therefore ab+bc+ca=-2$

따라서 ㉡에서

$(-2)^2=a^2b^2+b^2c^2+c^2a^2+2\cdot 2\cdot 1$

$\therefore a^2b^2+b^2c^2+c^2a^2=0$

따라서 ㉠에서

$5^2=a^4+b^4+c^4+2\cdot 0$

$\therefore a^4+b^4+c^4=25$

정답 25

## [줄기 4-5]

풀이 $\dfrac{1}{x}+\dfrac{1}{y}+\dfrac{1}{z}=\dfrac{yz+xz+xy}{xyz}$, 즉

$\dfrac{1}{x}+\dfrac{1}{y}+\dfrac{1}{z}=\dfrac{xy+yz+zx}{xyz}\cdots$ ㉠

$(x+y+z)^2=x^2+y^2+z^2+2(xy+yz+zx)$

$2^2=10+2(xy+yz+zx)$

$\therefore xy+yz+zx=-3$

따라서 ㉠에서

$\frac{1}{x}+\frac{1}{y}+\frac{1}{z}=\frac{-3}{4}$

정답 $-\frac{3}{4}$

## [줄기 4-6]

핵심 합과 곱을 알면 답을 구할 수 있다.

풀이 $x+y=\sqrt{6}$ (합의 값), $xy=1$ (곱의 값)

$\frac{x^2}{y}+\frac{y^2}{x}=\frac{x^3+y^3}{xy}=\frac{(x+y)^3-3xy(x+y)}{xy}$

$=\frac{(\sqrt{6})^3-3\cdot1\cdot\sqrt{6}}{1}=3\sqrt{6}$

정답 $3\sqrt{6}$

## [줄기 4-7]

핵심 합과 곱을 알면 답을 구할 수 있다.

풀이 $x+\frac{1}{x}=2$ (합의 값), $x\cdot\frac{1}{x}=1$ (곱의 값)

$x^3+\frac{1}{x^3}=x^3+\left(\frac{1}{x}\right)^3$

$=\left(x+\frac{1}{x}\right)^3-3\cdot x\cdot\frac{1}{x}\left(x+\frac{1}{x}\right)$

$=\left(x+\frac{1}{x}\right)^3-3\left(x+\frac{1}{x}\right)$

$=2^3-3\cdot2=2$

정답 2

## [줄기 4-8]

핵심 합과 곱을 알면 답을 구할 수 있다.

방법 I $x^2+\frac{1}{x^2}=7$ (합의 값), $x^2\cdot\frac{1}{x^2}=1$ (곱의 값)

⇨ 이 합과 곱의 값을 이용하여 $x^3+\frac{1}{x^3}$의 값을 구할 수 없다. ㅠㅠ

방법 II $x^2+\frac{1}{x^2}=\left(x+\frac{1}{x}\right)^2-2\cdot x\cdot\frac{1}{x}$에서

$7=\left(x+\frac{1}{x}\right)^2-2$

$\therefore \left(x+\frac{1}{x}\right)^2=9 \quad \therefore x+\frac{1}{x}=3\ (\because x>0)$

$x+\frac{1}{x}=3$ (합의 값), $x\cdot\frac{1}{x}=1$ (곱의 값)

$x^3+\frac{1}{x^3}=x^3+\left(\frac{1}{x}\right)^3$

$=\left(x+\frac{1}{x}\right)^3-3\cdot x\cdot\frac{1}{x}\left(x+\frac{1}{x}\right)$

$=\left(x+\frac{1}{x}\right)^3-3\left(x+\frac{1}{x}\right)$ ⋯㉠

$x+\frac{1}{x}=3$을 ㉠에 대입하면

$x^3+\frac{1}{x^3}=3^3-3\cdot3=18$

정답 18

## [줄기 4-9]

풀이 $a-b=3-\sqrt{2}$, $b-c=3+\sqrt{2}$에서

변끼리 더하면

$a-c=6 \quad \therefore c-a=-6$

$a^2+b^2+c^2-ab-bc-ca$

$=\frac{1}{2}\{(a-b)^2+(b-c)^2+(c-a)^2\}$

$=\frac{1}{2}\{(3-\sqrt{2})^2+(3+\sqrt{2})^2+(-6)^2\}$

$=\frac{1}{2}\{(9-6\sqrt{2}+2)+(9+6\sqrt{2}+2)+36\}$

$=\frac{58}{2}=29$

정답 29

## [줄기 4-10]

풀이 $x^2+y^2+z^2+xy+yz+zx$

$=\frac{1}{2}\{(x+y)^2+(y+z)^2+(z+x)^2\}$ ⋯㉠

$x=-a+b+c$, $y=a-b+c$, $z=a+b-c$에서

$x+y=2c$, $y+z=2a$, $z+x=2b$

이것을 ㉠에 대입하면

$x^2+y^2+z^2+xy+yz+zx$
$=\frac{1}{2}\{(2c)^2+(2a)^2+(2b)^2\}$
$=2(a^2+b^2+c^2)$

정답 $2(a^2+b^2+c^2)$

### [줄기 4-11]

**핵심** 양수는 0보다 큰 실수를 말한다.

**풀이** $a^3+b^3+c^3-3abc$
$=(a+b+c)(a^2+b^2+c^2-ab-bc-ca)$
$=(a+b+c)\cdot\frac{1}{2}\{(a-b)^2+(b-c)^2+(c-a)^2\}$
i) $a+b+c>0$ ($\because a, b, c$가 양수)
ii) $(a-b)^2\geq 0,\ (b-c)^2\geq 0,\ (c-a)^2\geq 0$
$\therefore a^3+b^3+c^3-3abc\geq 0$
(단, 등호는 $a=b=c$일 때 성립한다.)

정답 풀이 참조

### [줄기 4-12]

**풀이** 1) $a^2+b^2+c^2=3,\ ab+bc+ca=3$일 때,
$a^2+b^2+c^2-ab-bc-ca=0$
$\frac{1}{2}\{(a-b)^2+(b-c)^2+(c-a)^2\}=0$
$a-b=0,\ b-c=0,\ c-a=0$
$\therefore a=b=c$
즉 $a^2+b^2+c^2=3$에서 $3a^2=3$ $\therefore a=\pm 1$
$a^7+b^7+c^7=3a^7=3\cdot(\pm 1)^7=\pm 3$

2) $(a+b+c)^2=a^2+b^2+c^2+2(ab+bc+ca)$
에서 $(3\sqrt{3})^2=9+2(ab+bc+ca)$
$\therefore ab+bc+ca=9$
이때, $a^2+b^2+c^2=9$이므로
$a^2+b^2+c^2-ab-bc-ca=0$
$\frac{1}{2}\{(a-b)^2+(b-c)^2+(c-a)^2\}=0$
$a-b=0,\ b-c=0,\ c-a=0$
$\therefore a=b=c$
즉 $a+b+c=3\sqrt{3}$에서 $3a=3\sqrt{3}$ $\therefore a=\sqrt{3}$
$a^3+b^3+c^3=3a^3=3\cdot(\sqrt{3})^3=3\cdot(3\sqrt{3})$

정답 1) $\pm 3$ 2) $9\sqrt{3}$

### [줄기 4-13]

**풀이** $[A, B, C]=AC+B^2$이므로 [ 첫번째, 두번째, 세번째 ]의 정의는 첫번째와 세번째의 곱에 두번째를 제곱한 것을 합하라는 것이다. 따라서

1) $[x, z, y]+[y, x, z]+[z, y, x]$
$=xy+z^2+yz+x^2+zx+y^2$
$=x^2+y^2+z^2+xy+yz+zx$
$=\frac{1}{2}\{(x+y)^2+(y+z)^2+(z+x)^2\}$
$x=a-b+c,\ y=a+b-c,\ z=-a+b+c$
에서 $x+y=2a,\ y+z=2b,\ z+x=2c$
$=\frac{1}{2}\{(2a)^2+(2b)^2+(2c)^2\}$
$=2(a^2+b^2+c^2)$

2) $[2y, x, z]+[z, y, 2x]+[2x, z, y]$
$=2y\cdot z+x^2+z\cdot 2x+y^2+2x\cdot y+z^2$
$=x^2+y^2+z^2+2xy+2yz+2zx$
$=(x+y+z)^2$
$x=a-b+c,\ y=a+b-c,\ z=-a+b+c$
에서 변끼리 더하면 $x+y+z=a+b+c$
$=(a+b+c)^2$

정답 1) $2(a^2+b^2+c^2)$ 2) $(a+b+c)^2$

### [줄기 4-14]

**핵심** $○^3+□^3+\triangle^3$ 꼴은 아래 공식을 이용한다.
$a^3+b^3+c^3-3abc$
$=(a+b+c)(a^2+b^2+c^2-ab-bc-ca)$
($\because$ $○^3+□^3+\triangle^3$ 꼴은 고등과정에서 이것 말고는 쓸 공식이 없다.)

**풀이** $x^3+y^3+z^3$, 즉 $○^3+□^3+\triangle^3$ 꼴이므로
$x^3+y^3+z^3-3xyz$
$=(x+y+z)(x^2+y^2+z^2-xy-yz-zx)$
따라서
$-12-3xyz=0\cdot(x^2+y^2+z^2-xy-yz-zx)$
$\therefore -12-3xyz=0$
$\therefore xyz=-4$

정답 $-4$

## [줄기 5-1]

**풀이** 1) $(x^3+0\cdot x^2-2x+0)\div(x^2+0\cdot x+1)$

$$\begin{array}{r|l} & x \\ x^2+0\cdot x+1 & x^3+0\cdot x^2-2x+0 \\ & x^3+0\cdot x^2+x \\ \hline & -3x+0 \end{array}$$

$\therefore$ 몫 : $x$, 나머지 : $-3x$

2) $(6x^4+0\cdot x^3+0\cdot x^2+2x+7)$

$\div(2x^2+0\cdot x+2)$

$$\begin{array}{r|l} & 3x^2 \quad -3 \\ 2x^2+0\cdot x+2 & 6x^4+0\cdot x^3+0\cdot x^2+2x+7 \\ & 6x^4+0\cdot x^3+6x^2 \\ \hline & -6x^2+2x+7 \\ & -6x^2+0\cdot x-6 \\ \hline & 2x+13 \end{array}$$

$\therefore$ 몫 : $3x^2-3$, 나머지 : $2x+13$

**정답** 1) 몫 : $x$, 나머지 : $-3x$
2) 몫 : $3x^2-3$, 나머지 : $2x+13$

## [줄기 5-2]

**풀이** $x-3=0$을 만족시키는 $x$의 값이 3이다.

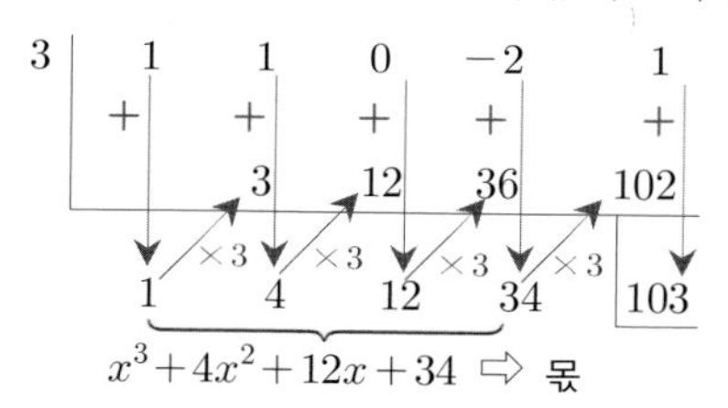


$\therefore x^4+x^3-2x+1$

$=(x-3)(\underbrace{x^3+4x^2+12x+34}_{\text{몫}})+\underbrace{103}_{\text{나머지}}$

**정답** 몫 : $x^3+4x^2+12x+34$, 나머지 : $103$

## [줄기 5-3]

**풀이** 1) $f(x)=x^3-2x^2+6x-7$일 때, $f(x)$를
$x-1$에 대한 내림차순으로 정리하면
$f(x)=a(x-1)^3+b(x-1)^2+c(x-1)+d$

$$\begin{array}{r|rrrr} 1 & 1 & -2 & 6 & -7 \\ & & 1 & -1 & 5 \\ \hline 1 & 1 & -1 & 5 & \boxed{-2} \Rightarrow d \\ & & 1 & 0 & \\ \hline 1 & 1 & 0 & \boxed{5} \Rightarrow c & \\ & & 1 & & \\ \hline & 1 & \boxed{1} \Rightarrow b & & \end{array}$$

$\Downarrow$ $a$

$\therefore a=1,\ b=1,\ c=5,\ d=-2$

$\therefore f(x)=(x-1)^3+(x-1)^2+5(x-1)-2$

2) $f(x)=(x-1)^3+(x-1)^2+5(x-1)-2$
이 식에 $x=1.1$을 대입하면

$f(1.1)=(1.1-1)^3+(1.1-1)^2+5\cdot(1.1-1)-2$
$=(0.1)^3+(0.1)^2+5\cdot(0.1)-2$
$=0.001+0.01+0.5-2$
$=0.511-2$
$=-(2-0.511)$
$=-1.489$

**정답** 1) $f(x)=(x-1)^3+(x-1)^2+5(x-1)-2$
2) $-1.489$

## [줄기 5-4]

**풀이** $f(x)=x^4-2x^3-5x^2+8x+6$일 때, $f(x)$를
$x-2$에 대한 내림차순으로 정리하면
$f(x)=a(x-2)^4+b(x-2)^3+c(x-2)^2+d(x-2)+e$

$$\begin{array}{r|rrrrr} 2 & 1 & -2 & -5 & 8 & 6 \\ & & 2 & 0 & -10 & -4 \\ \hline 2 & 1 & 0 & -5 & -2 & \boxed{2} \Rightarrow e \\ & & 2 & 4 & -2 & \\ \hline 2 & 1 & 2 & -1 & \boxed{-4} \Rightarrow d & \\ & & 2 & 8 & & \\ \hline 2 & 1 & 4 & \boxed{7} \Rightarrow c & & \\ & & 2 & & & \\ \hline & 1 & \boxed{6} \Rightarrow b & & & \end{array}$$

$\Downarrow$ $a$

$\therefore a=1,\ b=6,\ c=7,\ d=-4,\ e=2$

따라서 $bx^3-cx^2-dx+e$는

$6x^3-7x^2+4x+2$이다.

조립제법은 *일차항의 계수가 1인 일차식으로 나누는 방법이므로 [p.33]

$6x^3-7x^2+4x+2$

$=(2x-1)\cdot Q+R$ ⇨ 조립제법 (×)

$=\left(x-\frac{1}{2}\right)\cdot 2Q+R$ ⇨ 조립제법 (○)

$$\begin{array}{c|cccc} \frac{1}{2} & 6 & -7 & 4 & 2 \\ & & 3 & -2 & 1 \\ \hline & 6 & -4 & 2 & \boxed{3} \end{array} \Rightarrow R$$

$6x^2-4x+2=2Q$

$\therefore Q=3x^2-2x+1,\ R=3$

정답 몫 : $3x^2-2x+1$, 나머지 : 3

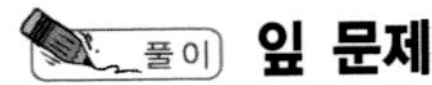

## 잎 문제

### 잎 1-1

풀이 $(x-1)(x+1)(x^2+1)(x^4+1)+1$

$=(x^2-1)(x^2+1)(x^4+1)+1$

$=(x^4-1)(x^4+1)+1$

$=(x^8-1)+1$

$=x^8$

정답 $x^8$

### 잎 1-2

핵심 합과 곱의 값을 알면 답을 구할 수 있다. 만약 구할 수 없으면 차의 값을 마저 알면 답을 구할 수 있다.

풀이 1) $a+b=(1+\sqrt{2})+(-1+\sqrt{2})=2\sqrt{2}$

$ab=(\sqrt{2}+1)(\sqrt{2}-1)=1$

$a^3+b^3=(a+b)^3-3ab(a+b)$

$=(2\sqrt{2})^3-3\cdot1\cdot2\sqrt{2}$

$=16\sqrt{2}-6\sqrt{2}$

$=10\sqrt{2}$

2) $a+b=(1+\sqrt{2})+(-1+\sqrt{2})=2\sqrt{2}$

$ab=(\sqrt{2}+1)(\sqrt{2}-1)=1$

$a^3-b^3=(a-b)^3+3ab(a-b)$

↳ 합과 곱의 값만으로 답을 구할 수 없다.

$a-b=(1+\sqrt{2})-(-1+\sqrt{2})=2$

$a^3-b^3=(a-b)^3+3ab(a-b)$

$=2^3+3\cdot1\cdot2$

$=8+6$

$=14$

3) $a+b=(1-\sqrt{2}+\sqrt{3})+(1+\sqrt{2}-\sqrt{3})$

$=2$

$ab=\{1-(\sqrt{2}-\sqrt{3})\}\{1+(\sqrt{2}-\sqrt{3})\}$

$=1^2-(\sqrt{2}-\sqrt{3})^2=1-(2-2\sqrt{6}+3)$

$=-4+2\sqrt{6}$

$a^3+b^3=(a+b)^3-3ab(a+b)$

$=2^3-3\cdot(-4+2\sqrt{6})\cdot2$

$=8+24-12\sqrt{6}$

$=32-12\sqrt{6}$

정답 1) $10\sqrt{2}$ 2) 14 3) $32-12\sqrt{6}$

### 잎 1-3

풀이 1) 주어진 식에 $(3-2)$, 즉 1을 곱하면 주어진 식의 값은 변하지 않는다.

$(3+2)(3^2+2^2)(3^4+2^4)(3^8+2^8)$

$=(3-2)(3+2)(3^2+2^2)(3^4+2^4)(3^8+2^8)$

$=(3^2-2^2)(3^2+2^2)(3^4+2^4)(3^8+2^8)$

$=(3^4-2^4)(3^4+2^4)(3^8+2^8)$

$=(3^8-2^8)(3^8+2^8)$

$=3^{16}-2^{16}$

2) 주어진 식에 $\frac{1}{5}(6-1)$, 즉 1을 곱하면 주어진 식의 값은 변하지 않는다.

$(6+1)(6^2+1)(6^4+1)(6^8+1)(6^{16}+1)$

$=\frac{1}{5}(6-1)(6+1)(6^2+1)(6^4+1)(6^8+1)(6^{16}+1)$

$=\frac{1}{5}(6^2-1)(6^2+1)(6^4+1)(6^8+1)(6^{16}+1)$

$=\frac{1}{5}(6^4-1)(6^4+1)(6^8+1)(6^{16}+1)$

$=\frac{1}{5}(6^8-1)(6^8+1)(6^{16}+1)$

$=\frac{1}{5}(6^{16}-1)(6^{16}+1)$

$= \frac{1}{5}(6^{32}-1)$

정답 1) $3^{16}-2^{16}$ 2) $\frac{1}{5}(6^{32}-1)$

## 잎 1-4

풀이 $(ab+bc+ca)^2$

$= a^2b^2+b^2c^2+c^2a^2+2(ab^2c+abc^2+a^2bc)$

$= a^2b^2+b^2c^2+c^2a^2+2abc(a+b+c)$

$= a^2b^2+b^2c^2+c^2a^2$ ($\because a+b+c=0$)

$\therefore (ab+bc+ca)^2 = a^2b^2+b^2c^2+c^2a^2 \cdots$ ㉠

$(a+b+c)^2 = a^2+b^2+c^2+2(ab+bc+ca)$에서

$0 = 5+2(ab+bc+ca)$

$\therefore ab+bc+ca = -\frac{5}{2}$

이것을 ㉠에 대입하면

$a^2b^2+b^2c^2+c^2a^2 = \frac{25}{4} = \frac{q}{p}$ (단, $p$, $q$는 서로소)

$\therefore p=4,\ q=25$

참고 서로소
공약수가 1뿐인 둘 이상의 자연수를 서로소라 한다.

정답 $p=4,\ q=25$

## 잎 1-5

핵심 상수항은 $x^0$의 계수이다.
따라서 *상수항도 계수에 포함된다.

풀이 $(2x^2+x-4)^3(3x^2-2)^2 \cdots$ ㉠을 전개하면 최고차항이 10차인 다항식이 나온다.
이것을 임의로 정리해 보면
$ax^{10}+bx^9+cx^8+\cdots+ix^2+jx+k \cdots$ ㉡가 된다.
계수들의 총합 $a+b+c+\cdots+i+j+k$를 구하기 위해서는 $x=1$을 ㉡에 대입하면 된다.
㉡에 $x=1$을 대입한 것은 ㉠에 $x=1$을 대입한 것과 같으므로
$(2+1-4)^3(3-2)^2 = (-1)\cdot 1 = -1$

정답 $-1$

## 잎 1-6

핵심 주어진 식을 모두 전개하면 시간이 많이 걸리므로 구하고자 하는 항이 나오는 부분만 전개한다.

풀이 $(1+2x+3x^2+\cdots+100x^{99})^2$, 즉
$(1+2x+3x^2+\cdots+100x^{99})(1+2x+3x^2+\cdots+100x^{99})$
의 전개식에서 $x^5$항은
$1\cdot 6x^5+2x\cdot 5x^4+3x^2\cdot 4x^3+4x^3\cdot 3x^2+5x^4\cdot 2x+6x^5\cdot 1$
$= 6x^5+10x^5+12x^5+12x^5+10x^5+6x^5$
$= 56x^5$
$\therefore$ ($x^5$의 계수)$=56$

정답 56

## 잎 1-7

풀이 $\frac{x^2}{y}+\frac{y^2}{x} = \frac{x^3+y^3}{xy}$

$= \frac{(x+y)^3-3xy(x+y)}{xy} \cdots$ ㉠

$x^2y^2 = (2+\sqrt{3})(2-\sqrt{3}) = 4-3 = 1$

$\therefore xy = 1$ ($\because x>0,\ y>0$)

$x^2+y^2 = (2+\sqrt{3})+(2-\sqrt{3}) = 4$

$(x+y)^2 = x^2+y^2+2xy = 4+2\cdot 1 = 6$

$\therefore x+y = \sqrt{6}$ ($\because x>0,\ y>0$)

따라서 ㉠에서

$\frac{x^2}{y}+\frac{y^2}{x} = \frac{(\sqrt{6})^3-3\cdot 1\cdot\sqrt{6}}{1} = 3\sqrt{6}$

정답 $3\sqrt{6}$

## 잎 1-8

핵심 차와 곱의 값을 알면 답을 구할 수 있다.
만약 구할 수 없으면 합의 값을 마저 알면 답을 구할 수 있다.

풀이 $x^2-x-1=0$에서 *$x \neq 0$이므로 양변을 $x$로 나누면 $x-1-\frac{1}{x}=0$

$x=0$은 $x^2-x-1=0$을 만족시키지 못하므로 *$x \neq 0$이다.

$x-\frac{1}{x}=1$ (차의 값), $x\cdot\frac{1}{x}=1$ (곱의 값)

$x^3+\frac{1}{x^3}=x^3+\left(\frac{1}{x}\right)^3$

$=\left(x+\frac{1}{x}\right)^3-3\cdot x\cdot\frac{1}{x}\left(x+\frac{1}{x}\right)$

$=\left(x+\frac{1}{x}\right)^3-3\left(x+\frac{1}{x}\right)$ ⋯㉠

$(a+b)^2=(a-b)^2+4ab$를 이용하면 합의 값을 알 수 있다. [p.26]

$\left(x+\frac{1}{x}\right)^2=\left(x-\frac{1}{x}\right)^2+4\cdot x\cdot\frac{1}{x}=1+4=5$

$\therefore x+\frac{1}{x}=\pm\sqrt{5}$ (합의 값)

이것을 ㉠에 대입하면

$x^3+\frac{1}{x^3}=(\pm\sqrt{5})^3-3(\pm\sqrt{5})$

$=\pm5\sqrt{5}\mp3\sqrt{5}$

$=\pm2\sqrt{5}$ (복부호 동순)

따라서 $x^3+\frac{1}{x^3}$의 값은 $\pm2\sqrt{5}$이다.

정답 $\pm2\sqrt{5}$

## 잎 1-9

**핵심** 합과 곱의 값을 알면 답을 구할 수 있다. 만약 구할 수 없으면 차의 값을 마저 알면 답을 구할 수 있다.

**방법 Ⅰ** $x^2+\frac{1}{x^2}=3$ (합의 값), $x^2\cdot\frac{1}{x^2}=1$ (곱의 값)

⇨ 이 합과 곱의 값을 이용하여 $x^3-\frac{1}{x^3}$의 값을 구할 수 없다. ㅠㅠ

**방법 Ⅱ** $x^2+\frac{1}{x^2}=\left(x+\frac{1}{x}\right)^2-2\cdot x\cdot\frac{1}{x}$에서

$3=\left(x+\frac{1}{x}\right)^2-2\qquad\therefore x+\frac{1}{x}=\pm\sqrt{5}$

$x+\frac{1}{x}=\pm\sqrt{5}$ (합의 값), $x\cdot\frac{1}{x}=1$ (곱의 값)

$x^3-\frac{1}{x^3}=x^3-\left(\frac{1}{x}\right)^3$

$=\left(x-\frac{1}{x}\right)^3+3\cdot x\cdot\frac{1}{x}\left(x-\frac{1}{x}\right)$

$=\left(x-\frac{1}{x}\right)^3+3\left(x-\frac{1}{x}\right)$ ⋯㉠

$(a-b)^2=(a+b)^2-4ab$를 이용하면 차의 값을 알 수 있다. [p.26]

$\left(x-\frac{1}{x}\right)^2=\left(x+\frac{1}{x}\right)^2-4\cdot x\cdot\frac{1}{x}=5-4=1$

$\therefore x-\frac{1}{x}=\pm1$ (차의 값)

이것을 ㉠에 대입하면

$x^3-\frac{1}{x^3}=(\pm1)^3+3(\pm1)$

$=\pm1\pm3$

$=\pm4$ (복부호 동순)

따라서 $x^3-\frac{1}{x^3}$의 값은 $\pm4$이다.

정답 $\pm4$

## 잎 1-10

**핵심** $○^3+□^3+△^3$ 꼴은 아래 공식을 이용한다.

$a^3+b^3+c^3-3abc$

$=(a+b+c)(a^2+b^2+c^2-ab-bc-ca)$

($\because$ $○^3+□^3+△^3$ 꼴은 고등과정에서 이것 말고는 쓸 공식이 없다.)

**풀이** $x^3-y^3+z^3=x^3+(-y)^3+z^3$

⇨ $○^3+□^3+△^3$ 꼴

$x^3+(-y)^3+z^3-3x(-y)z$

$=\{x+(-y)+z\}\cdot\{x^2+(-y)^2+z^2$

$-x(-y)-(-y)z-zx\}$

$x^3-y^3+z^3+3xyz$

$=(x-y+z)(x^2+y^2+z^2+xy+yz-zx)$ ⋯㉠

$x-y+z=2$에서 $x^2+y^2+z^2$, 즉 $x^2+(-y)^2+z^2$의 값을 구한다.

$\{x+(-y)+z\}^2$

$=x^2+(-y)^2+z^2+2\{x(-y)+(-y)z+zx\}$

$(x-y+z)^2=x^2+y^2+z^2-2(xy+yz-zx)$

$2^2=x^2+y^2+z^2-2\cdot3\qquad\therefore x^2+y^2+z^2=10$

따라서 ㉠에서

$x^3-y^3+z^3+3\cdot(-4)=2\cdot(10+3)$

$\therefore x^3-y^3+z^3=38$

정답 38

**잎 1-11**

**풀이** $3x^2+x-2=a(x-1)^2+b(x-1)+c$
$3x^2+x-2$를 $x-1$에 대하여 내림차순으로 정리한 것이므로 조립제법을 이용하면

| 1 | 3 | 1 | −2 |
|---|---|---|---|
|  |  | 3 | 4 |
| 1 | 3 | 4 | 2 ⇨ $c$ |
|  |  | 3 |  |
|  | 3 ⇩ $a$ | 7 ⇨ $b$ |  |

$\therefore a=3,\ b=7,\ c=2$

**정답** $a=3,\ b=7,\ c=2$

CHAPTER
# 2 항등식과 나머지정리

본문 p.41

## 줄기 문제

### [줄기 2-1]

**핵심** 임의의 $x$에 대하여 성립하는 등식은 $x$에 대한 항등식이다.

**풀이** $a(x+1)+b(x-1)=3x+5$
이 등식이 $x$에 대한 항등식이므로

**방법 I** [수치대입법]
i) 양변에 $x=-1$을 대입하면
$0+b(-1-1)=3\cdot(-1)+5 \quad \therefore b=-1$
ii) 양변에 $x=1$을 대입하면
$a(1+1)+0=3\cdot1+5 \quad \therefore a=4$

**방법 II** [계수비교법]
좌변을 전개한 후 $x$에 대한 내림차순으로 정리하면
$(a+b)x+(a-b)=3x+5$
양변의 동류항의 계수를 비교하면
$a+b=3,\ a-b=5 \quad \therefore a=4,\ b=-1$

**정답** $a=4,\ b=-1$

### [줄기 2-2]

**풀이** 1) 주어진 등식이 임의의 $x$에 대하여 성립하므로 $x$에 대한 항등식이다.
$\therefore$ $x$에 대하여 정리한다.
$(a-k)x+(2a+k+3)=0$
이 등식이 $x$에 대한 항등식이므로
$a-k=0,\ 2a+k+3=0$
두 식을 연립하여 풀면
$\boldsymbol{a=-1,\ k=-1}$

2) 주어진 등식이 어떤 $k$의 값에 대하여도 성립하므로 $k$에 대한 항등식이다.
$\therefore$ $k$에 대하여 정리한다.
$(-x+1)k+(ax+2a+3)=0$
이 등식이 $k$에 대한 항등식이므로
$-x+1=0,\ ax+2a+3=0$
두 식을 연립하여 풀면
$\boldsymbol{x=1,\ a=-1}$

3) 주어진 등식이 모든 실수 $x,\ y$에 대하여 성립하므로 $x,\ y$에 대한 항등식이다.
$\therefore$ $x,\ y$에 대하여 정리한다.
$(a-k)x+(a+3)y+k-a=0$
이 등식이 $x,\ y$에 대한 항등식이므로
$a-k=0,\ a+3=0,\ k-a=0$
세 식을 연립하여 풀면
$\boldsymbol{a=-3,\ k=-3}$

**정답** 풀이 참조

### [줄기 2-3]

**풀이** $\dfrac{x+2ay+b}{2x+y+1}=k$ ($k$는 상수)로 놓으면
$x+2ay+b=k(2x+y+1)$ …㉠

> $x,\ y$의 값에 관계없이 항상 ~은 $x,\ y$에 대한 항등식임을 알려주는 표현이다.
> $\therefore$ $x,\ y$에 대하여 정리한다.

$(1-2k)x+(2a-k)y+b-k=0$
이 등식이 $x,\ y$에 대한 항등식이므로
$1-2k=0,\ 2a-k=0,\ b-k=0$
세 식을 연립하여 풀면
$k=\dfrac{1}{2},\ a=\dfrac{1}{4},\ b=\dfrac{1}{2}$

**정답** $a=\dfrac{1}{4},\ b=\dfrac{1}{2}$

## [줄기 2-4]

**풀이** $\dfrac{x+5}{(x-1)(x+2)}=\dfrac{a}{x-1}+\dfrac{b}{x+2}$의 우변을 통분하면

$$\frac{a}{x-1}+\frac{b}{x+2}=\frac{a(x+2)+b(x-1)}{(x-1)(x+2)}$$
$$=\frac{(a+b)x+(2a-b)}{(x-1)(x+2)}$$

따라서

$$\frac{x+5}{(x-1)(x+2)}=\frac{(a+b)x+(2a-b)}{(x-1)(x+2)} \quad \cdots ㉠$$

㉠의 등식이 모든 실수 $x$에 대하여 성립하기 위해서는 양변의 분자까지 같아야 하므로

$x+5=(a+b)x+(2a-b)$

양변의 동류항의 계수를 비교하면

$a+b=1,\ 2a-b=5$

두 식을 연립하여 풀면 $a=2,\ b=-1$

**정답** $a=2,\ b=-1$

## [줄기 2-5]

**풀이** $f(x)=ax^2+bx$에 대하여 $x$의 값에 관계없이 $f(x+1)-f(x)=x$가 항상 성립하므로

$a(x+1)^2+b(x+1)-ax^2-bx=x$ ⇨ 항등식

$2ax+a+b=x$

이 등식은 $x$에 대한 항등식이므로 양변의 동류항의 계수를 비교하면

$2a=1,\ a+b=0 \qquad \therefore a=\dfrac{1}{2},\ b=-\dfrac{1}{2}$

**정답** $a=\dfrac{1}{2},\ b=-\dfrac{1}{2}$

## [줄기 2-6]

**핵심** 나누어떨어질 때 ⇨ 나머지가 0이다.

**풀이** $x^3+x^2+px+q$를 $x^2-x-2$로 나누었을 때의 몫을 $Q(x)$하면 나머지가 0이므로

$$x^3+x^2+px+q=(x^2-x-2)Q(x)$$
$$=(x+1)(x-2)Q(x)$$

이 등식은 $x$에 대한 항등식이므로

i) 양변에 $x=-1$을 대입하면

$-1+1-p+q=0 \qquad \therefore -p+q=0 \cdots ㉠$

ii) 양변에 $x=2$을 대입하면

$8+4+2p+q=0 \qquad \therefore 2p+q=-12 \cdots ㉡$

㉠, ㉡을 연립하여 풀면 $p=-4,\ q=-4$

**정답** $p=-4,\ q=-4$

## [줄기 2-7]

**방법 I** $x^3+ax^2+bx-3$을 $x^2-x+1$로 나누었을 때의 몫을 $Q(x)$라 하면 나머지가 $3x+2$이므로

$x^3+ax^2+bx-3=(x^2-x+1)Q(x)+3x+2$

⇨ 수치대입법으로는 답을 못 구함. ㅠㅠ

**방법 II** 직접 나눗셈을 하여 나머지가 $3x+2$인 것을 이용한다.

$$
\begin{array}{r|l}
 & x+(a+1) \\
x^2-x+1 & x^3+ax^2+bx-3 \\
 & x^3-x^2+x \\ \hline
 & (a+1)x^2+(b-1)x-3 \\
 & (a+1)x^2-(a+1)x+(a+1) \\ \hline
 & (b+a)x+(-4-a)
\end{array}
$$

$(b+a)x+(-4-a)=3x+2$

이 등식은 $x$에 대한 항등식이므로

$b+a=3,\ -4-a=2 \qquad \therefore a=-6,\ b=9$

**방법 III** 「중요」 $x^3+ax^2+bx-3$을 $x^2-x+1$로 나누었을 때의 몫을 $x+q$ ($q$는 상수)라 하면 나머지가 $3x+2$이므로

$$x^3+ax^2+bx-3=(x^2-x+1)(x+q)+3x+2$$
$$=x^3+(q-1)x^2+(-q+4)x+q+$$

이 등식은 $x$에 대한 항등식이므로 양변의 동류항의 계수를 비교하면

$a=q-1,\ b=-q+4,\ -3=q+2$

$\therefore q=-5,\ a=-6,\ b=9$

**정답** $a=-6,\ b=9$

### [줄기 2-8]

**핵심** 다항식의 나눗셈에서 나머지의 차수는 나누는 식의 차수보다 항상 낮다.
따라서 삼차식으로 나누었을 때는 나머지를 $ax^2+bx+c$ ($a$, $b$, $c$는 상수)로 놓는다.

**풀이** $x^{54}-x^{35}+2$를 $x(x-1)(x+1)$로 나누었을 때의 몫을 $Q(x)$, 나머지를 $ax^2+bx+c$ ($a$, $b$, $c$는 상수)라 하면

$x^{54}-x^{35}+2=x(x-1)(x+1)Q(x)+ax^2+bx+c$

이 등식은 $x$에 대한 항등식이므로

i) 양변에 $x=0$을 대입하면 $2=c$

ii) 양변에 $x=1$을 대입하면 $2=a+b+c$

$\therefore a+b=0\ (\because c=2)$ ⋯ ㉠

iii) $x=-1$을 양변에 대입하면 $4=a-b+c$

$\therefore a-b=2\ (\because c=2)$ ⋯ ㉡

㉠, ㉡을 연립하여 풀면

$a=1,\ b=-1$

따라서 구하는 나머지는 $x^2-x+2$

**정답** $x^2-x+2$

### [줄기 3-1]

**풀이** 나머지정리에 의하여 $f(-2)=f(-1)$이므로

$-8+4a-6-2=-1+a-3-2$

$4a-16=a-6,\ 3a=10$

$\therefore a=\dfrac{10}{3}$

**정답** $\dfrac{10}{3}$

### [줄기 3-2]

**핵심** 나머지정리는 다항식을 일차식으로 나누었을 때, 나머지를 구하는 방법이다.

**풀이** i) $f(x)$를 $x^2+2x-3$으로 나누었을 때의 몫을 $Q(x)$라 하면 나머지가 $3x+2$이므로

$f(x)=(x^2+2x-3)Q(x)+3x+2$

$=(x+3)(x-1)Q(x)+3x+2$

$\therefore f(-3)=-7,\ f(1)=5$ ⋯ ㉠

ii) $f(x)$를 $x^2+3x+2$로 나누었을 때의 몫을 $Q'(x)$라 하면 나머지가 3이므로

$f(x)=(x^2+3x+2)Q'(x)+3$

$=(x+2)(x+1)Q'(x)+3$

$\therefore f(-2)=3,\ f(-1)=3$ ⋯ ㉡

iii) $f(x)$를 $x^2-1$로 나누었을 때의 몫을 $Q''(x)$, 나머지를 $ax+b$ ($a$, $b$는 상수)라 하면

$f(x)=(x^2-1)Q''(x)+ax+b$

$=(x-1)(x+1)Q''(x)+ax+b$

$\therefore f(1)=a+b,\ f(-1)=-a+b$

$a+b=5\ (\because$ ㉠$),\ -a+b=3\ (\because$ ㉡$)$

두 식을 연립하여 풀면 $a=1,\ b=4$

따라서 구하는 나머지 $ax+b$는 $x+4$

**정답** $x+4$

### [줄기 3-3]

**풀이** $f(x)$를 $x-1$, $x$, $x+1$로 나누었을 때의 나머지가 각각 3, 7, 13이므로

$f(1)=3,\ f(0)=7,\ f(-1)=13$

다항식 $f(x)$를 $(x-1)x(x+1)$로 나누었을 때의 몫을 $Q(x)$, 나머지를 $ax^2+bx+c$ ($a$, $b$, $c$는 상수)라 하면

$f(x)=(x-1)x(x+1)Q(x)+ax^2+bx+c$

양변에 $x=1$, $x=0$, $x=-1$을 각각 대입하면

$f(1)=a+b+c\quad \therefore a+b+c=3$ ⋯ ㉠

$f(0)=c\quad \therefore c=7$ ⋯ ㉡

$f(-1)=a-b+c\quad \therefore a-b+c=13$ ⋯ ㉢

㉠, ㉡, ㉢을 연립하여 풀면

$a=1,\ b=-5,\ c=7$

따라서 구하는 나머지 $ax^2+bx+c$는 $x^2-5x+7$

**정답** $x^2-5x+7$

## 줄기 3-4

풀이 $f(x)$를 $x-2$, $x$로 나누었을 때의 나머지가 각각 3, 1이므로

$f(2)=3$ ⋯ ㉠, $f(0)=1$ ⋯ ㉡

다항식 $(x^2-x+2)f(x)$를 $x^2-2x$로 나누었을 때의 몫을 $Q(x)$, 나머지를 $ax+b$ ($a$, $b$는 상수)라 하면

$(x^2-x+2)f(x)=x(x-2)Q(x)+ax+b$ ⋯ ㉢

㉢의 양변에 $x=2$에 대입하면

$4f(2)=2a+b \quad \therefore 2a+b=12$ ($\because$ ㉠)

㉢의 양변에 $x=0$에 대입하면

$2f(0)=b \quad \therefore b=2$ ($\because$ ㉡)

$2a+b=12$, $b=2$를 연립하여 풀면

$a=5$, $b=2$

따라서 구하는 나머지 $ax+b$는

$5x+2$

정답 $5x+2$

## 줄기 3-5

풀이 i) $f(x)$를 $(x-1)^2$으로 나누었을 때의 몫을 $Q(x)$라 하면 나머지가 0이므로

$f(x)=(x-1)^2Q(x) \quad \therefore f(1)=0$ ⋯ ㉠

ii) $f(x)$를 $x-3$으로 나누었을 때의 나머지가 3이므로 나머지정리에 의하여

$f(3)=3$ ⋯ ㉡

iii) $f(x)$를 $(x-1)^2(x-3)$으로 나누었을 때의 몫을 $Q'(x)$, 나머지를 $ax^2+bx+c$ ($a$, $b$, $c$는 상수)라 하면

$f(x)=(x-1)^2(x-3)Q'(x)$
$+ax^2+bx+c$ ⋯ ㉢

> $f(x)$는 $(x-1)^2$으로 나누어떨어진다.
> 따라서 ㉢에서 $(x-1)^2(x-3)Q'(x)$는 $(x-1)^2$으로 나누어떨어지므로 $ax^2+bx+c$를 $(x-1)^2$으로 나누어 떨어져야 한다.
> 즉, $ax^2+bx+c=a(x-1)^2$이다.
> ↳ 나머지의 *문자 $a$, $b$, $c$를 문자 $a$ 하나로 줄였다.

$f(x)=(x-1)^2(x-3)Q'(x)$
$+a(x-1)^2$ ⋯ ㉣

㉣의 양변에 $x=1$을 대입하면

$f(1)=0$

$\therefore 0=0$ ($\because$ ㉠) ⇨ 도움이 안 된다. ㅠㅠ

㉣의 양변에 $x=3$을 대입하면

$f(3)=4a$

$\therefore 4a=3$ ($\because$ ㉡) $\quad \therefore a=\frac{3}{4}$

따라서 구하는 나머지는 ㉣에서

$\mathbf{\frac{3}{4}(x-1)^2}=\frac{3}{4}x^2-\frac{3}{2}x+\frac{3}{4}$

정답 $\frac{3}{4}x^2-\frac{3}{2}x+\frac{3}{4}$

## 줄기 3-6

풀이 i) $f(x)$를 $x+2$로 나누었을 때의 나머지가 21이므로 나머지정리에 의하여

$f(-2)=21$ ⋯ ㉠

ii) $f(x)$를 $x^2-x+5$로 나누었을 때의 몫을 $Q(x)$라 하면 나머지가 $2x+3$이므로

$f(x)=(x^2-x+5)Q(x)+2x+3$

iii) $f(x)$를 $(x+2)(x^2-x+5)$로 나누었을 때의 몫을 $Q'(x)$, 나머지를 $ax^2+bx+c$ ($a$, $b$, $c$는 상수)라 하면

$f(x)=(x+2)(x^2-x+5)Q'(x)$
$+ax^2+bx+c$ ⋯ ㉡

> $f(x)$를 $x^2-x+5$으로 나누었을 때 나머지가 $2x+3$이다. 따라서 ㉡에서 $(x+2)(x^2-x+5)Q'(x)$는 $x^2-x+5$로 나누어떨어지므로 $ax^2+bx+c$를 $x^2-x+5$로 나누었을 때의 나머지가 $2x+3$이어야 한다. 즉,
> $ax^2+bx+c=a(x^2-x+5)+2x+3$
> ↳ 나머지의 *문자 $a$, $b$, $c$를 문자 $a$ 하나로 줄였다.

$f(x)=(x+2)(x^2-x+5)Q'(x)$
$+a(x^2-x+5)+2x+3$ ⋯ ㉢

㉢의 양변에 $x=-2$를 대입하면

$f(-2)=11a-4+3$

$\therefore 11a-1=21$ ($\because$ ㉠) $\quad \therefore a=2$

따라서 구하는 나머지는 ㉢에서

$\mathbf{2(x^2-x+5)+2x+3}=2x^2+13$

정답 $2x^2+13$

## 줄기 3-7

풀이 $f(x)$를 $x+2$로 나누었을 때의 몫이 $Q(x)$, 나머지가 $-4$이므로

$f(x)=(x+2)Q(x)-4$ …㉠

$Q(x)$를 $x-1$로 나누었을 때의 나머지가 3이므로 나머지정리에 의하여 $Q(1)=3$

$f(x)$를 $x-1$로 나누었을 때의 나머지는 나머지정리에 의하여 $f(1)$

따라서 ㉠의 양변에 $x=1$을 대입하면

$f(1)=3\cdot Q(1)-4=3\cdot 3-4=5$

정답 5

## 줄기 3-8

풀이 $f(x)$를 $x-2$로 나누었을 때의 나머지가 2이므로 나머지정리에 의하여 $f(2)=2$

$g(x)$를 $x-2$로 나누었을 때의 나머지가 $-3$이므로 나머지정리에 의하여 $g(2)=-3$

$2f(x)-3g(x)$를 $x-2$로 나누었을 때의 나머지는 나머지정리에 의하여

$2f(2)-3g(2)=2\cdot 2-3\cdot(-3)=13$

정답 13

## 줄기 3-9

풀이 $f(x)=4x^3-3x^2+ax+b$로 놓으면 $f(x)$가 $x^2-1$, 즉 $(x-1)(x+1)$로 나누어떨어지므로

$f(x)=(x-1)(x+1)Q(x)$ 꼴이다. 따라서

$f(1)=0$, $f(-1)=0$

$f(1)=0$에서 $4-3+a+b=0$

$\therefore a+b=-1$ …㉠

$f(-1)=0$에서 $-4-3-a+b=0$

$\therefore a-b=-7$ …㉡

㉠, ㉡을 연립하여 풀면

$a=-4$, $b=3$

정답 $a=-4$, $b=3$

## 줄기 3-10

풀이 $f(3)=0$이면 $f(x)=(x-3)Q(x)$ 꼴이므로

$f(x^2-2x)=(x^2-2x-3)Q(x^2-2x)$

$=(x+1)(x-3)Q(x^2-2x)$

따라서 보기 중 항상 $f(x^2-2x)$의 인수인 것은 $x+1$, $x-3$이다.

참고 다항식을 곱의 꼴로 나타낼 때, 그 곱의 구성 성분을 인수라 한다. [p.52]

정답 ①, ⑤

## 줄기 3-11

풀이 $f(x)=2x^3+ax^2+bx-24$로 놓으면 $f(x)$는 $x^2-4$, 즉 $(x-2)(x+2)$를 인수로 가지므로

$f(x)=(x-2)(x+2)Q(x)$ 꼴이다. 따라서

$f(2)=0$, $f(-2)=0$

$f(2)=0$에서 $16+4a+2b-24=0$

$\therefore 2a+b=4$ …㉠

$f(-2)=0$에서 $-16+4a-2b-24=0$

$\therefore 2a-b=20$ …㉡

㉠, ㉡을 연립하여 풀면 $a=6$, $b=-8$

따라서 $x^2-12x-8$를 $x+1$로 나누었을 때의 나머지는 나머지정리에 의하여

$(-1)^2-12\cdot(-1)-8=5$

정답 5

# 풀이 잎 문제

### 잎 2-1

풀이 $(a+b-2)x+3-ab=0$

이 등식은 $x$에 대한 항등식이므로

$a+b-2=0$, $3-ab=0$

$a+b=2$, $ab=3$

$\therefore a^3+b^3=(a+b)^3-3ab(a+b)$

$=2^3-3\cdot 3\cdot 2=8-18=-10$

정답 $-10$

### 잎 2-2

**풀이** i) $x=-1$을 주어진 식의 양변에 대입하면

$0=1-a+b-4+1 \quad \therefore a-b=-2 \cdots ㉠$

ii) $x=0$을 주어진 식의 양변에 대입하면

$1=1$ ⇨ 도움이 안 된다. ㅠㅠ

iii) $x=1$을 주어진 식의 양변에 대입하면

$16=1+a+b+4+1 \quad \therefore a+b=10 \cdots ㉡$

㉠, ㉡을 연립하여 풀면 $a=4,\ b=6$

**정답** $a=4,\ b=6$

### 잎 2-3

**풀이** $\dfrac{2x^2+3px+1}{x^2+px+q}=k$ ($k$는 상수)로 놓으면

$2x^2+3px+1=k(x^2+px+q) \cdots ㉠$

㉠의 등식을 $x$에 대하여 정리한다. 즉,

$(\quad)x^2+(\quad)x+(\quad)=0$ 꼴로 정리하면

$(2-k)x^2+(3p-kp)x+(1-kq)=0$

이 등식은 $x$에 대한 항등식이므로

$2-k=0,\ 3p-kp=0,\ 1-kq=0$

세 식을 연립하여 풀면

$k=2,\ p=0,\ q=\dfrac{1}{2}$

**정답** $p=0,\ q=\dfrac{1}{2}$

### 잎 2-4

**풀이** $x^5-ax^3+x^2+b=(x+1)(x-1)f(x)$

이 등식은 $x$에 대한 항등식이므로

i) 양변에 $x=-1$을 대입하면

$-1+a+1+b=0 \quad \therefore a+b=0 \cdots ㉠$

ii) 양변에 $x=1$을 대입하면

$1-a+1+b=0 \quad \therefore a-b=2 \cdots ㉡$

㉠, ㉡을 연립하여 풀면 $a=1,\ b=-1$

$\therefore x^5-x^3+x^2-1=(x+1)(x-1)f(x)$

| | | | | | | |
|---|---|---|---|---|---|---|
| $-1$ | 1 | 0 | $-1$ | 1 | 0 | $-1$ |
| | | $-1$ | 1 | 0 | $-1$ | 1 |
| 1 | 1 | $-1$ | 0 | 1 | $-1$ | 0 |
| | | 1 | 0 | 0 | 1 | |
| | 1 | 0 | 0 | 1 | 0 | |

$f(x)=1\cdot x^3+0\cdot x^2+0\cdot x+1$

$\therefore f(x)=x^3+1$

**참고** 일차항의 계수가 1인 일차식으로 나누는 경우 ⇨ 조립제법을 이용할 수 있다. [p.33]

**정답** $x^3+1$

### 잎 2-5

**풀이** 주어진 등식은 $x$에 대한 항등식이므로

1) 주어진 등식의 양변에 $x=1$을 대입하면

$(-2)^3=a_0+a_1+a_2+a_3+a_4+a_5+a_6 \cdots ㉠$

$\therefore a_0+a_1+a_2+a_3+a_4+a_5+a_6=-8$

2) 주어진 등식의 양변에 $x=0$을 대입하면

$(-4)^3=a_0 \quad \therefore a_0=-64$

$\therefore a_1+a_2+a_3+a_4+a_5+a_6=-8-a_0$

$=-8+64$

$=56$

3) 주어진 등식의 양변에 $x=-1$을 대입하면

$4^3=a_0-a_1+a_2-a_3+a_4-a_5+a_6 \cdots ㉡$

㉠+㉡을 하면

$-8+64=2(a_0+a_2+a_4+a_6)$

$\therefore a_0+a_2+a_4+a_6=28$

**정답** 1) $-8$ 2) 56 3) 28

### 잎 2-6

**풀이** 주어진 등식의 양변에 $x=3$을 대입하면

$3^{10}+1=a_{10}+a_9+a_8+\cdots+a_1+a_0 \cdots ㉠$

주어진 등식의 양변에 $x=1$을 대입하면

$1^{10}+1=a_{10}-a_9+a_8-\cdots-a_1+a_0 \cdots ㉡$

㉠+㉡을 하면

$3^{10}+3=2(a_{10}+a_8+a_6+a_4+a_2+a_0)$

$\therefore a_{10}+a_8+a_6+a_4+a_2+a_0=\dfrac{3^{10}+3}{2}$

**정답** ①

### 잎 2-7

**방법 I** 다항식의 나눗셈에서 나머지의 차수는 나누는 식의 차수보다 항상 낮다.

따라서 이차식으로 나누었을 때는 나머지를 $ax+b$ ($a$, $b$는 상수)로 놓는다.

$4x^4-2x^2+4x-1$을 $x^2-x+1$로 나누었을 때의 몫을 $Q(x)$, 나머지를 $R(x)=ax+b$라 하면

$4x^4-2x^2+4x-1=(x^2-x+1)Q(x)+ax+b$

⇨ 수치대입법으로는 답을 못 구함. ㅠㅠ

**방법 Ⅱ**

$$\begin{array}{r} 4x^2+4x-2 \\ x^2-x+1 \overline{\smash{\big)}\, 4x^4+0\cdot x^3-2x^2+4x-1} \\ \underline{4x^4-4x^3+4x^2\qquad\qquad} \\ 4x^3-6x^2+4x\quad \\ \underline{4x^3-4x^2+4x\quad} \\ -2x^2+0\cdot x-1 \\ \underline{-2x^2+2x-2} \\ -2x+1 \end{array}$$

$Q(x)=4x^2+4x-2$

$\therefore Q(-1)=4-4-2=-2$

$R(x)=-2x+1$

$\therefore R(1)=-2+1=-1$

**정답** $Q(-1)=-2$, $R(1)=-1$

## 잎 2-8

**풀이** 1) $f(x)=x^4-2x^2+ax-b$로 놓으면 $f(x)$를 $x^2-1$ 즉 $(x-1)(x+1)$로 나누었을 때, 나머지가 $2x-4$이므로 나머지정리에 의하여

$f(1)=-2$, $f(-1)=-6$

$f(1)=-2$에서 $1-2+a-b=-2$

$\therefore a-b=-1$ ⋯㉠

$f(-1)=-6$에서 $1-2-a-b=-6$

$\therefore a+b=5$ ⋯㉡

㉠, ㉡을 연립하여 풀면 $a=2$, $b=3$

2) $f(x)=3x^3+9x^2+ax+b$로 놓으면 $f(x)$는 $x+1$, $x-1$을 인수로 가지므로 인수정리에 의하여

$f(-1)=0$, $f(1)=0$

$f(-1)=0$에서 $-3+9-a+b=0$

$\therefore -a+b=-6$ ⋯㉠

$f(1)=0$에서 $3+9+a+b=0$

$\therefore a+b=-12$ ⋯㉡

㉠, ㉡을 연립하여 풀면 $a=-3$, $b=-9$

**정답** 1) $a=2$, $b=3$ 2) $a=-3$, $b=-9$

## 잎 2-9

**풀이** $f(x)$를 $x^2-8x+12$ 즉 $(x-2)(x-6)$로 나누었을 때, 나머지가 $2x+1$이므로 나머지정리에 의하여

$f(2)=5$, $f(6)=13$ ⋯㉠

$(x^2+1)f(x+3)$을 $(x+1)(x-3)$으로 나누었을 때, 나머지를 $R(x)=ax+b$ ($a$, $b$상수)라 하면 나머지정리에 의하여

$2f(2)=-a+b$, $10f(6)=3a+b$

$\therefore -a+b=10$, $3a+b=130$ ($\because$ ㉠)

이 두 식을 연립하여 풀면 $a=30$, $b=40$

따라서 $R(x)=30x+40$

**정답** $30x+40$

## 잎 2-10

**풀이** $f(x)$는 $x^2-2x-3$ 즉 $(x+1)(x-3)$으로 나누어떨어지므로 인수정리에 의하여

$f(-1)=0$, $f(3)=0$ ⋯㉠

$f(x)-4$는 $x-1$로 나누어떨어지므로 인수정리에 의하여

$f(1)-4=0$ $\quad\therefore f(1)=4$ ⋯㉡

$f(x)+6$을 $x^2-1$ 즉 $(x-1)(x+1)$로 나누었을 때, 나머지를 $ax+b$라 하면 나머지정리에 의하여

$f(1)+6=a+b$, $f(-1)+6=-a+b$

$\therefore a+b=10$ ($\because$ ㉡), $-a+b=6$ ($\because$ ㉠)

이 두 식을 연립하여 풀면

$a=2$, $b=8$

따라서 구하는 나머지는 $2x+8$

**정답** $2x+8$

## 잎 2-11

풀이 1) $P(a)=P(b)=P(c)=0$이므로
인수정리에 의하여
$P(x)=(x-a)(x-b)(x-c)$이고
$P(0)=(0-a)(0-b)(0-c)$
$=-abc=-6$
$\therefore abc=6$
이때 $a, b, c$는 서로 다른 자연수이므로
각각 1, 2, 3 중 하나의 값을 갖는다.
$\therefore P(x)=(x-1)(x-2)(x-3)$
따라서 $P(x)$를 $x-6$으로 나눈 나머지는
$P(6)=(6-1)(6-2)(6-3)=60$

2) $P(1)=1, P(2)=2, P(3)=3$에서
$P(1)-1=P(2)-2=P(3)-3=0$
이므로 인수정리에 의하여
$P(x)-x=(x-1)(x-2)(x-3)$
$\therefore P(x)=(x-1)(x-2)(x-3)+x$
따라서 구하는 나머지는
$P(-2)=(-2-1)(-2-2)(-2-3)-2$
$=-62$

정답 1) ④ 2) $-62$

## 잎 2-12

풀이 1) $18=x$라 하면 $17=x-1$이므로
$18^{30}+18^{15}+18$을 17로 나누었을 때의 나머지는 $x^{30}+x^{15}+x$를 $x-1$로 나누었을 때의 나머지와 같다.
이때 $x^{30}+x^{15}+x$를 $x-1$로 나누었을 때의 몫을 $Q(x)$, 나머지를 $R$이라 하면
$x^{30}+x^{15}+x=(x-1)Q(x)+R$
양변에 $x=1$을 대입하면
$1+1+1=R \quad \therefore R=3$
따라서 $18^{30}+18^{15}+18$을 17로 나누었을 때의 나머지는 3이다.

2) $2^{1005}=(2^4)^{251}\cdot 2=2\cdot 16^{251}$
$16=x$라 하면 $17=x+1$이므로
$2\cdot 16^{251}$을 17로 나누었을 때의 나머지는 $2x^{251}$를 $x+1$로 나누었을 때의 나머지와 같다.
이때 $2x^{251}$을 $x+1$로 나누었을 때의 몫을 $Q(x)$, 나머지를 $R$이라 하면
$2x^{251}=(x+1)Q(x)+R \cdots ㉠$
양변에 $x=-1$을 대입하면
$2\cdot(-1)^{251}=R \quad \therefore R=-2$

주의
자연수의 나눗셈에서 나머지는
$0\leq$(나머지)$<$(나누는 수)
∴ 나머지를 $-2$라고 하면 안된다.

따라서 ㉠의 양변에 $x=16$을 대입하면
$2\cdot 16^{251}=17Q(16)-2$
$=17\{Q(16)-1\}+17-2$
$=17\{Q(16)-1\}+15$
따라서 $2^{1005}$을 17로 나누었을 때의 나머지는 15이다.

정답 1) 3 2) 15

## 잎 2-13

풀이 $g(x)=x^2f(x)$이므로 $g(x)$를 $x-4$로 나누었을 때의 나머지는 나머지정리에 의하여
$g(4)=16f(4) \cdots ㉠$
$g(x)=x^2f(x)$를 조건 (나)의 등식에 대입하면
$x^2f(x)+(3x^2+4x)f(x)=x^3+ax^2+2x+b$
$(4x^2+4x)f(x)=x^3+ax^2+2x+b$
$4x(x+1)f(x)=x^3+ax^2+2x+b \cdots ㉡$
㉡의 양변에 $x=0$을 대입하면
$0=b$
㉡의 양변에 $x=-1$을 대입하면
$0=-1+a-2 \quad \therefore a=3$
따라서
$4x(x+1)f(x)=x^3+3x^2+2x \cdots ㉢$
㉢의 양변에 $x=4$를 대입하면
$80f(4)=120 \quad \therefore f(4)=\frac{3}{2}$
따라서 ㉠에서 구하는 나머지는
$16f(4)=16\cdot\frac{3}{2}=24$

정답 ⑤

## 잎 2-14

**핵심** $x-\alpha$에 대한 내림차순으로 정리하는 문제는 조립제법을 연속 시행하는 문제이다. [p.36]

**팁** 모든 실수 $x$에 대하여 성립할 때
⇨ $x$에 대한 항등식임을 알려주는 표현이다.

**풀이** $x^5-1=a(x+1)^5+b(x+1)^4+c(x+1)^3+d(x+1)^2+e(x+1)+f$

| | | | | | | | |
|---|---|---|---|---|---|---|---|
| $-1$ | 1 | 0 | 0 | 0 | 0 | $-1$ | |
| | | $-1$ | 1 | $-1$ | 1 | $-1$ | |
| $-1$ | 1 | $-1$ | 1 | $-1$ | 1 | $-2$ | ⇨ $f$ |
| | | $-1$ | 2 | $-3$ | 4 | | |
| $-1$ | 1 | $-2$ | 3 | $-4$ | 5 | | ⇨ $e$ |
| | | $-1$ | 3 | $-6$ | | | |
| $-1$ | 1 | $-3$ | 6 | $-10$ | | | ⇨ $d$ |
| | | $-1$ | 4 | | | | |
| $-1$ | 1 | $-4$ | 10 | | | | ⇨ $c$ |
| | | $-1$ | | | | | |
| | 1 | $-5$ | | | | | ⇨ $b$ |
| | ⇩ $a$ | | | | | | |

$\therefore a=1,\ b=-5,\ c=10,\ d=-10,\ e=5,\ f=-2$

**정답** $a=1,\ b=-5,\ c=10,\ d=-10,\ e=5,\ f=-2$

## 잎 2-15

**핵심** $x-\alpha$에 대한 내림차순으로 정리하는 문제는 조립제법을 연속 시행하는 문제이다. [p.36]

**풀이** $f(x)=2x^3-3x^2+4x+5$에 $x=1.01$을 대입하면 계산이 너무 번잡하므로 $f(x)$를 $x-1$에 대한 내림차순으로 정리하면

$f(x)=a(x-1)^3+b(x-1)^2+c(x-1)+d$

| | | | | | |
|---|---|---|---|---|---|
| 1 | 2 | $-3$ | 4 | 5 | |
| | | 2 | $-1$ | 3 | |
| 1 | 2 | $-1$ | 3 | 8 | ⇨ $d$ |
| | | 2 | 1 | | |
| 1 | 2 | 1 | 4 | | ⇨ $c$ |
| | | 2 | | | |
| | 2 | 3 | | | ⇨ $b$ |
| | ⇩ $a$ | | | | |

$\therefore a=2,\ b=3,\ c=4,\ d=8$

$\therefore f(x)=2(x-1)^3+3(x-1)^2+4(x-1)+8$

따라서 $f(x)$에 $x=1.01$을 대입하면

$$\begin{aligned} f(1.01)&=2\cdot(0.01)^3+3\cdot(0.01)^2+4\cdot(0.01)+8\\ &=0.000002+0.0003+0.04+8\\ &=8.040302 \end{aligned}$$

**정답** 8.040302

## 잎 2-16

**핵심** 조립제법은 *일차항의 계수가 1인 일차식으로 나누는 방법이다. [p.33]

**풀이** $8x^3-1$

$=a(2x+1)^3+b(2x+1)^2+c(2x+1)+d$

$=8a\left(x+\frac{1}{2}\right)^3+4b\left(x+\frac{1}{2}\right)^2+2c\left(x+\frac{1}{2}\right)+d$

| | | | | | |
|---|---|---|---|---|---|
| $-\frac{1}{2}$ | 8 | 0 | 0 | $-1$ | |
| | | $-4$ | 2 | $-1$ | |
| $-\frac{1}{2}$ | 8 | $-4$ | 2 | $-2$ | ⇨ $d$ |
| | | $-4$ | 4 | | |
| $-\frac{1}{2}$ | 8 | $-8$ | 6 | | ⇨ $2c$ |
| | | $-4$ | | | |
| | 8 | $-12$ | | | ⇨ $4b$ |
| | ⇩ $8a$ | | | | |

따라서 $a=1,\ b=-3,\ c=3,\ d=-2$

**정답** $a=1,\ b=-3,\ c=3,\ d=-2$

## 잎 2-17

**풀이** 1) 주어진 등식에서 $x-2=t$, 즉 $x=t+2$로 놓으면

$a(t+2)^3+b(t+2)^2+c(t+2)+d=2t^3+t^2-3t-2$

| | | | | | |
|---|---|---|---|---|---|
| $-2$ | 2 | 1 | $-3$ | $-2$ | |
| | | $-4$ | 6 | $-6$ | |
| $-2$ | 2 | $-3$ | 3 | $-8$ | ⇨ $d$ |
| | | $-4$ | 14 | | |
| $-2$ | 2 | $-7$ | 17 | | ⇨ $c$ |
| | | $-4$ | | | |
| | 2 | $-11$ | | | ⇨ $b$ |
| | ⇩ $a$ | | | | |

따라서 $a=2,\ b=-11,\ c=17,\ d=-8$

2) 주어진 등식에서 $x-3=t$, 즉 $x=t+3$로 놓으면

$4t^3-2t^2-1$

$=a(t+1)^3+b(t+1)^2+c(t+1)+d$

| | | | | | |
|---|---|---|---|---|---|
| $-1$ | $4$ | $-2$ | $0$ | $-1$ | |
| | | $-4$ | $6$ | $-6$ | |
| $-1$ | $4$ | $-6$ | $6$ | $-7$ | ⇨ $d$ |
| | | $-4$ | $10$ | | |
| $-1$ | $4$ | $-10$ | $16$ | ⇨ $c$ | |
| | | $-4$ | | | |
| | $4$ | $-14$ | ⇨ $b$ | | |
| | ⇩ $a$ | | | | |

따라서 $a=4$, $b=-14$, $c=16$, $d=-7$

정답 1) $a=2$, $b=-11$, $c=17$, $d=-8$
2) $a=4$, $b=-14$, $c=16$, $d=-7$

## 잎 2-18

풀이 1) $f(x)$를 $x-\frac{1}{3}$로 나누었을 때의 몫이 $Q(x)$, 나머지가 $R$이므로

$$f(x)=\left(x-\frac{1}{3}\right)Q(x)+R$$
$$=3\left(x-\frac{1}{3}\right)\cdot\frac{1}{3}Q(x)+R$$
$$=(3x-1)\cdot\frac{1}{3}Q(x)+R$$

따라서 $f(x)$를 $3x-1$로 나누었을 때의 몫은 $\frac{1}{3}Q(x)$, 나머지는 $R$이다.

2) $f(x)$를 $3x-1$로 나누었을 때의 몫이 $Q(x)$, 나머지가 $R$이므로

$$f(x)=(3x-1)Q(x)+R$$
$$=3\left(x-\frac{1}{3}\right)Q(x)+R$$
$$=\left(x-\frac{1}{3}\right)\cdot 3Q(x)+R$$

따라서 $f(x)$를 $x-\frac{1}{3}$로 나누었을 때의 몫은 $3Q(x)$, 나머지는 $R$이다.

정답 1) 몫 : $\frac{1}{3}Q(x)$, 나머지 : $R$
2) 몫 : $3Q(x)$, 나머지 : $R$

## 잎 2-19

풀이 $f(x)$를 $(3x-1)^2$으로 나누었을 때의 몫이 $Q(x)$, 나머지가 $R(x)$이므로

$$f(x)=(3x-1)^2Q(x)+R(x)$$
$$=\left\{3\left(x-\frac{1}{3}\right)\right\}^2Q(x)+R(x)$$
$$=3\left(x-\frac{1}{3}\right)^2\cdot 3Q(x)+R(x)$$

따라서 $f(x)$를 $3\left(x-\frac{1}{3}\right)^2$으로 나누었을 때의 몫은 $3Q(x)$, 나머지는 $R(x)$이다.

정답 몫 : $3Q(x)$, 나머지 : $R(x)$

## 잎 2-20

방법 I 1) $x^5+ax^2+15x+b$를 $(x+1)^3$으로 나누었을 때, 몫을 $Q(x)$라 하면 나머지가 0이므로

$x^5+ax^2+15x+b=(x+1)^3Q(x)$

양변에 $x=-1$을 대입하면

$-1+a-15+b=0 \quad \therefore a+b=16$

⇨ 수치대입법으로는 답을 못 구함. ㅠㅠ

방법 II 1) $x^5+ax^2+15x+b=(x+1)^3Q(x)$

$=(x+1)(x+1)(x+1)Q(x)$

| | | | | | | | |
|---|---|---|---|---|---|---|---|
| $-1$ | $1$ | $0$ | $0$ | $a$ | $15$ | $b$ | |
| | | $-1$ | $1$ | $-1$ | $1-a$ | $a-16$ | |
| $-1$ | $1$ | $-1$ | $1$ | $a-1$ | $16-a$ | $a+b-16=$ | |
| | | $-1$ | $2$ | $-3$ | $4-a$ | | |
| $-1$ | $1$ | $-2$ | $3$ | $a-4$ | $20-2a=0$ | $\therefore a=1$ | |
| | | $-1$ | $3$ | $-6$ | | | |
| | $1$ | $-3$ | $6$ | $a-10=0$ | $\therefore a=10$ | | |

$Q(x)=x^2-3x+6$

$a=10$을 $a+b-16=0$에 대입하면 $b=6$

방법 I 2) $x^5+ax^2+15x+b$를 $(x+1)^2$으로 나누었을 때, 몫을 $Q(x)$라 하면 나머지가 $2x-3$이므로

$x^5+ax^2+15x+b=(x+1)^2Q(x)+2x-3$

양변에 $x=-1$을 대입하면

$-1+a-15+b=-2-3 \quad \therefore a+b=11$

⇨ 답을 못 구함. ㅠㅠ

**방법 Ⅱ** 2)

$x^5+ax^2+15x+b=(x+1)^2Q(x)+2x-3$

$=(x+1)^2Q(x)+2(x+1)-5$

$=(x+1)\{(x+1)Q(x)+2\}-5$

| | | | | | | |
|---|---|---|---|---|---|---|
| $-1$ | 1 | 0 | 0 | $a$ | 15 | $b$ |
| | | $-1$ | 1 | $-1$ | $1-a$ | $a-16$ |
| $-1$ | 1 | $-1$ | 1 | $a-1$ | $16-a$ | $a+b-16=-5$ |
| | | $-1$ | 2 | $-3$ | $4-a$ | |
| | 1 | $-2$ | 3 | $a-4$ | $20-2a=2$ | $\therefore a=9$ |

$Q(x)=x^3-2x^2+3x+a-4$

$=x^3-2x^2+3x+5$ ($\because a=9$)

$a=9$를 $a+b-16=-5$에 대입하면 $b=2$

**방법 Ⅲ** 2)
「강추」

$x^5+ax^2+15x+b=(x+1)^2Q(x)+2x-3$

$x^5+ax^2+13x+b+3=(x+1)(x+1)Q(x)$

| | | | | | | |
|---|---|---|---|---|---|---|
| $-1$ | 1 | 0 | 0 | $a$ | 13 | $b+3$ |
| | | $-1$ | 1 | $-1$ | $1-a$ | $a-14$ |
| $-1$ | 1 | $-1$ | 1 | $a-1$ | $14-a$ | $a+b-11=0$ |
| | | $-1$ | 2 | $-3$ | $4-a$ | |
| | 1 | $-2$ | 3 | $a-4$ | $18-2a=0$ | $\therefore a=9$ |

$Q(x)=x^3-2x^2+3x+a-4$

$=x^3-2x^2+3x+5$ ($\because a=9$)

$a=9$를 $a+b-11=0$에 대입하면 $b=2$

**참고** 일차항의 계수가 1인 일차식으로 나누는 경우 ⇨ 조립제법을 이용할 수 있다. [p.33]

**정답** 1) 몫 : $x^2-3x+6$, $a=10$, $b=6$
2) 몫 : $x^3-2x^2+3x+5$, $a=9$, $b=2$

## 잎 2-21

**풀이** $x^{3000}-1$을 $(x-1)^2$으로 나누었을 때의 몫을 $Q(x)$, 나머지를 $ax+b$ ($a$, $b$는 상수)라 하면

$x^{3000}-1=(x-1)^2Q(x)+ax+b$ ⋯ ㉠

양변에 $x=1$을 대입하면

$0=a+b$ $\quad\therefore b=-a$ ⋯ ㉡

㉡을 ㉠에 대입하면

$x^{3000}-1=(x-1)^2Q(x)+ax-a$

$=(x-1)^2Q(x)+a(x-1)$

$=(x-1)\{(x-1)Q(x)+a\}$

**방법 Ⅰ**

3000개

| | | | | | | |
|---|---|---|---|---|---|---|
| 1 | 1 | 0 | 0 | ⋯ | 0 | $-1$ |
| | | 1 | 1 | ⋯ | 1 | 1 |
| 1 | 1 | 1 | 1 | ⋯ | 1 | 0 |
| | | 1 | 2 | ⋯ | 2999 | |
| | 1 | 2 | 3 | ⋯ | $3000=a$ | |

$\therefore a=3000$, $b=-3000$ ($\because$ ㉡)

따라서 구하는 나머지는 $3000x-3000$

**방법 Ⅱ**

$x^n-1=(x-1)P(x)$

$n$개

| | | | | | | |
|---|---|---|---|---|---|---|
| 1 | 1 | 0 | 0 | ⋯ | 0 | $-1$ |
| | | 1 | 1 | ⋯ | 1 | 1 |
| | 1 | 1 | 1 | ⋯ | 1 | 0 |

$P(x)=x^{n-1}+x^{n-2}+\cdots+x+1$

$\therefore x^n-1=(x-1)(x^{n-1}+x^{n-2}+\cdots+x+1)$

$x^{3000}-1=(x-1)(x^{2999}+x^{2998}+\cdots+x+1)$

따라서

$(x-1)(x^{2999}+x^{2998}+\cdots+x+1)$

$=(x-1)\{(x-1)Q(x)+a\}$

이 등식은 항등식이므로 양변의 $x-1$을 없애면

$x^{2999}+x^{2998}+\cdots+x+1=(x-1)Q(x)+a$

양변에 $x=1$을 대입하면

$a=3000$, $b=-3000$ ($\because$ ㉡)

따라서 구하는 나머지는 $3000x-3000$

**정답** $3000x-3000$

## 잎 2-22

**방법 Ⅰ** $x^{n+2}+ax^{n+1}+bx^n=(x-3)^2Q(x)+3^n(x-3)$

$=(x-3)\{(x-3)Q(x)+3^n\}$

$n$개

| | | | | | | | |
|---|---|---|---|---|---|---|---|
| 3 | 1 | $a$ | $b$ | 0 | ⋯ | 0 | 0 |
| | | 3 | $3a+9$ | | | | |
| | 1 | $a+3$ | $3a+b+9$ | | | | |

⇨ 조립제법을 이용할 수 없다. ㅠㅠ;

**방법 Ⅱ** $x^n(x^2+ax+b)$를 $(x-3)^2$으로 나누었을 때 몫을 $Q(x)$라 하면 나머지가 $3^n(x-3)$이므로

$x^n(x^2+ax+b)=(x-3)^2Q(x)+3^n(x-3)$ ⋯ ㉠

$x^n(x-3)\left(x-\frac{b}{3}\right)=(x-3)\{(x-3)Q(x)+3^n\}$ ⋯ ㉡

이 등식은 항등식이므로 양변의 $x-3$을 없애면

$x^n\left(x-\frac{b}{3}\right)=(x-3)Q(x)+3^n$

양변에 $x=3$을 대입하면

$3^n\left(3-\frac{b}{3}\right)=3^n$

$3-\frac{b}{3}=1$ ($\because 3^n>0$, 즉 $3^n\neq0$)

$\therefore b=6$

(㉠의 좌변)=(㉡의 좌변)이므로

$x^n(x^2+ax+b)=x^n(x-3)(x-2)$

$\therefore a=-5,\ b=6$

정답 $a=-5,\ b=6$

## 잎 2-23

풀이 삼차다항식 $f(x)$를 $x^2+x+1$로 나누었을 때의 몫을 $ax+b$ ($a, b$는 상수, $\star a\neq0$)라 하면

> 삼차식을 이차식으로 나누면 몫은 일차식이 되므로 몫을 $ax+b$ ($a, b$는 상수, $\star a\neq0$)로 놓는다. ⇨ 철저히 따지는 습관을 갖자!

나머지가 0이므로

$f(x)=(x^2+x+1)(ax+b)$

이때, $f(0)=4$이므로 $b=4$

$\therefore f(x)=(x^2+x+1)(ax+4)$ ⋯㉠

$f(x)+12$를 $x^2+2$로 나누었을 때의 몫을 $ax+c$ ($c$는 상수)라 하면 나머지가 0이므로

$f(x)+12=(x^2+2)(ax+c)$

이때, $f(0)=4$이므로 $4+12=2c$ $\quad\therefore c=8$

$(x^2+x+1)(ax+4)+12=(x^2+2)(ax+8)$

이 등식은 $x$에 대한 항등식이므로 양변을 전개한 후 동류항의 계수를 비교하면

$ax^3+(4+a)x^2+(4+a)x+4+12$
$=ax^3+8x^2+2ax+16$

$4+a=8,\ 4+a=2a$ $\quad\therefore a=4$

이것을 ㉠에 대입하면

$f(x)=(x^2+x+1)(4x+4)$

$\therefore f(1)=3\cdot8=24$

정답 24

CHAPTER 3
# 인수분해

본문 p.61

## 풀이 줄기 문제

### [줄기 2-1]

풀이 1) $(x+1)^2-1=(x+1)^2-1^2$
$=\{(x+1)-1\}\{(x+1)+1\}$
$=\boldsymbol{x(x+2)}$

2) $(2x-1)^2-(3x+y)^2$
$=\{(2x-1)-(3x+y)\}\{(2x-1)+(3x+y)\}$
$=(-x-1-y)(5x-1+y)$
$=\boldsymbol{-(x+y+1)(5x+y-1)}$

3) $a^2+b^2-3c^2-2ab-2bc+2ca$
$=a^2+b^2-3c^2+2a(-b)+2(-b)c+2ca$
$=a^2+(-b)^2+c^2+2a(-b)+2(-b)c+2ca-4c^2$
$=\{a+(-b)+c\}^2-(2c)^2$
$=(a-b+c)^2-(2c)^2$
$=\{(a-b+c)-2c\}\{(a-b+c)+2c\}$
$=\boldsymbol{(a-b-c)(a-b+3c)}$

팁 특히 3)번은 처음에는 공식이 보이지 않는 게 정상이다. 반복해서 하다 보면 점차 3)번의 경우도 공식이 눈에 들어온다.

정답 풀이 참조

### [줄기 2-2]

풀이 1) $x^5-x^2=x^2(x^3-1^3)$
$=x^2(x-1)(x^2+x\cdot1+1^2)$
$=\boldsymbol{x^2(x-1)(x^2+x+1)}$

2) $27a^3+8b^3=(3a)^3+(2b)^3$
$=(3a+2b)\{(3a)^2-3a\cdot2b+(2b)^2\}$
$=\boldsymbol{(3a+2b)(9a^2-6ab+4b^2)}$

정답 풀이 참조

### [줄기 2-3]

풀이 $x^2+3x-(y^2-y-2)$

$=x^2+3x-(y+1)(y-2)$

$$\begin{array}{lll} x & +(y+1) \rightarrow & +(y+1)x \\ x & -(y-2) \rightarrow & -(y-2)x \ (+ \\ & & \overline{\quad 3x} \end{array}$$

$=\{x+(y+1)\}\{x-(y-2)\}$

$=(x+y+1)(x-y+2)$

정답 $(x+y+1)(x-y+2)$

## [줄기 2-4]

풀이 1) $(x^2+2x)^2+2x^2+4x-8$

$=(x^2+2x)^2+2(x^2+2x)-8$

$=t^2+2t-8$ ⇦ $x^2+2x=t$로 치환

$=(t+4)(t-2)$

$=\mathbf{(x^2+2x+4)(x^2+2x-2)}$

2) $(a^2+a+3)(a^2-3a+3)-5a^2$

$=(a^2+3+a)(a^2+3-3a)-5a^2$

$=(t+a)(t-3a)-5a^2$ ⇦ $a^2+3=t$로 치환

$=t^2-2at-8a^2=(t+2a)(t-4a)$

$=\{(a^2+3)+2a\}\{(a^2+3)-4a\}$

$=(a^2+2a+3)(a^2-4a+3)$

$=\mathbf{(a^2+2a+3)(a-1)(a-3)}$

3) $(1-2a-a^2)(1-2a+3a^2)+4a^4$

$=(t-a^2)(t+3a^2)+4a^4$ ⇦ $1-2a=t$

$=t^2+2a^2t+a^4=(t+a^2)^2$

$=(1-2a+a^2)^2=\{(1-a)^2\}^2=\mathbf{(a-1)^4}$

4) $x(x+1)(x+2)(x+3)-3$

$=\underline{x(x+3)}\underline{\underline{(x+1)(x+2)}}-3$

$=(x^2+3x)(x^2+3x+2)-3$

$=t(t+2)-3$ ⇦ $x^2+3x=t$로 치환

$=t^2+2t-3=(t+3)(t-1)$

$=\mathbf{(x^2+3x+3)(x^2+3x-1)}$

정답 풀이 참조

## [줄기 2-5]

풀이 1) $x^2=t$로 치환하면

$x^4+2x^2-3=t^2+2t-3=(t+3)(t-1)$

$=(x^2+3)(x^2-1)$

$=\mathbf{(x^2+3)(x-1)(x+1)}$

2) $x^2=t$로 치환하면

$x^4-5x^2+4=t^2-5t+4=(t-1)(t-4)$

$=(x^2-1)(x^2-4)$

$=\mathbf{(x-1)(x+1)(x-2)(x+2)}$

3) $x^2=t$로 치환하여 인수분해가 되지 않으므로 $A^2-B^2$ 꼴로 변형한다.

$x^4+64=(x^4-16x^2+64)+16x^2$ (×)

$=(x^4+16x^2+64)-16x^2$ (○)

$=(x^2+8)^2-(4x)^2$

$=\{(x^2+8)-4x\}\{(x^2+8)+4x\}$

$=\mathbf{(x^2-4x+8)(x^2+4x+8)}$

4) $a^2=t$, $b^2=k$로 치환하여 인수분해가 되지 않으므로 $A^2-B^2$ 꼴로 변형한다.

$a^4+a^2b^2+b^4=(a^4-2a^2b^2+b^4)+3a^2b^2$ (×)

$=(a^4+2a^2b^2+b^4)-a^2b^2$ (○)

$=(a^2+b^2)^2-(ab)^2$

$=\{(a^2+b^2)-ab\}\{(a^2+b^2)+ab\}$

$=\mathbf{(a^2+b^2-ab)(a^2+b^2+ab)}$

정답 풀이 참조

## [줄기 3-1]

풀이 1) $x^2y-y^2z-y^3+zx^2$ ⇨ $x$ : 2차, $y$ : 3차, $z$ : 1차

$z$에 대하여 내림차순으로 정리하면

$(x^2-y^2)z+x^2y-y^3$

$=(x-y)(x+y)z+y(x^2-y^2)$

$=(x-y)(x+y)z+y(x-y)(x+y)$

$=\mathbf{(x-y)(x+y)(z+y)}$

2) $x^3-(a-1)x^2-(a+2)x+2a$ ⇨ $x$ : 3차, $a$ : 1차

$a$에 대하여 내림차순으로 정리하면

$x^3-ax^2+x^2-ax-2x+2a$

$=(-x^2-x+2)a+x^3+x^2-2x$

$=-(x^2+x-2)a+x(x^2+x-2)$

$=(x^2+x-2)(-a+x)$

$=\mathbf{(x+2)(x-1)(x-a)}$

3) $x^2-y^2+3x+y+2$ ⇨ $x$ : 2차, $y$ : 2차

$x^2+3x-(y^2-y-2)$

$=x^2+3x-(y+1)(y-2)$

$=\{x+(y+1)\}\{x-(y-2)\}$

$=\mathbf{(x+y+1)(x-y+2)}$

4) $a^2+b^2-3c^2-2ab-2bc+2ca$

⇨ $a$ : 2차, $b$ : 2차, $c$ : 2차

$a^2+(-2b+2c)a+b^2-2bc-3c^2$

$=a^2-(2b-2c)a+(b+c)(b-3c)$

$=\{a-(b+c)\}\{a-(b-3c)\}$

$=\mathbf{(a-b-c)(a-b+3c)}$

참고 4)번은 줄기 2-1)의 3)번 문제이다. [p.68]

정답 풀이 참조

## [줄기 3-2]

풀이 $f(x)=2x^3-5x^2+6x-③ \langle ①, 3 ; -1, -3$

$f(1)=2-5+6-3=0$이므로

$f(x)$는 $x-1$을 인수로 갖는다.

$f(x)=(x-1)Q(x)$

이때, 몫 $Q(x)$를 조립제법으로 구하면

| 1 | 2 | −5 | 6 | −3 |
|---|---|---|---|---|
| | | 2 | −3 | 3 |
| | 2 | −3 | 3 | 0 |

$Q(x)=2x^2-3x+3$

$f(x)=(x-1)(2x^2-3x+3)$

정답 $(x-1)(2x^2-3x+3)$

## [줄기 3-3]

풀이 $f(x)=x^4-4x^3+4x-① \langle ① ; -1$

$f(1)=0$, $f(-1)=0$이므로 $f(x)$는 $(x-1)(x+1)$을 인수로 갖는다. 즉,

$f(x)=(x-1)(x+1)Q(x)$

이때, 몫 $Q(x)$를 조립제법으로 구하면

| 1 | 1 | −4 | 0 | 4 | −1 |
|---|---|---|---|---|---|
| | | 1 | −3 | −3 | 1 |
| −1 | 1 | −3 | −3 | 1 | 0 |
| | | −1 | 4 | −1 | |
| | 1 | −4 | 1 | 0 | |

$Q(x)=x^2-4x+1$

$f(x)=\mathbf{(x-1)(x+1)(x^2-4x+1)}$

## [줄기 3-4]

풀이 $f(x)=4x^3+x-① \langle 1 ; -1$

$\therefore \pm\dfrac{(1\text{의 약수})}{(4\text{의 약수})}$를 대입한다.

$f\left(\dfrac{1}{2}\right)=0$이므로 $f(x)$는 $x-\dfrac{1}{2}$을 인수로 갖는다. 즉,

$f(x)=\left(x-\dfrac{1}{2}\right)Q(x)$

이때, 몫 $Q(x)$를 조립제법으로 구하면

| $\frac{1}{2}$ | 4 | 0 | 1 | −1 |
|---|---|---|---|---|
| | | 2 | 1 | 1 |
| | 4 | 2 | 2 | 0 |

$Q(x)=4x^2+2x+2$

$f(x)=\left(x-\dfrac{1}{2}\right)(4x^2+2x+2)$

$=(2x-1)(2x^2+x+1)$

정답 $(2x-1)(2x^2+x+1)$

# 풀이 잎 문제

## 잎 3-1

풀이 $x^4-4x^3+x^2+6x$

$=x(x^3-4x^2+x+⑥) \langle 1, 2, 3, 6 ; -1, -2, -3, -6$

$=x(x+1)\cdot(x^2-5x+6)$

$=x(x+1)\cdot(x-2)(x-3)$

| −1 | 1 | −4 | 1 | 6 |
|---|---|---|---|---|
| | | −1 | 5 | −6 |
| | 1 | −5 | 6 | 0 |

$x^2-5x+6$

정답 ⑧, ⑨

## 잎 3-2

풀이 1) $a^3+c^3+a^2c+ac^2-ab^2-b^2c=0$

⇨ $a$ : 3차, $b$ : 2차, $c$ : 3차

$b$에 대하여 내림차순으로 정리하면

$(-a-c)b^2+a^3+c^3+a^2c+ac^2$

$=-(a+c)b^2+(a+c)(a^2-ac+c^2)+ac(a+c)$

$=(a+c)(-b^2+a^2-ac+c^2+ac)$

$=(a+c)(-b^2+a^2+c^2)=0$

$a, b, c$는 길이이므로 $a>0, b>0, c>0$

따라서 $a+c>0$, 즉 $a+c\neq0$이므로

$-b^2+a^2+c^2=0 \qquad \therefore b^2=a^2+c^2$

따라서 $b$가 빗변인 직각삼각형이다.

2) $(a^2-1)(b^2-1)-4ab$

$=a^2b^2-a^2-b^2+1-4ab$ ⇨ $a$ : 2차, $b$ : 2차

$a$에 대하여 내림차순으로 정리하면

$(b^2-1)a^2-4ab-b^2+1$

$=(b^2-1)a^2-4ab-(b^2-1)$

$=(b-1)(b+1)a^2-4ab-(b-1)(b+1)$

$(b-1)a \quad -(b+1)$

$(b+1)a \quad +(b-1)$

$=\{(b-1)a-(b+1)\}\{(b+1)a+(b-1)\}$

$=(ab-a-b-1)(ab+a+b-1)$

정답 1) ⑤ 2) $(ab-a-b-1)(ab+a+b-1)$

## 잎 3-3

풀이 1) $a^3+b^3+c^3=3abc$

$a^3+b^3+c^3-3abc=0$

$(a+b+c)(a^2+b^2+c^2-ab-bc-ca)=0$

$\frac{1}{2}(a+b+c)\{(a-b)^2+(b-c)^2+(c-a)^2\}=0$

$\therefore a+b+c=0$ 또는 $a=b=c$

$\therefore a=b=c \ (\because a+b+c\neq0)$

따라서 $\frac{3b}{a}+\frac{c}{b}-\frac{2a}{c}=3+1-2=2$

2) $2^2=\frac{4}{3}+2(ab+bc+ca)$

$\therefore ab+bc+ca=\frac{4}{3}$

따라서

$a^2+b^2+c^2=ab+bc+ca$

$a^2+b^2+c^2-ab-bc-ca=0$

$\frac{1}{2}\{(a-b)^2+(b-c)^2+(c-a)^2\}=0$

$\therefore a=b=c$

$\therefore a+b+c=a+a+a=3a=2$

$\therefore a=b=c=\frac{2}{3}$

정답 1) 2 2) $a=b=c=\frac{2}{3}$

## 잎 3-4

핵심 합과 곱의 값을 알면 답을 구할 수 있다.

풀이 $x+\frac{1}{x}=5,\ x\cdot\frac{1}{x}=1$

$x^3+2x+\frac{1}{x^3}+\frac{2}{x}=\left\{x^3+\left(\frac{1}{x}\right)^3\right\}+2\left(x+\frac{1}{x}\right)$

$=\left(x+\frac{1}{x}\right)^3-3\cdot x\cdot\frac{1}{x}\left(x+\frac{1}{x}\right)+2\left(x+\frac{1}{x}\right)$

$=\left(x+\frac{1}{x}\right)^3-\left(x+\frac{1}{x}\right)$

$=5^3-5=125-5=120$

정답 120

## 잎 3-5

풀이 $(x+1)(x+2)(x+3)(x+4)+k$ ⋯ ㉠

$=\underline{(x+1)(x+4)}\underline{(x+2)(x+3)}+k$

$=(x^2+5x+4)(x^2+5x+6)+k$

$=(t+4)(t+6)+k$ ⇦ $x^2+5x=t$로 치환

$=t^2+10t+24+k$ ⋯ ㉡

㉠이 $x$에 대한 이차식의 완전제곱식으로 인수분해되므로 ㉡이 $t$에 대한 완전제곱식으로 인수분해되어야 하므로

$24+k=\left(\frac{10}{2}\right)^2$

$k=1$

정답 1

## 잎 3-6

핵심 수의 계산이 복잡할 때
⇨ 공통인 수를 $x$로 놓는다.

풀이 공통인 수 $15=x$라 하면

$3587=15^3+15^2-15+2=a\times b$

$=x^3+x^2-x+2$ ← 1, 2 / −1, −2

$=(x+2)\cdot(x^2-x+1)$

$=(15+2)\cdot(15^2-15+1)$

$=17\times211$

| −2 | 1 | 1 | −1 | 2 |
|---|---|---|---|---|
| | | −2 | 2 | −2 |
| | 1 | 1 | 1 | 0 |

$x^2-x+1$

따라서 $a+b=17+211=228$

정답 228

## 잎 3-7

**풀이** 1) 공통인 수 $2015=x$라 하면

$$\frac{2015^3+1}{2014\times2015+1}=\frac{x^3+1}{(x-1)x+1}$$
$$=\frac{(x+1)(x^2-x+1)}{x^2-x+1}$$
$$=x+1$$
$$=2015+1=2016$$

2) 공통인 수 $1998=x$라 하면

$$\frac{1998^3-27}{2001\times1998+9}=\frac{x^3-3^3}{(x+3)x+9}$$
$$=\frac{(x-3)(x^2+3x+9)}{x^2+3x+9}$$
$$=x-3$$
$$=1998-3=1995$$

3) 공통인 수 $2^{150}=x$라 하면

$$\frac{2^{154}-2^{150}+2^4-1}{2^{150}+1}=\frac{2^4\cdot x-x+2^4-1}{x+1}$$
$$=\frac{16x-x+16-1}{x+1}$$
$$=\frac{15x+15}{x+1}$$
$$=\frac{15(x+1)}{x+1}=15$$

**정답** 1) 2016　2) 1995　3) 15

## 잎 3-8

**풀이** 1) $13^2-12^2+11^2-10^2+9^2-8^2$

$=(13^2-12^2)+(11^2-10^2)+(9^2-8^2)$
$=(13-12)(13+12)$
$\quad+(11-10)(11+10)+(9-8)(9+8)$
$=1\cdot(13+12)+1\cdot(11+10)+1\cdot(9+8)$
$=25+21+17=63$

2) $6^2-8^2+10^2-12^2+14^2-16^2$

$=(6^2-8^2)+(10^2-12^2)+(14^2-16^2)$
$=(6-8)(6+8)+(10-12)(10+12)$
$\quad+(14-16)(14+16)$
$=-2\cdot(14+22+30)$
$=-2\cdot66=-132$

**정답** 1) 63　2) $-132$

## 잎 3-9

**핵심** $(x+a)(x+b)(x+c)$
$=x^3+$(모두 합)$x^2+$(곱의 합)$x+$(모두 곱)
$=x^3+(a+b+c)x^2+(ab+bc+ca)x+abc$

**풀이** $\alpha^2(\alpha-2)\beta^2(\beta-2)\gamma^2(\gamma-2)$

$=\alpha^2\beta^2\gamma^2(-2+\alpha)(-2+\beta)(-2+\gamma)$
$=(\alpha\beta\gamma)^2\{(-2)^3+(\alpha+\beta+\gamma)(-2)^2$
$\quad+(\alpha\beta+\beta\gamma+\gamma\alpha)(-2)+\alpha\beta\gamma\}$
$=(-3)^2\{-8+(-1)\cdot4+0\cdot(-2)+(-3)\}$
$=9\cdot(-15)=-135$

**정답** $-135$

## 잎 3-10

**풀이** $x^4-8x^2+4$ ⇨ 복이차식이다.

$x^2=t$로 치환해서는 인수분해가 되지 않으므로 $A^2-B^2$ 꼴로 변형한다.

$x^4-8x^2+4=(x^4+4x^2+4)-12x^2$
$\quad=(x^2+2)^2-(2\sqrt{3}x)^2$ ( △ )

$x^4-8x^2+4=(x^4-4x^2+4)-4x^2$
$\quad=(x^2-2)^2-(2x)^2$ ( ○ )
$\quad=\{(x^2-2)-2x\}\{(x^2-2)+2x\}$
$\quad=(x^2-2x-2)(x^2+2x-2)$

**주의** 다항식을 인수분해할 때, 일반적으로 계수의 범위를 유리수로 한정한다. [p.67]
$(x^2+2)^2-(2\sqrt{3}x)^2$
$=(x^2+2-2\sqrt{3}x)(x^2+2+2\sqrt{3}x)$
로 나타내지 않는다.

**정답** $x^2-2x-2$, $x^2+2x-2$

## 잎 3-11

**핵심** 다항식을 곱의 꼴로 나타낼 때, 그 곱의 구성 성분을 인수라 한다. [p.52]

**방법 I** $(x+1)^3$이 인수이므로

$x^5+ax^2+15x+b=(x+1)^3Q(x)$
양변에 $x=-1$을 대입하면
$-1+a-15+b=0$　$\therefore a+b=16$
⇨ 수치대입법으로는 답을 못 구함. ㅠㅠ

**방법Ⅱ** $(x+1)^3$이 인수이므로

$$x^5+ax^2+15x+b=(x+1)^3Q(x)$$
$$=(x+1)(x+1)(x+1)Q(x)$$

| | | | | | | |
|---|---|---|---|---|---|---|
| $-1$ | 1 | 0 | 0 | $a$ | 15 | $b$ |
| | | $-1$ | 1 | $-1$ | $1-a$ | $a-16$ |
| $-1$ | 1 | $-1$ | 1 | $a-1$ | $16-a$ | $a+b-16=0$ |
| | | $-1$ | 2 | $-3$ | $4-a$ | |
| $-1$ | 1 | $-2$ | 3 | $a-4$ | $20-2a=0$ | $\therefore a=10$ |
| | | $-1$ | 3 | $-6$ | | |
| | 1 | $-3$ | 6 | $a-10=0$ | $\therefore a=10$ | |

$Q(x)=x^2-3x+6$

$a=10$을 $a+b-16=0$에 대입하면 $b=6$

**정답** $a=10,\ b=6$

## 잎 3-12

**풀이** 1) $3x^4+8x^3+5x-2=(3x-1)\cdot Q(x)$
$$=\left(x-\frac{1}{3}\right)\cdot 3Q(x)$$

| | | | | | |
|---|---|---|---|---|---|
| $\frac{1}{3}$ | 3 | 8 | 0 | 5 | $-2$ |
| | | 1 | 3 | 1 | 2 |
| | 3 | 9 | 3 | 6 | 0 |

$3x^3+9x^2+3x+6=3Q(x)$

$\therefore \boldsymbol{Q(x)=x^3+3x^2+x+2}$

2) $9x^3-12x^2+3ax+b$

$=(3x-1)^2Q(x)=\left(x-\frac{1}{3}\right)^2\cdot 9Q(x)$

$=\left(x-\frac{1}{3}\right)\left(x-\frac{1}{3}\right)\cdot 9Q(x)$

| | | | | |
|---|---|---|---|---|
| $\frac{1}{3}$ | 9 | $-12$ | $3a$ | $b$ |
| | | 3 | $-3$ | $a-1$ |
| $\frac{1}{3}$ | 9 | $-9$ | $3a-3$ | $a+b-1=0$ |
| | | 3 | $-2$ | |
| | 9 | $-6$ | $3a-5=0$ | $\therefore a=\frac{5}{3}$ |

$9x-6=9Q(x)$

$\therefore \boldsymbol{Q(x)=x-\frac{2}{3}}$

$a=\frac{5}{3}$를 $a+b-1=0$을 대입하면 $b=-\frac{2}{3}$

**정답** 풀이 참조

## 잎 3-13

**핵심** $a^3+b^3+c^3-3abc$
$=(a+b+c)(a^2+b^2+c^2-ab-bc-ca)$
이때 $a+b+c=0$이면 $a^3+b^3+c^3-3abc=0$
$\therefore a^3+b^3+c^3=3abc$

**풀이** 1) $a+b+c=0$이면

$a^3+b^3+c^3=3abc\ (\because a^3+b^3+c^3-3abc=0)$

$$\frac{a^3+b^3+c^3}{5abc}=\frac{3abc}{5abc}=\frac{3}{5}\ (\because abc\neq 0)$$

2) $(a-b)+(b-c)+(c-a)=0$이면

$(a-b)^3+(b-c)^3+(c-a)^3=3(a-b)(b-c)(c-a)$

이때 $(a-b)^3+(b-c)^3+(c-a)^3=0$

즉 $3(a-b)(b-c)(c-a)=0$이므로

$a=b$ 또는 $b=c$ 또는 $c=a$

따라서 주어진 조건을 만족시키는 삼각형은 이등변삼각형이다.

3) $\left(\frac{103}{100}\right)^3+\left(-\frac{3}{100}\right)^3+(-1)^3$에서

$\left(\frac{103}{100}\right)+\left(-\frac{3}{100}\right)+(-1)=0$이면

$$\left(\frac{103}{100}\right)^3+\left(-\frac{3}{100}\right)^3+(-1)^3=3\left(\frac{103}{100}\right)\left(-\frac{3}{100}\right)(-1)$$
$$=\frac{3^2\cdot 103}{10^4}$$

4) $a^3+b^3+c^3=3abc$

$a^3+b^3+c^3-3abc=0$

$(a+b+c)(a^2+b^2+c^2-ab-bc-ca)=0$

$\frac{1}{2}(a+b+c)\{(a-b)^2+(b-c)^2+(c-a)^2\}=0$

$\therefore a+b+c=0$ 또는 $a=b=c$

$\therefore a=b=c\ (\because a+b+c\neq 0)$

따라서 $a=b=c$이므로 정삼각형이다.

**정답** 1) $\frac{3}{5}$ 2) 이등변삼각형
3) ② 4) 정삼각형

**잎 3-14**

**풀이** $f(x^2)=x^3f(x+3)$
$+6x^2(x+3)(x-1)(x-3)$ ⋯ ㉠
최고차항의 계수가 1인 다항식 $f(x)$가 $n$차식이라 하면 좌변은 $2n$차식이고 우변은 $(n+3)$차식 또는 5차식이므로
$2n=n+3$ 또는 $2n=5$
$\therefore n=3$ 또는 $n=\frac{5}{2}$
그런데 $n$은 자연수이므로
$n=3$
㉠의 양변에 $x=0$을 대입하면
$f(0)=0$
㉠의 양변에 $x=-3$을 대입하면
$f(9)=0$
㉠의 양변에 $x=3$을 대입하면
$0=27f(6)$
$\therefore f(6)=0$
따라서 $f(x)$는 $x$, $x-9$, $x-6$을 인수로 갖고 최고차항의 계수가 1인 삼차식이므로
$f(x)=x(x-6)(x-9)$

**정답** $x(x-6)(x-9)$

CHAPTER
# 4 복소수

본문 p.79

## [줄기 1-1]

**풀이** 1) $(2a-b)-(a-b)i=4-i$
$a$, $b$가 실수이므로 $2a-b$, $-(a-b)$도 실수
$\therefore 2a-b=4$, $-(a-b)=-1$
$\therefore 2a-b=4$, $a-b=1$
이 두 식을 연립하여 풀면 $a=3$, $b=2$

2) $(a-b)+(a+b-1)i=\sqrt{3}+(-1+\sqrt{3})i$
$a$, $b$가 실수이므로 $a-b$, $a+b-1$도 실수
$\therefore a-b=\sqrt{3}$, $a+b-1=-1+\sqrt{3}$
$\therefore a-b=\sqrt{3}$, $a+b=\sqrt{3}$
이 두 식을 연립하여 풀면 $a=\sqrt{3}$, $b=0$

**정답** 1) $a=3$, $b=2$ 2) $a=\sqrt{3}$, $b=0$

## [줄기 2-1]

**정답** 1) $-\sqrt{2}i-1$ 2) $7i$ 3) 5 4) $-2+\sqrt{3}$

## [줄기 2-2]

**풀이** 1) $(2-i)-(\sqrt{3}-\sqrt{2}i)$
$=2-i-\sqrt{3}+\sqrt{2}i$
$=(2-\sqrt{3})+(-1+\sqrt{2})i$

2) $(\sqrt{3}+\sqrt{2}i)(\sqrt{3}-\sqrt{2}i)$
$=(\sqrt{3})^2-(\sqrt{2}i)^2$
$=3-2i^2=3+2=5$

3) $\frac{1+i}{3-2i}=\frac{(1+i)(3+2i)}{(3-2i)(3+2i)}$
$=\frac{3+2i+3i+2i^2}{9-4i^2}$
$=\frac{3+5i-2}{9+4}=\frac{1+5i}{13}$

**정답** 1) $(2-\sqrt{3})-(1-\sqrt{2})i$
2) 5 3) $\frac{1}{13}+\frac{5}{13}i$

## [줄기 2-3]

**풀이** 1) $2x(1+i)+y(1-i)-4-4i=0$
$2x+2xi+y-yi-4-4i=0$
$(2x+y-4)+(2x-y-4)i=0$
$2x+y-4$, $2x-y-4$가 실수이므로
복소수가 서로 같은 조건에 의하여
$2x+y-4=0$, $2x-y-4=0$
두 식은 연립하여 풀면 $x=2$, $y=0$

2) 주어진 등식의 좌변을 통분하면

$$\frac{x}{2+3i}-\frac{y}{2-3i}=\frac{x(2-3i)-y(2+3i)}{(2+3i)(2-3i)}$$
$$=\frac{2x-3xi-2y-3yi}{4-9i^2}$$
$$=\frac{2x-2y}{13}+\frac{-3x-3y}{13}i$$

이므로 주어진 등식은

$$\frac{2x-2y}{13}+\frac{-3x-3y}{13}i=\frac{2}{13}+\frac{3}{13}i$$

$\frac{2x-2y}{13}$, $\frac{-3x-3y}{13}$가 실수이므로

복소수가 서로 같은 조건에 의하여

$$\frac{2x-2y}{13}=\frac{2}{13},\ \frac{-3x-3y}{13}=\frac{3}{13}$$

$\therefore x-y=1,\ x+y=-1$

이 두 식을 연립하여 풀면 $x=0,\ y=-1$

정답 1) $x=2,\ y=0$ 2) $x=0,\ y=-1$

## [줄기 2-4]

풀이 1) $\left(\frac{1-i}{1+i}\right)^2=\frac{-2i}{2i}=-1$ ($\because$ p.85)

「비추 방법 I」 $\left(\frac{1-i}{1+i}\right)^{101}=\left\{\left(\frac{1-i}{1+i}\right)^2\right\}^{50}\cdot\left(\frac{1-i}{1+i}\right)$

$$=(-1)^{50}\cdot\left(\frac{1-i}{1+i}\right)=\frac{1-i}{1+i}$$
$$=\frac{(1-i)^2}{(1+i)(1-i)}=\frac{-2i}{2}=-i$$

1) $\frac{1-i}{1+i}=-i$ ($\because$ p.85)

「강추 방법 II」 $\left(\frac{1-i}{1+i}\right)^{101}=(-i)^{101}=-i^{101}=-(i^4)^{25}\cdot i$

$$=-1^{25}\cdot i=-i$$

2) $\left(\frac{1-i}{\sqrt{2}}\right)^2=\frac{-2i}{2}=-i$ ($\because$ p.85)

$$\left(\frac{1-i}{\sqrt{2}}\right)^{108}=\left\{\left(\frac{1-i}{\sqrt{2}}\right)^2\right\}^{54}=(-i)^{54}=i^{54}$$
$$=(i^4)^{13}\cdot i^2=1^{13}\cdot(-1)=-1$$

3) $\left(\frac{1+i}{\sqrt{2}}\right)^2=\frac{2i}{2}=i$ ($\because$ p.85)

$\left(\frac{1-i}{\sqrt{2}}\right)^2=\frac{-2i}{2}=-i$ ($\because$ p.85)

$$\left(\frac{1+i}{\sqrt{2}}\right)^{50}+\left(\frac{1-i}{\sqrt{2}}\right)^{50}=\left\{\left(\frac{1+i}{\sqrt{2}}\right)^2\right\}^{25}+\left\{\left(\frac{1-i}{\sqrt{2}}\right)^2\right\}^{25}$$
$$=i^{25}+(-i)^{25}=i^{25}-i^{25}=0$$

정답 1) $-i$ 2) $-1$ 3) $0$

## [줄기 2-5]

풀이 $z=1+i$이면 $\bar{z}=1-i$이므로

$$\frac{\bar{z}-1}{z}+\frac{z-1}{\bar{z}}=\frac{(1-i)-1}{1+i}+\frac{(1+i)-1}{1-i}$$
$$=\frac{-i}{1+i}+\frac{i}{1-i}$$
$$=\frac{-i(1-i)+i(1+i)}{(1+i)(1-i)}$$
$$=\frac{-i+i^2+i+i^2}{1-i^2}=\frac{-2}{2}=-1$$

정답 $-1$

## [줄기 2-6]

풀이 $z=x^2-(2+i)x-8+4i$

$=(x^2-2x-8)+(4-x)i$

$z$가 순허수이므로

(실수부분)$=0$, (허수부분)$\neq0$

즉, $x^2-2x-8=0$, $4-x\neq0$

i) $x^2-2x-8=0$에서 $(x+2)(x-4)=0$

$\therefore x=-2$ 또는 $x=4$

ii) $4-x\neq0$에서 $x\neq4$

i), ii)에서 $x=-2$

정답 $-2$

## [줄기 2-7]

풀이 $z=a^2-2a+(a^2+a-6)i$가 순허수이므로

(실수부분)$=0$, (허수부분)$\neq0$

즉, $a^2-2a=0$, $a^2+a-6\neq0$

i) $a^2-2a=0$에서 $a(x-2)=0$

$\therefore a=0$ 또는 $a=2$

ii) $a^2+a-6\neq0$에서 $(a+3)(a-2)\neq0$

$\therefore a\neq-3,\ a\neq2$

i), ii)에서 $a=0$

정답 $0$

## [줄기 2-8]

풀이 $z=\frac{3+i}{1-i}=\frac{(3+i)(1+i)}{(1-i)(1+i)}=\frac{2+4i}{2}=1+2i$

주어진 식에 $z=1+2i$을 대입하면 계산이 너무 복잡하므로

$z=1+2i$에서 $z-1=2i$

양변을 제곱하면 $z^2-2z+1=-4$

$\therefore z^2-2z+5=0$

$z^3-2z^2+3=z(z^2-2z+5)-5z+3$

$=-5z+3$ ($\because z^2-2z+5=0$)

$=-5(1+2i)+3$ ($\because z=1+2i$)

$=-2-10i$

정답 $-2-10i$

## [줄기 2-9]

핵심 합과 곱의 값만으로 답을 구할 수 없으면 차의 값을 마저 알면 답을 구할 수 있다.

풀이 $x+y=4$ (합의 값), $xy=7$ (곱의 값)

$$\frac{x}{x+yi}+\frac{yi}{x-yi}=\frac{x(x-yi)+yi(x+yi)}{(x+yi)(x-yi)}$$

$$=\frac{x^2-y^2}{x^2+y^2}=\frac{(x-y)(x+y)}{(x+y)^2-2xy}$$

$$=\frac{2\sqrt{3}i\cdot 4}{4^2-2\cdot 7}\ (\because x-y=2\sqrt{3}i)$$

$$=\frac{8\sqrt{3}i}{2}$$

정답 $4\sqrt{3}i$

## [줄기 2-10]

풀이 $z=\bar{z}$이면 $z$는 '실수'이다.

ex) (실수)$=\overline{(\text{실수})}$

주의 0을 빠트리지 않도록 주의한다.

팁 $z=0$이면

$z=\bar{z}$, $z=-\bar{z}$, $z+\bar{z}=0$, $z-\bar{z}=0$

($\because \bar{z}=0$)

정답 ④, ⑥

## [줄기 2-11]

풀이 제곱하여 음수가 되는 복소수는 순허수이다.

$z=(1+xi)(1-2i)=1-2i+xi-2xi^2$

$=(1+2x)+(x-2)i$

이 복소수가 순허수이므로

(실수부분)$=0$, (허수부분)$\neq 0$

즉, $1+2x=0$, $x-2\neq 0$ $\quad\therefore x=-\frac{1}{2}$

정답 $-\frac{1}{2}$

## [줄기 2-12]

풀이 $a(2+i)-b(3-i)=(2a-3b)+(a+b)i$

제곱하여 음수가 되는 복소수는 순허수이고 $\pm i$의 제곱이 $-1$이므로

i) $(2a-3b)+(a+b)i=i$일 때

복소수가 같을 조건에 의하며

$2a-3b=0$, $a+b=1$

이 두 식을 연립하여 풀면

$a=\frac{3}{5}$, $b=\frac{2}{5}$

ii) $(2a-3b)+(a+b)i=-i$일 때

복소수가 같을 조건에 의하며

$2a-3b=0$, $a+b=-1$

이 두 식을 연립하여 풀면

$a=-\frac{3}{5}$, $b=-\frac{2}{5}$

정답 $a=\frac{3}{5}$, $b=\frac{2}{5}$

또는 $a=-\frac{3}{5}$, $b=-\frac{2}{5}$

## [줄기 3-1]

풀이 1) 뿌리 3-1)의 4)번 문제이다. [p.92]

$\sqrt{\text{음}}\sqrt{\text{음}}=-\sqrt{\text{음}\cdot\text{음}}$ 이므로

$\sqrt{-5}\sqrt{-3}=-\sqrt{(-5)\cdot(-3)}=-\sqrt{15}$

2) $\sqrt{2}\sqrt{-8}=\sqrt{2\cdot(-8)}=\sqrt{-16}=\sqrt{16}i$

3) $\sqrt{\text{음}}\sqrt{\text{음}}=-\sqrt{\text{음}\cdot\text{음}}$ 이므로

$\sqrt{-2}\sqrt{-8}=-\sqrt{(-2)\cdot(-8)}=-\sqrt{16}$

정답 1) $-\sqrt{15}$ 2) $4i$ 3) $-4$

## [줄기 3-2]

풀이 1) $\frac{\sqrt{-3}}{\sqrt{2}}=\sqrt{\frac{-3}{2}}=\sqrt{\frac{3}{2}}i=\frac{\sqrt{3}}{\sqrt{2}}i$

2) $\frac{\sqrt{양}}{\sqrt{음}}=-\sqrt{\frac{양}{음}}$ 이므로

$\frac{\sqrt{3}}{\sqrt{-2}}=-\sqrt{\frac{3}{-2}}=-\sqrt{\frac{3}{2}}i=-\frac{\sqrt{3}}{\sqrt{2}}i$

3) $\frac{\sqrt{-3}}{\sqrt{-2}}=\sqrt{\frac{-3}{-2}}=\sqrt{\frac{3}{2}}=\frac{\sqrt{3}}{\sqrt{2}}=\frac{\sqrt{6}}{2}$

4) $\sqrt{음}\sqrt{음}=-\sqrt{음\cdot 음}$, $\frac{\sqrt{양}}{\sqrt{음}}=-\sqrt{\frac{양}{음}}$

$\sqrt{-8}\sqrt{-2}+\frac{\sqrt{8}}{\sqrt{-2}}$

$=-\sqrt{(-8)\cdot(-2)}+\left(-\sqrt{\frac{8}{-2}}\right)$

$=-\sqrt{16}-\sqrt{-4}=-4-2i$

정답 1) $\frac{\sqrt{6}}{2}i$ 2) $-\frac{\sqrt{6}}{2}i$ 3) $\frac{\sqrt{6}}{2}$
4) $-4-2i$

## [줄기 3-3]

풀이 ② $\sqrt{음}\sqrt{음}=-\sqrt{음\cdot 음}$ 이므로

$\sqrt{-2}\sqrt{-5}=-\sqrt{(-2)\cdot(-5)}$

③ $\frac{\sqrt{양}}{\sqrt{음}}=-\sqrt{\frac{양}{음}}$ 이므로

$\frac{\sqrt{2}}{\sqrt{-5}}=-\sqrt{\frac{2}{-5}}$

정답 ②, ③

## [줄기 3-4]

풀이 $\sqrt{a}\sqrt{b}=-\sqrt{ab}$가 성립하려면

$a<0, b<0$ ($\because a\neq 0, b\neq 0$)

$\therefore a+b<0$

$\sqrt{(a+b)^2}-|a|-\sqrt{(-b)^2}$

$=|a+b|-|a|+|(-b)|$

$=-(a+b)-(-a)+|b|$

$=-a-b+a-b$

$=-2b$

정답 $-2b$

## [줄기 3-5]

풀이 $\sqrt{\frac{c}{b}}=-\frac{\sqrt{c}}{\sqrt{b}}$에서 $b<0$, $c>0$이므로

$\sqrt{a}\sqrt{b}=\sqrt{ab}$에서 $a>0$, $b<0$이어야 한다.

따라서 $a>0$, $b-c<5$, $a-b+c>0$

$\therefore \sqrt{a^2}+|b-c|-\sqrt{(a-b+c)^2}$

$=|a|+|b-c|-|a-b+c|$

$=a-(b-c)-(a-b+c)$

$=0$

정답 0

# 풀이 잎 문제

## 잎 4-1

풀이 주어진 등식의 좌변을 먼저 정리하면

(좌변)$=5x+3xi+x-4+xi-2yi$

$=(6x-4)+(4x-2y)i$

이므로 주어진 등식은

$(6x-4)+(4x-2y)i=2-4i$

$x$, $y$가 실수이므로 $6x-4$, $4x-2y$도 실수이다.

따라서 복소수가 서로 같을 조건에 의하여

$6x-4=2$, $4x-2y=-4$

이 두 식을 연립하여 풀면 $x=1$, $y=4$

정답 $x=1$, $y=4$

## 잎 4-2

풀이 $z=(1-i)x^2-xi+2i-1$

$=(x^2-1)+(-x^2-x+2)i$

$=(x-1)(x+1)-(x+2)(x-1)i$ ⋯㉠

$z^2$이 음수이면 $z$는 순허수이다. [p.90, p91]

*따라서 (실수부분)$=0$, (허수부분)$\neq 0$

즉, $(x-1)(x+1)=0$, $-(x+2)(x-1)\neq 0$

i) $(x-1)(x+1)=0$에서 $x=1$ 또는 $x=-1$

ii) $-(x+2)(x-1)\neq 0$에서 $x\neq -2$, $x\neq 1$

i), ii)에서 $x=-1$

이것을 ㉠에 대입하면

$z=(-1-1)(-1+1)-(-1+2)(-1-1)i$

$=2i$

정답 $2i$

## 잎 4-3

**핵심** $\frac{1+i}{1-i}=+i$, $\frac{1-i}{1+i}=-i$ [p.85]

**풀이** $z=\frac{1-i}{1+i}=-i$

$z=-i$에서 $\bar{z}=i$

따라서 $z-\bar{z}=-i-i=-2i$

**정답** $-2i$

## 잎 4-4

**풀이** 실수가 아닌 복소수 $z$이므로

$z=a+bi$ ($a$, $b$는 실수, $\star b\neq 0$)라 하면

$(a+bi)^2=a-bi$

$a^2-b^2+2abi=a-bi$

i) $a^2-b^2=a$ ⋯ ㉠

ii) $2ab=-b$ $\quad\therefore a=-\frac{1}{2}$ ($\because b\neq 0$)

$a=-\frac{1}{2}$을 ㉠에 대입하면

$\frac{1}{4}-b^2=-\frac{1}{2}$ $\quad\therefore b=\pm\frac{\sqrt{3}}{2}$

$\therefore z=-\frac{1}{2}\pm\frac{\sqrt{3}}{2}i=\frac{-1\pm\sqrt{3}i}{2}$

**정답** $\frac{-1\pm\sqrt{3}i}{2}$

## 잎 4-5

**핵심** i) ☆가 실수 ⇔ ☆ = $\overline{☆}$ $\quad$ ex) $3=\bar{3}$

ii) $z-\bar{z}=2bi$ [p.87]

**풀이** 실수가 아닌 복소수 $z$이므로

$z=a+bi$ ($a$, $b$는 실수, $\star b\neq 0$)라 하자. 이때

$z(z+2)$가 실수이므로

$z(z+2)=\overline{z(z+2)}$, $\quad z(z+2)=\bar{z}(\bar{z}+2)$

$z^2+2z=\bar{z}^2+2\bar{z}$, $\quad z^2-\bar{z}^2+2(z-\bar{z})=0$

$(z-\bar{z})(z+\bar{z})+2(z-\bar{z})=0$

$(z-\bar{z})(z+\bar{z}+2)=0$

$\therefore z+\bar{z}+2=0$ ($\because z-\bar{z}=2bi\neq 0$ $\because \star b\neq 0$)

$\therefore z+2=-\bar{z}$

$\therefore z(z+2)=z(-\bar{z})=-z\bar{z}=-4$

**정답** $-4$

## 잎 4-6

**풀이** 1) $i+i^2+i^3+i^4=0$이므로 밑이 $i$이고 지수가 연속하는 자연수일 때, 이것의 네 개의 합은 0이다. [p.91]

> $3+i^{14}+i^{15}+i^{16}+i^{17}+i^{18}+\cdots+i^{1015}$에서 밑이 $i$이고 지수가 연속하는 자연수인 수의 개수가 1002 ($\because 1015-13$)개다. 이중 네 개씩 묶음은 250 ($\because 4\times 250=1000$)개다.

$3+i^{14}+i^{15}+i^{16}+i^{17}+i^{18}+\cdots+i^{1015}$

$=3+i^{14}+i^{15}+0\times 250$

$=3+(i^4)^3\cdot i^2+(i^4)^3\cdot i^3+0$

$=3+(-1)+(-i)=2-i$

2) $x=\frac{1-i}{1+i}=\frac{(1-i)^2}{(1+i)(1-i)}=\frac{-2i}{2}=-i$

$x+x^2+x^3+x^4=(-i)+(-i)^2+(-i)^3+(-i)^4$

$=-i-1+i+1=0$

$x+x^2+x^3+x^4=0$이므로 밑이 $x$이고 지수가 연속하는 자연수일 때, 이것의 네 개의 합은0이다.

> $3+x+x^2+x^3+\cdots+x^{1015}$에서 밑이 $x$이고 지수가 연속하는 자연수인 수의 개수가 1015개다. 이중 네 개씩 묶음은 253개다. ($\because 4\times 253=1012$)

$3+x+x^2+x^3+\cdots+x^{1015}$

$=3+(-i)+(-i)^2+(-i)^3+0\times 253$

$=3-i+i^2-i^3+0$

$=3-i-1+i=2$

3) $z=\frac{-1-\sqrt{3}i}{2}$에서 $2z=-1-\sqrt{3}i$

$2z+1=-\sqrt{3}i$의 양변을 제곱하면

$4z^2+4z+1=-3$ $\quad\therefore z^2+z+1=0$ ⋯ ㉠

㉠의 양변에 $z$를 곱하면 $z^3+z^2+z=0$

$z+z^2+z^3=0$이므로 밑이 $z$이고 지수가 연속하는 자연수일 때, 이것의 세 개의 합은 0이다.

> $1+z+z^2+z^3+\cdots+z^{100}$에서 밑이 $z$이고 지수가 연속하는 자연수인 수의 개수가 100개다. 이중 세 개씩 묶음은 33개다. ($\because 3\times 33=99$)

$1+z+z^2+z^3+\cdots+z^{100}$

$=1+z+0\times 33$

$=1+z$

$=1+\dfrac{-1-\sqrt{3}i}{2}$

$=\dfrac{1-\sqrt{3}i}{2}$

정답 1) $2-i$ 2) $2$ 3) $\dfrac{1-\sqrt{3}i}{2}$

## 잎 4-7

풀이 $z^2=\left(\dfrac{1-i}{\sqrt{2}}\right)^2=\dfrac{-2i}{2}=-i$이므로 $z^4=-1$

$z^2-z^3+z^4-z^5+z^6-z^7+z^8-z^9+z^{10}$

$=(z^2-z^3+z^4-z^5)+z^4(z^2-z^3+z^4-z^5)+z^{10}$

$=(z^2-z^3+z^4-z^5)-(z^2-z^3+z^4-z^5)+z^{10}$

$=z^{10}=(z^2)^5=(-i)^5=-i^5=-i$

정답 $-i$

## 잎 4-8

핵심 $\overline{(\overline{z})}=z$, $\overline{z_1-z_2}=\overline{z_1}-\overline{z_2}$, $\overline{z_1z_2}=\overline{z_1}\cdot\overline{z_2}$

풀이 $\overline{z_1}-\overline{z_2}=\overline{z_1-z_2}=1+2i$에서

$\overline{\overline{z_1-z_2}}=\overline{1+2i}$ $\quad\therefore z_1-z_2=1-2i$

$\overline{z_1}\cdot\overline{z_2}=\overline{z_1z_2}=4-3i$에서

$\overline{\overline{z_1z_2}}=\overline{4-3i}$ $\quad\therefore z_1z_2=4+3i$

$(z_1-1)(z_2+1)=z_1z_2+z_1-z_2-1$

$=z_1z_2+(z_1-z_2)-1$

$=(4+3i)+(1-2i)-1$

$=4+i$

정답 $4+i$

## 잎 4-9

풀이 $z^2=\left(\dfrac{\sqrt{2}}{1+i}\right)^2=\dfrac{2}{2i}=\dfrac{1}{i}=\dfrac{i^3}{i^4}=-i$

$z^{2010}=(z^2)^{1005}=(-i)^{1005}=-i^{1005}$

$=-(i^4)^{251}\cdot i=-i\ (\because i^4=1)$

정답 $-i$

## 잎 4-10

풀이 $z=\dfrac{-1+\sqrt{3}i}{2}$에 대하여

$z^2=\left(\dfrac{-1+\sqrt{3}i}{2}\right)^2=\dfrac{1+3i^2-2\sqrt{3}i}{4}$

$=\dfrac{-2-2\sqrt{3}i}{4}=\dfrac{-1-\sqrt{3}i}{2}$

$z^3=z^2\cdot z=\dfrac{-1-\sqrt{3}i}{2}\cdot\dfrac{-1+\sqrt{3}i}{2}$

$=\dfrac{(-1)^2-(\sqrt{3}i)^2}{4}=\dfrac{4}{4}=1$

$\therefore z^{2010}+\dfrac{1}{z^{2010}}=(z^3)^{670}+\dfrac{1}{(z^3)^{670}}=1+\dfrac{1}{1}=2$

정답 2

## 잎 4-11

풀이 $n=2$일 때, $\left(\dfrac{\sqrt{2}}{1+i}\right)^2=\dfrac{2}{2i}=\dfrac{1}{i}=-i$

$\left(\dfrac{\sqrt{2}}{1-i}\right)^2=\dfrac{2}{-2i}=-\dfrac{1}{i}=i$

$\left\{\left(\dfrac{\sqrt{2}}{1+i}\right)^2\right\}^4+\left\{\left(\dfrac{\sqrt{2}}{1-i}\right)^2\right\}^4=(-i)^4+i^4=2$

따라서 주어진 등식을 만족시키는 자연수 $n$의 최솟값은 8이다.

정답 8

## 잎 4-12

풀이 $z=\dfrac{2}{1-i}=\dfrac{2(1+i)}{(1-i)(1+i)}=\dfrac{2(1+i)}{2}=1+i$

$z=1+i$에서 $z-1=i$

양변을 제곱하면 $z^2-2z+1=-1$

$\therefore z^2-2z+2=0$

$2z^5-4z^4+1=2z^3(z^2-2z+2)-4z^3+1$

$=-4z^3+1\ (\because z^2-2z+2=0)$

$=-4z(z^2-2z+2)-8z^2+8z+1$

$=-8z^2+8z+1\ (\because z^2-2z+2=0)$

$=-8(z^2-2z+2)-8z+17$

$=-8z+17\ (\because z^2-2z+2=0)$

$=-8(1+i)+17\ (\because z=1+i)$

$=9-8i$

정답 $9-8i$

### 잎 4-13

**핵심** $\overline{(\overline{z})}=z,\ \overline{\left(\frac{p}{q}\right)}=\frac{\overline{p}}{\overline{q}}$ (단, $q\neq 0$)

**풀이** $\overline{z}=\frac{1-\sqrt{6}i}{2}$ 에서 $\overline{\overline{z}}=\overline{\frac{1-\sqrt{6}i}{2}}$

$\therefore z=\frac{1+\sqrt{6}i}{2}$

이것을 $z^3-2z^2-2$에 대입하면 계산이 힘들므로

$2z=1+\sqrt{6}i \quad \therefore 2z-1=\sqrt{6}i$

양변을 제곱하면 $4z^2-4z+1=-6$

$\therefore 4z^2-4z+7=0$

$$z^3-2z^2-2=\frac{z}{4}(4z^2-4z+7)-z^2-\frac{7}{4}z-2$$
$$=-z^2-\frac{7}{4}z-2\ (\because 4z^2-4z+7=0)$$
$$=-\frac{1}{4}(4z^2-4z+7)-\frac{11}{4}z-\frac{1}{4}$$
$$=-\frac{11}{4}z-\frac{1}{4}\ (\because 4z^2-4z+7=0)$$
$$=-\frac{11}{4}\left(\frac{1+\sqrt{6}i}{2}\right)-\frac{1}{4}\ (\because z=\frac{1+\sqrt{6}i}{2})$$
$$=\frac{-11-11\sqrt{6}i-2}{8}$$
$$=\frac{-13-11\sqrt{6}i}{8}$$

**정답** $-\frac{13}{8}-\frac{11\sqrt{6}}{8}i$

### 잎 4-14

**풀이** $z=(1+i)x^2-16-(x^2+x-4)i$

$=x^2+x^2i-16-x^2i-xi+4i$

$=(x^2-16)+(-x+4)i$

$z$가 실수가 되려면 (허수부분)$=0$이므로

$-x+4=0 \quad \therefore x=4 \quad \therefore a=4$

$z$가 순허수가 되려면 (실수부분)$=0$, (허수부분)$\neq 0$, 즉 $x^2-16=0$, $-x+4\neq 0$

i) $x^2-16=0$에서 $(x-4)(x+4)=0$

$\therefore x=4$ 또는 $x=-4$

ii) $-x+4\neq 0$에서 $x\neq 4$

i), ii)에 의하여 $x=-4 \quad \therefore b=-4$

**정답** $a=4,\ b=-4$

### 잎 4-15

**풀이** $\alpha+\beta=2$ (합의 값), $\alpha\beta=3$ (곱의 값)

$$\alpha^3\beta+\alpha\beta^3+\frac{\beta}{\alpha}+\frac{\alpha}{\beta}=\alpha\beta(\alpha^2+\beta^2)+\frac{\beta^2+\alpha^2}{\alpha\beta}$$
$$=\alpha\beta\{(\alpha+\beta)^2-2\alpha\beta\}+\frac{(\alpha+\beta)^2-2\alpha\beta}{\alpha\beta}$$
$$=3\cdot(2^2-2\cdot 3)+\frac{2^2-2\cdot 3}{3}=-6+\frac{-2}{3}=\frac{-20}{3}$$

**정답** $-\frac{20}{3}$

### 잎 4-16

**핵심** 합과 곱의 값만으로 답을 구할 수 없으면
⇨ 차의 값을 마저 알면 답을 구할 수 있다.

**풀이** $x+y=2,\ xy=3$

$$\frac{x}{x+yi}+\frac{yi}{x-yi}=\frac{x(x-yi)+yi(x+yi)}{(x+yi)(x-yi)}$$
$$=\frac{x^2-y^2}{x^2+y^2}=\frac{(x-y)(x+y)}{(x+y)^2-2xy}$$
$$=\frac{2\sqrt{2}i\cdot 2}{2^2-2\cdot 3}\ (\because x-y=2\sqrt{2}i)$$
$$=\frac{4\sqrt{2}i}{-2}=-2\sqrt{2}i$$

**정답** $-2\sqrt{2}i$

### 잎 4-17

**풀이** $\sqrt{\frac{a}{b}}=-\frac{\sqrt{a}}{\sqrt{b}}$, 즉 $\frac{\sqrt{a}}{\sqrt{b}}=-\sqrt{\frac{a}{b}}$ 에서

$a\neq 0$이므로 $a>0,\ b<0$

① $\sqrt{a}\sqrt{b}=\sqrt{ab}$ ($\because$ $\sqrt{양}\sqrt{음}=\sqrt{양\cdot 음}$ )

② $\sqrt{-a}\sqrt{-b}=\sqrt{(-a)(-b)}=\sqrt{ab}$
($\because$ $\sqrt{음}\sqrt{양}=\sqrt{음\cdot 양}$ )

③ $\sqrt{-a}\sqrt{b}=-\sqrt{(-a)b}=-\sqrt{-ab}$
($\because$ $\sqrt{음}\sqrt{음}=-\sqrt{음\cdot 음}$ )

④ $\sqrt{a^2b}=\sqrt{a^2}\sqrt{b}=|a|\sqrt{b}=a\sqrt{b}$
($\because$ $\sqrt{양\cdot 음}=\sqrt{양}\sqrt{음}$ ※ $\sqrt{A^2}=|A|$)

⑤ $\sqrt{ab^2}=\sqrt{a}\sqrt{b^2}=\sqrt{a}|b|=-b\sqrt{a}$
($\because$ $\sqrt{양\cdot 양}=\sqrt{양}\sqrt{양}$ ※ $\sqrt{A^2}=|A|$)

⑥ $\sqrt{a^2b^2}=\sqrt{a^2}\sqrt{b^2}=|a||b|=a(-b)=-ab$
($\because$ $\sqrt{양\cdot 양}=\sqrt{양}\sqrt{양}$ ※ $\sqrt{A^2}=|A|$)

**정답** ②, ③, ⑥

**잎 4-18**

풀이 $(a+b+3)x+ab-1=0$이 $x$의 값에 관계 없이 성립하므로

$a+b+3=0,\ ab-1=0$

$a+b=-3,\ ab=1$에서 $\star a<0,\ b<0$

$$(\sqrt{a}+\sqrt{b})^2=a+b+2\sqrt{a}\sqrt{b}$$
$$=(a+b)+2\sqrt{ab}\ (\times)$$
$$=(a+b)-2\sqrt{ab}\ (\bigcirc)$$
$$=(-3)-2\cdot\sqrt{1}=-5$$

$$\sqrt{\frac{b}{a}}+\sqrt{\frac{a}{b}}=\frac{\sqrt{b}}{\sqrt{a}}+\frac{\sqrt{a}}{\sqrt{b}}\ (\because \star a<0,\ b<0)$$
$$=\frac{(\sqrt{b})^2+(\sqrt{a})^2}{\sqrt{a}\sqrt{b}}$$
$$=\frac{a+b}{\sqrt{ab}}\ (\times)$$
$$=\frac{a+b}{-\sqrt{ab}}\ (\bigcirc)$$
$$=\frac{-3}{-\sqrt{1}}=3$$

정답 $-5,\ 3$

**잎 4-19**

핵심 $b>0$일 때, $\sqrt{-b}=\sqrt{b}\,i$로 정의한다. [p.80]

풀이 $0<a<1$이므로 $a-1<0,\ 1-a>0$

$$\frac{\sqrt{1-a}}{\sqrt{a-1}}\cdot\sqrt{\frac{a-1}{1-a}}-\sqrt{a-1}\cdot\sqrt{1-a}-\frac{\sqrt{a}}{\sqrt{-a}}$$
$$=\frac{\sqrt{1-a}}{\sqrt{1-a}\,i}\cdot\sqrt{-\frac{1-a}{1-a}}-\sqrt{1-a}\,i\cdot\sqrt{1-a}-\frac{\sqrt{a}}{\sqrt{a}\,i}$$
$$=\frac{1}{i}\cdot i-(1-a)i-\frac{1}{i}$$
$$=1-i+ai-(-i)=1+ai$$

정답 $1+ai$

**잎 4-20**

핵심 $\overline{(\overline{z})}=z$

풀이 $\overline{(3-i)x+(3+2i)y}=3-2i$에서

$\overline{\overline{(3-i)x+(3+2i)y}}=\overline{3-2i}$

$\therefore (3-i)x+(3+2i)y=3+2i$

$\therefore (3x+3y)+(-x+2y)i=3+2i$

$x,\ y$가 실수이므로 $3x+3y,\ -x+2y$도 실수이다.

따라서 복소수가 서로 같을 조건에 의하여

$3x+3y=3,\ -x+2y=2$

이 두 식을 연립하여 풀면 $x=0,\ y=1$

정답 $x=0,\ y=1$

**잎 4-21**

핵심 $z$가 실수 $\Leftrightarrow \star\overline{z}=z \Leftrightarrow \overline{z}-z=0$ ex) $\overline{3}=3$

풀이 ㄱ. $\overline{z\overline{z}}=\overline{z}z$ $\therefore z\overline{z}$는 항상 실수이다. (참)

ㄴ. $\overline{z^2+\overline{z}^2}=\overline{z}^2+z^2$

$\therefore z^2+\overline{z}^2$은 항상 실수이다. (참)

ㄷ. $\overline{(\overline{z}+1)(\overline{z}^2-\overline{z})+(z+1)(z^2-z)}$

$=(z+1)(z^2-z)+(\overline{z}+1)(\overline{z}^2-\overline{z})$

$\therefore (\overline{z}+1)(\overline{z}^2-\overline{z})+(z+1)(z^2-z)$는 항상 실수이다. (참)

ㄹ. $\overline{\dfrac{\overline{z}i}{1+z}+\dfrac{\overline{z}i}{1+\overline{z}}}=\dfrac{z(-i)}{1+\overline{z}}+\dfrac{z(-i)}{1+z}$

$\therefore \dfrac{\overline{z}i}{1+z}+\dfrac{\overline{z}i}{1+\overline{z}}$는 항상 실수인 것은 아니다. (거짓)

정답 ㄱ, ㄴ, ㄷ

**잎 4-22**

풀이 $z=a+bi$ ($a,\ b$는 실수)라 하면

$z+\overline{z}=2a,\ z\overline{z}=a^2+b^2$이므로

ㄱ. $z\overline{z}=0$에서 $a^2+b^2=0$

$\therefore a=0,\ b=0$ $\therefore z=0$ (참)

ㄴ. $z^2+\overline{z}^2$

$=(z+\overline{z})^2-2z\overline{z}=(2a)^2-2(a^2+b^2)$

$=2a^2-2b^2=2(a-b)(a+b)=0$

$\therefore a=b$ 또는 $a=-b$ $\therefore b=\pm a$

$\therefore z=a\pm ai$ (거짓)

[반례] $z=1+i$

ㄷ. $z=-\overline{z}$, 즉 $z+\overline{z}=0$이면 복소수 $z$는 '순허수' 또는 '0'이다. [*p.89] (거짓)

[반례] $z=0$

주의 0을 빠트리지 않도록 하자. 0은 실수이다.

ㄹ. $z$가 순허수이면 $z=-\overline{z}$, 즉 $z+\overline{z}=0$이다. (참)

정답 ㄱ, ㄹ

**잎 4-23**

$\frac{1}{i}=\frac{1\cdot i^3}{i\cdot i^3}=-i,\ \frac{1}{i^2}=-1,\ \frac{1}{i^3}=\frac{1\cdot i}{i^3\cdot i}=i,\ \frac{1}{i^4}=1$

**풀이** 1) $i$는 주기성이 있으므로 4개씩 배열해 본다.

$\frac{1}{i}+\frac{3}{i^2}+\frac{5}{i^3}+\frac{7}{i^4}$
$=-i-3+5i+7$
$=4+4i$

$\frac{9}{i^5}+\frac{11}{i^6}+\frac{13}{i^7}+\frac{15}{i^8}$
$=\frac{9}{i}+\frac{11}{i^2}+\frac{13}{i^3}+\frac{15}{i^4}$
$=-9i-11+13i+15$
$=4+4i$

⋮

$\frac{193}{i^{97}}+\frac{195}{i^{98}}+\frac{197}{i^{99}}+\frac{199}{i^{100}}$
$=\frac{193}{i}+\frac{195}{i^2}+\frac{197}{i^3}+\frac{199}{i^4}$
$=-193i-195+197i+199$
$=4+4i$

따라서 $(4+4i)\times 25=100+100i$
$\therefore a=100,\ b=100$

2) $i$는 주기성이 있으므로 4개씩 배열해 본다.

$i-2i^2+3i^3-4i^4$
$=i+2-3i-4$
$=-2-2i$

$5i^5-6i^6+7i^7-8i^8$
$=5i-6i^2+7i^3-8i^4$
$=5i+6-7i-8$
$=-2-2i$

⋮

$45i^{45}-46i^{46}+47i^{47}-48i^{48}$
$=45i-46i^2+47i^3-48i^4$
$=45i+46-47i-48$
$=-2-2i$

따라서
$(-2-2i)\times 12+49i^{49}-50i^{50}$
$=-24-24i+49i-50i^2$
$=-24-24i+49i+50=26+25i$
$\therefore a=26,\ b=25$

3) 2)번의 방법으로 풀리지 않는다.

$i-2i^2+3i^3-4i^4+5i^5-6i^6+7i^7-8i^8+\cdots$
$=i+2-3i-4+5i+6-7i-8+\cdots$
$=(2-4+6-8+\cdots)+(1-3+5-7+\cdots)i+\cdots$

복소수가 서로 같을 조건에 의하여 실수부분이 10, 허수부분이 9이므로

$(2-4)+(6-8)+(10-12)+(14-16)+18$
$=10$
$(1-3)+(5-7)+(9-11)+(13-15)+17$
$=9$
$\therefore n=18$

4) 주어진 등식의 좌변은

$\left(\frac{1}{i}-\frac{1}{i^2}+\frac{1}{i^3}-\frac{1}{i^4}\right)+\left(\frac{1}{i^5}-\frac{1}{i^6}+\frac{1}{i^7}-\frac{1}{i^8}\right)+\cdots+\frac{(-1)^{n+1}}{i^n}$

$=(-i+1+i-1)+(-i+1+i-1)+\cdots+\frac{(-1)^{n+1}}{i^n}$

으로 4개의 항이 더해지면 0이 되는 규칙이 있다.

즉 처음부터 합을 구하면 좌변의 식의 결과는 자연수 $n$에 대하여 다음과 같이 나타낸다.

$\begin{cases} -i & (n=4k-3) \\ 1-i & (n=4k-2) \\ 1 & (n=4k-1) \\ 0 & (n=4k) \end{cases}$ (단, $k$는 자연수)

따라서 주어진 등식을 만족하는 $n$의 값은 자연수 $k$에 대하여 $n=4k-2$일 때이다.

즉 $0<4k-2\le 60$에서 $\frac{1}{2}<k\le\frac{31}{2}$이므로 자연수 $k$는 1, 2, 3, ⋯ , 15의 15개다.

따라서 자연수 $n$의 개수는 15개다.

$(\because n=4k-2)$

**정답** 1) $a=100,\ b=100$
2) $a=26,\ b=25$
3) 18
4) 15

**잎 4-24**

**핵심** $n=1, 2, 3, \cdots$을 대입하여 규칙을 찾는다.

**풀이** $z=\dfrac{1+i}{1-i}=+i$ ($\because$ p.85)

$$z^n+z^{2n}+z^{3n}=i^n+i^{2n}+i^{3n}$$
$$=i^n+(i^2)^n+(i^3)^n$$
$$=i^n+(-1)^n+(-i)^n$$

$n=1$일 때, $i-1-i=-1$

$n=2$일 때, $i^2+1+i^2=-1$

$n=3$일 때, $i^3-1-i^3=-1$

$n=4$일 때, $i^4+1+i^4=3$

$n=5$일 때, $i^4\cdot i-1-i^4\cdot i=-1$

⋮

이상에서 $z^n+z^{2n}+z^{3n}=-1$을 성립하는 $n$은 4의 배수를 제외한 수이므로 50 이하의 자연수 $n$의 개수는 $50-12=38$

**정답** 38

**잎 4-25**

**핵심** $m=1, 2, 3, \cdots$을 대입하여 규칙을 찾는다.

**풀이** (가) $m=1$일 때, $\dfrac{i}{2}+\dfrac{-i}{2}=0$

$m=2$일 때, $\dfrac{i^2}{2}+\dfrac{i^2}{2}=-1$

$m=3$일 때, $\dfrac{i^3}{2}+\dfrac{-i^3}{2}=0$

$m=4$일 때, $\dfrac{i^4}{2}+\dfrac{i^4}{2}=1$

$m=5$일 때, $\dfrac{i^4\cdot i}{2}+\dfrac{-i^4\cdot i}{2}=0$

⋮

이상에서 $\dfrac{i^m}{2}+\dfrac{(-i)^m}{2}=1$을 만족시키는 $m$은 $m=4k$ ($k$는 자연수)

이때, $m$은 두 자리 자연수이므로

$m=12, 16, 20, \cdots, 96$

(나) $(3i)^n=3^n i^n=-3^n$에서 $i^n=-1$

$n=2$일 때, $i^2=-1$

$n=6$일 때, $i^4\cdot i^2=-1$

⋮

이상에서 $i^n=-1$을 만족시키는 $n$은 $n=4l-2$ ($l$은 자연수)

이때, $n$은 두 자리 자연수이므로

$n=10, 14, 18, \cdots, 98$

따라서 $m-n$의 최댓값은

$96-10=86$

**정답** 86

**잎 4-26**

**핵심** (음수) $\Leftrightarrow$ (음의 실수)

**풀이** $z^2$이 음수이면 $z$는 순허수이다. [p.90]

$z=x(1+i)-1=(x-1)+xi$

따라서 $z$는 순허수이어야 하므로

(실수부분)$=0$, (허수부분)$\neq 0$

즉, $x-1=0$, $x\neq 0$ $\quad \therefore x=1$

$\therefore z=i$

$i+i^2+i^3+i^4=0$이므로 밑이 $i$이고 지수가 연속하는 자연수일 때, 이것의 네 개의 합은 0이다. [p.81]

> $i^6+i^7+i^8+\cdots+i^{1012}$에서 밑이 $i$이고 지수가 연속하는 자연수인 수의 개수가 1007 ($\because 1012-5$)개다. 이중 네 개씩 묶음은 251 ($\because 4\times 251=1004$)개다.

$$i^6+i^7+i^8+\cdots+i^{1012}$$
$$=i^6+i^7+i^8+0\times 251$$
$$=i^4\cdot i^2+i^4\cdot i^3+(i^4)^2+0$$
$$=(-1)+(-i)+1+0=-i$$

**정답** $-i$

## 잎 4-27

**핵심** i) ☆가 순허수 ⇔ $☆+\overline{☆}=0$ ex) $i+\overline{i}=0$
ii) $z+\overline{z}=2a$ [p.87]

**방법 I** 실수 부분이 0이 아닌 복소수 $z$이므로
$z=a+bi$ ($a$, $b$는 실수, $\star a\neq 0$)라 하면

$z-\frac{4}{z}+\overline{\left(z-\frac{4}{z}\right)}=0$, $z-\frac{4}{z}+\overline{z}-\frac{4}{\overline{z}}=0$,

$z+\overline{z}=4\left(\frac{1}{\overline{z}}+\frac{1}{z}\right)$, $z+\overline{z}=4\left(\frac{z+\overline{z}}{z\overline{z}}\right)$,

$(z+\overline{z})\cdot z\overline{z}=4(z+\overline{z})$

$\therefore z\overline{z}=4$ ($\because z+\overline{z}=2a\neq 0$ $\because \star a\neq 0$)

**방법 II** 실수 부분이 0이 아닌 복소수 $z$이므로
$z=a+bi$ ($a$, $b$는 실수, $\star a\neq 0$)라 하면

$a+bi-\frac{4}{a-bi}=ki$ (단, $k$는 실수, $k\neq 0$)

풀기가 쉽지 않다. ㅠㅠ;

**정답** 4

## 잎 4-28

**핵심** $z=a+bi$ ($a$, $b$는 실수)
⇨ $z\overline{z}=a^2+b^2\geq 0$ $\therefore ☆\overline{☆}\geq 0$

**방법 I** $(z-1)^2=3i$ ⋯ ㉠에서

$\overline{(z-1)^2}=-3i$ $\therefore (\overline{z}-1)^2=-3i$ ⋯ ㉡

㉠×㉡을 하면

$\{(z-1)(\overline{z}-1)\}^2=9$

$z\overline{z}-(z+\overline{z})+1=3$ ($\because ☆\overline{☆}\geq 0$)

$\therefore z\overline{z}-(z+\overline{z})=2$

**방법 II** $z=a+bi$ ($a$, $b$는 실수)라 하면

$(z-1)^2=3i$

$\{(a-1)+bi\}^2=3i$

$(a-1)^2+2(a-1)bi-b^2=3i$

$(a^2-2a+1-b^2)+(2ab-2b)i=3i$

$a^2-2a+1-b^2=0$, $2ab-2b=3$

풀기가 쉽지 않다. ㅠㅠ

**정답** 2

## 잎 4-29

**풀이** 복소수 $z$에 대하여 $iz^n$이 양의 실수가 되려면
$z^n=-ai$ $(a>0)$ 꼴이어야 한다.

$\frac{i(1+i)^n}{1-i}=\frac{i(1+i)^n(1+i)}{(1-i)(1+i)}=\frac{i(1+i)^{n+1}}{2}$

$i(1+i)^{n+1}$이 양의 실수가 되려면
$(1+i)^{n+1}=-ai$ $(a>0)$ 꼴이어야 한다.

$n=1$일 때, $(1+i)^2=\mathbf{2i}$

$n=2$일 때, $(1+i)^3=\mathbf{2i}(1+i)=2i-2$

$n=3$일 때, $(1+i)^4=(\mathbf{2i})^2=-4$

$n=4$일 때, $(1+i)^5=-4(1+i)=-4-4i$

$n=5$일 때, $(1+i)^6=(\mathbf{2i})^3=-8i$

$\therefore n=5$일 때 $-ai$ $(a>0)$ 꼴이다.
따라서 자연수 $n$의 최솟값은 5이다.

**정답** 5

## 잎 4-30

**풀이** ㄱ. 복소수 $z$가 실수임을 알려주는 표현 [p.90]
i) $z^2$이 0 이상, ii) $z-\overline{z}=0$ $(z=\overline{z})$
$\alpha=\overline{\alpha}$이면 $\alpha$는 실수 ($\because$ (실수)$=\overline{(\text{실수})}$)

ㄴ. $\alpha=\overline{\beta}$
$\beta=\overline{\alpha}$ ($\because \overline{\alpha}=\overline{(\overline{\beta})}$)
$\alpha=a+bi$ ($a$, $b$는 실수)라 하면
$\alpha+\beta=\alpha+\overline{\alpha}=2a$, $\alpha\beta=\alpha\overline{\alpha}=a^2+b^2$
$\therefore \alpha+\beta$, $\alpha\beta$는 실수이다. (참)

ㄷ. $\alpha=\overline{\beta}$
$\beta=\overline{\alpha}$ ($\because \overline{\alpha}=\overline{(\overline{\beta})}$)
$\overline{\alpha\beta}=\overline{\alpha}\cdot\overline{\beta}=\beta\alpha=\alpha\beta$ (참)

ㄹ. $\alpha+\beta=0$에서
$\overline{\alpha+\beta}=\overline{0}$ $\therefore \overline{\alpha}+\overline{\beta}=0$ (참)

ㅁ. $\alpha=\overline{\beta}$
$\beta=\overline{\alpha}$ ($\because \overline{\alpha}=\overline{(\overline{\beta})}$)
$\alpha=a+bi$ ($a$, $b$는 실수)라 하면
$\alpha\beta=\alpha\overline{\alpha}=a^2+b^2=0$ $\therefore a=0$, $b=0$
따라서 $\alpha=0+0\cdot i$, $\beta=0-0\cdot i$
$\therefore \alpha=0$, $\beta=0$ (참)

ㅂ. $\beta=\overline{\alpha}$, $\alpha\neq 0$일 때
$\alpha=a+bi$ ($a$, $b$는 실수)라 하면
$\alpha+\beta=\alpha+\overline{\alpha}=2a=0$ $\therefore a=0$
그런데 $\alpha\neq 0$이므로 $b\neq 0$이어야 한다.
$\therefore \alpha=bi$, $\beta=-bi$
$\therefore \alpha$, $\beta$는 순허수이다. (참)

ㅅ. 복소수 $\alpha, \beta$에서 $\alpha^2+\beta^2=0$이면
$\alpha=0,\ \beta=0$이다. (거짓)
[반례] $\alpha=1,\ \beta=i$

주의 실수 $\alpha, \beta$에서 $\alpha^2+\beta^2=0$이면
$\alpha=0,\ \beta=0$이다. (참)

정답 ㄱ, ㄴ, ㄷ, ㄹ, ㅁ, ㅂ

CHAPTER 5

# 이차방정식 (1)

본문 p.101

## 풀이 줄기 문제

### [줄기 4-1]

풀이 주어진 방정식에 $1-\sqrt{5}$를 대입하면
$(1-\sqrt{5})^2+k(1-\sqrt{5})-4=0$
$k(1-\sqrt{5})=-2(1-\sqrt{5})$
$\therefore k=-2$
주어진 방정식에 $k=-2$를 대입하면
$x^2-2x-4=0$
$\therefore x=1\pm\sqrt{5}$
따라서 $a=1+\sqrt{5}$ ($\because$ 한 근이 $1-\sqrt{5}$)

정답 $a=1+\sqrt{5}$, $k=-2$

### [줄기 4-2]

풀이 $kx^2-(a-1)x-(k+1)a^2+1=0$
은 $x$에 대한 이차방정식이므로
$k\neq 0$
$kx^2-(a-1)x-(k+1)a^2+1=0$
의 한 근이 $-1$이므로
$k\cdot(-1)^2-(a-1)\cdot(-1)-(k+1)a^2+1=0$
$\therefore (1-a^2)k+(-a^2+a)=0$
이 등식이 $k$의 값에 관계없이 성립하므로
$1-a^2=0,\ -a^2+a=0$
i) $a^2-1=0$에서 $a=-1$ 또는 $a=1$
ii) $a^2-a=0$에서 $a=0$ 또는 $a=1$
i), ii)에서 $a$의 값은 1이다.

정답 1

### [줄기 4-3]

(수직선: $\frac{1}{2}$을 기준으로 구간 나눔, $x$)

$x<\frac{1}{2}$
$x^2-(2x-1)-3=0$
$x^2-2x-2=0$
$\therefore x=1\pm\sqrt{3}$
그런데 $x<\frac{1}{2}$이므로
$x=1-\sqrt{3}$

$x\geq\frac{1}{2}$
$x^2+(2x-1)-3=0$
$x^2+2x-4=0$
$\therefore x=-1\pm\sqrt{5}$
그런데 $x\geq\frac{1}{2}$이므로
$x=-1+\sqrt{5}$

참고 $\sqrt{2}\fallingdotseq 1.414$, $\sqrt{3}\fallingdotseq 1.732$는 기억하고 있어야 한다.

정답 $x=1-\sqrt{3}$ 또는 $x=-1+\sqrt{5}$

### [줄기 4-4]

풀이 $x^2-|-x-1|=5$ (어렵다.)
$x^2-|x+1|=5$ (쉽다.)
$x^2-|x+1|=5$의 구간을 나누면

(수직선: $-1$을 기준으로 구간 나눔, $x$)

$x<-1$
$x^2-\{-(x+1)\}=5$
$x^2+x-4=0$
$\therefore x=\frac{-1\pm\sqrt{17}}{2}$
그런데 $x<-1$이므로
$x=\frac{-1-\sqrt{17}}{2}$

$x\geq-1$
$x^2-(x+1)=5$
$x^2-x-6=0$
$(x+2)(x-3)=0$
$\therefore x=-2$ 또는 $x=3$
그런데 $x\geq-1$이므로
$x=3$

정답 $x=\frac{-1-\sqrt{17}}{2}$ 또는 $x=3$

## [줄기 4-5]

**풀이** 다음 그림에서 처음 정사각형의 한 변의 길이를 $x$라 하면

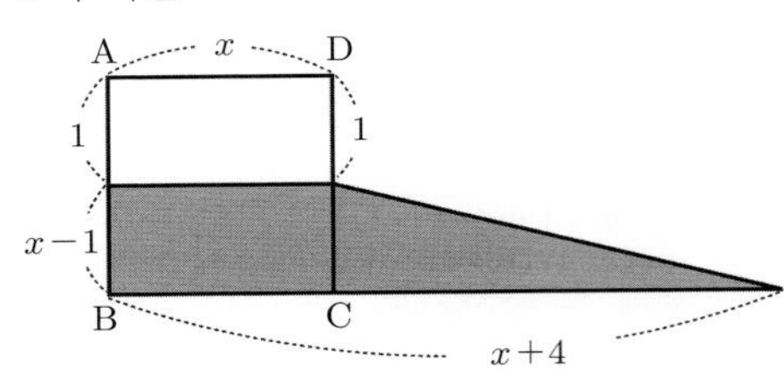


$\frac{1}{2}\{x+(x+4)\}(x-1)=\frac{3}{4}x^2$

$(x+2)(x-1)=\frac{3}{4}x^2$ ⇨ 양변에 4를 곱하면

$4(x+2)(x-1)=3x^2$

$4x^2+4x-8=3x^2$

$x^2+4x-8=0$

$\therefore x=-2\pm\sqrt{2^2-1\cdot(-8)}$

$=-2\pm2\sqrt{3}$

이때 $x>0$ ($\because$ (길이)$>0$)이므로

$x=-2+2\sqrt{3}$

따라서 처음 정사각형의 한 변의 길이는 $-2+2\sqrt{3}$ 이다.

**정답** ①

## 잎 문제

### 잎 5-1

**풀이** $(2x-1)^2-4x+2+a=0$의 한 근이 $-1$이므로 $x=-1$을 대입하면

$(-3)^2+4+2+a=0$ $\quad\therefore a=-15$

$a=-15$를 주어진 방정식에 대입하면

$(2x-1)^2-4x+2+(-15)=0$

$4x^2-8x-12=0,\quad x^2-2x-3=0$

$(x+1)(x-3)=0$ $\quad\therefore x=-1$ 또는 $x=3$

따라서 구하는 다른 한 근은 3이다.

**정답** ③

### 잎 5-2

**풀이** 이차방정식 $ax^2+2(k+1)x+b(k-3)=0$이므로 $x^2$의 계수는 0이 아니다.

따라서 $a\neq0$이어야 한다.

> ※ 위 $a\neq0$인 조건은 쓰든 안 쓰든 항상 따지는 습관을 갖자!

$ax^2+2(k+1)x+b(k-3)=0$의 근이 2이므로 $x=2$를 대입하면

$4a+4(k+1)+b(k-3)=0$

> $k$의 값에 관계없이 ~할 때,
> ⇨ $k$에 대한 항등식임을 알려주는 표현이다.
> $\therefore$ ( $\quad$ )$k$+( $\quad$ )$=0$ 꼴로 정리한다.

$(4+b)k+(4a+4-3b)=0$

이 등식은 $k$에 대한 항등식이므로

$b+4=0,\ 4a-3b+4=0$

$\therefore a=-4,\ b=-4$

**정답** $a=-4,\ b=-4$

## 잎 5-3

**풀이** 이차방정식 $x^2-2x+3=0$의 한 근이 $\alpha$이므로

$\alpha^2-2\alpha+3=0$ ⋯ ㉠

$\alpha\neq0$이므로 ㉠의 양변을 $\alpha$로 나누면

($\because$ $\alpha=0$을 ㉠에 대입하면 성립하지 않으므로 $\alpha\neq0$이다.)

$$\alpha-2+\frac{3}{\alpha}=0$$

$$\therefore \alpha+\frac{3}{\alpha}=2$$

**정답** ④

## 잎 5-4

**풀이** 방정식 $|2x^2-(3a+1)x+3a+4|=4$의 한 근이 $a$이므로

$|2a^2-(3a+1)a+3a+4|=4$

$|-a^2+2a+4|=4$

$|a^2-2a-4|=4$

$a^2-2a-4=\pm4$

i) $a^2-2a-4=4$일 때, $a^2-2a-8=0$

$(a+2)(a-4)=0$

$\therefore a=-2$ 또는 $a=4$

ii) $a^2-2a-4=-4$일 때, $a^2-2a=0$

$a(a-2)=0$

$\therefore a=0$ 또는 $a=2$

i), ii)에서 구하는 합은

$-2+4+0+2=4$

**정답** 4

## 잎 5-5

**풀이** $x^2-\sqrt{x^2}+2=-\sqrt{(x+1)^2}+5$에서

$x^2-|x|+2=-|x+1|+5$

$x^2+|x+1|-|x|-3=0$

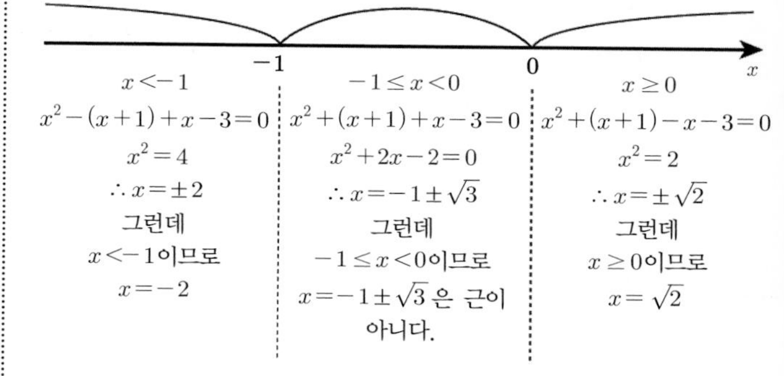

$-1$
$0$
$x$
$x<-1$
$x^2-(x+1)+x-3=0$
$x^2=4$
$\therefore x=\pm2$
그런데
$x<-1$이므로
$x=-2$
$-1\le x<0$
$x^2+(x+1)+x-3=0$
$x^2+2x-2=0$
$\therefore x=-1\pm\sqrt{3}$
그런데
$-1\le x<0$이므로
$x=-1\pm\sqrt{3}$은 근이 아니다.
$x\ge0$
$x^2+(x+1)-x-3=0$
$x^2=2$
$\therefore x=\pm\sqrt{2}$
그런데
$x\ge0$이므로
$x=\sqrt{2}$


**정답** $x=-2$ 또는 $x=\sqrt{2}$

## 잎 5-6

**풀이** $[x]=n$ ($n$은 정수)이면 $n\le x<n+1$

1) $[x]^2-3[x]+2=0$에서

**방법 I** $([x]-1)([x]-2)=0$

$\therefore [x]=1$ 또는 $[x]=2$

$\therefore 1\le x<2$ 또는 $2\le x<3$

「강추」 **방법 II** $[x]$를 정수 $n$이라 하면

$n^2-3n+2=0$, $(n-2)(n-1)=0$

$\therefore n=1$ 또는 $n=2$

$\therefore [x]=1$ 또는 $[x]=2$

$\therefore 1\le x<2$ 또는 $2\le x<3$

2) $2[x]^2+3[x]-2=0$에서

**방법 I** $([x]+2)(2[x]-1)=0$

$\therefore [x]=-2$ ($\because$ $[x]$는 정수)

$\therefore -2\le x<-1$

「강추」 **방법 II** $[x]$를 정수 $n$이라 하면

$2n^2+3n-2=0$, $(n+2)(2n-1)=0$

$\therefore n=-2$ ($\because$ $n$은 정수)

$\therefore [x]=-2$ $\therefore -2\le x<-1$

**정답** 1) $1\le x<2$ 또는 $2\le x<3$
2) $-2\le x<-1$

**잎 5-7**

**핵심** $[x]$는 범위에 의해 정수로 바꿀 수 있다.
($[x]$의 범위의 폭의 크기는 1이다.)
⇨ $n \le x < n+1$일 때, $[x]=n$ ($n$은 정수)

$cf$) 절댓값 기호는 범위에 의해 괄호로 바꿀 수 있다.

**풀이** $[x]=x^2-2x$에서

i) $0 \le x < 1$일 때, $[x]=0$이므로

$x^2-2x=0, \quad x(x-2)=0$

$\therefore x=0$ 또는 $x=2$

그런데 $0 \le x < 1$이므로 $x=0$

ii) $1 \le x < 2$일 때, $[x]=1$이므로

$x^2-2x=1, \quad x^2-2x-1=0$

$\therefore x=1\pm\sqrt{2}$

그런데 $1 \le x < 2$이므로 해가 아니다.

iii) $2 \le x < 3$일 때, $[x]=2$이므로

$x^2-2x=2, \quad x^2-2x-2=0$

$\therefore x=1\pm\sqrt{3}$

그런데 $2 \le x < 3$이므로 $x=1+\sqrt{3}$

**결론** 절댓값 기호는 범위에 의해 괄호로 풀리고, $[x]$는 범위에 의해 정수로 풀린다. [p.120]

**팁** $\sqrt{2} \fallingdotseq 1.414$, $\sqrt{3} \fallingdotseq 1.732$는 기억하고 있어야 한다.

**정답** $x=0$ 또는 $x=1+\sqrt{3}$

**잎 5-8**

**풀이** $[x]^2-4[x]+|x|=0$에서

i) $-2 < x < -1$일 때,

$[x]=-2, \quad |x|=-(x)$이므로

$(-2)^2-4\cdot(-2)-x=0 \quad \therefore x=12$

그런데 $-2<x<-1$이므로 해가 아니다.

ii) $-1 \le x < 0$일 때,

$[x]=-1, \quad |x|=-(x)$

$(-1)^2-4\cdot(-1)-x=0 \quad \therefore x=5$

그런데 $-1 \le x < 0$이므로 해가 아니다.

iii) $0 \le x < 1$일 때,

$[x]=0, \ |x|=(x)$이므로

$0^2-4\cdot 0+x=0 \quad \therefore x=0$

이것은 $0 \le x < 1$에 적합하므로 $x=0$

iv) $1 \le x < 2$일 때,

$[x]=1, \ |x|=(x)$이므로

$1^2-4\cdot 1+x=0 \quad \therefore x=3$

그런데 $1 \le x < 2$이므로 해가 아니다.

v) $x=2$일 때, $[x]=2, \ |x|=2$이므로

$2^2-4\cdot 2+2 \ne 0$이다.

따라서 $x=2$는 해가 아니다.

**정답** $x=0$

CHAPTER **5** 이차방정식 (2) 본문 p.121

## 줄기 문제

**[줄기 5-1]**

**풀이** 1) $x^2-(m+1)x+m+1=0$이 중근을 가지므로 판별식을 $D$라 하면

$D=(m+1)^2-4(m+1)=0$

$(m+1)\{(m+1)-4\}=0$

$(m+1)(m-3)=0$

$\therefore m=-1$ 또는 $m=3$

2) $x^2+2(m+1)x+m^2=0$이 실근을 가지므로 판별식을 $D$라 하면

$\frac{D}{4}=(m+1)^2-m^2 \ge 0, \quad 2m+1 \ge 0$

$\therefore m \ge -\frac{1}{2}$

3) $x^2-2(m-1)x+m^2+3=0$이 허근을 가지므로 판별식을 $D$라 하면

$\frac{D}{4}=(m-1)^2-(m^2+3)<0$

$-2m-2<0 \quad \therefore m>-1$

**정답** 1) $m=-1$ 또는 $m=3$
2) $m \ge -\frac{1}{2}$ 3) $m>-1$

## [줄기 5-2]

풀이 1) 이차방정식 $(k+2)x^2-3x-1=0$이므로
$k+2\neq0 \quad \therefore k\neq-2 \cdots$ ㉠
주어진 이차방정식이 실근을 가지므로
$D=9+4(k+2)\geq0, \quad 4k+17\geq0$
$\therefore k\geq-\frac{17}{4} \cdots$ ㉡
㉠, ㉡에서 $-\frac{17}{4}\leq k<-2$ 또는 $k>-2$

2) 이차방정식 $(k+2)x^2-3x-4=0$이므로
$k+2\neq0 \quad \therefore k\neq-2 \cdots$ ㉠
주어진 이차방정식이 허근을 가지므로
$D=9+4(k+2)<0, \quad 4k+17<0$
$\therefore k<-\frac{17}{4}$
이것은 ㉠을 만족시키므로 구하는 $k$의 값의 범위는
$k<-\frac{17}{4}$

정답 1) $-\frac{17}{4}\leq k<-2$ 또는 $k>-2$
2) $k<-\frac{17}{4}$

## [줄기 5-3]

풀이 1) 이차방정식 $kx^2-4x-3=0$이므로
$k\neq0 \cdots$ ㉠
주어진 이차방정식이 실근을 가지므로
$\frac{D}{4}=4+3k\geq0 \quad \therefore k\geq-\frac{4}{3} \cdots$ ㉡
㉠, ㉡에서 $-\frac{4}{3}\leq k<0$ 또는 $k>0$

2) 이차방정식 $kx^2-4x-3=0$이므로
$k\neq0 \cdots$ ㉠
주어진 이차방정식이 서로 다른 두 실근을 가지므로
$\frac{D}{4}=4+3k>0 \quad \therefore k>-\frac{4}{3} \cdots$ ㉡
㉠, ㉡에서 $-\frac{4}{3}<k<0$ 또는 $k>0$

정답 1) $-\frac{4}{3}\leq k<0$ 또는 $k>0$
2) $-\frac{4}{3}<k<0$ 또는 $k>0$

## [줄기 5-4]

풀이 이차방정식 $(k+1)x^2+2kx+(k-3)=0$
이므로 $k+1\neq0 \quad \therefore k\neq-1 \cdots$ ㉠
주어진 이차방정식이 실근을 가지므로
$\frac{D}{4}=k^2-(k+1)(k-3)\geq0, \quad 2k+3\geq0$
$\therefore k\geq-\frac{3}{2} \cdots$ ㉡
㉠, ㉡에서 $-\frac{3}{2}\leq k<-1$ 또는 $k>-1$

정답 $-\frac{3}{2}\leq k<-1$ 또는 $k>-1$

## [줄기 5-5]

풀이 $x^2-x+2a=0$의 판별식을 $D_1$이라 하고,
$x^2+2ax+a^2+a-4=0$의 판별식을 $D_2$라 하면 두 이차방정식이 실근을 갖는 경우는
i) $D_1=1-8a\geq0 \quad \therefore a\leq\frac{1}{8}$
ii) $\frac{D_2}{4}=a^2-(a^2+a-4)\geq0 \quad \therefore a\leq4$
따라서 한쪽만 실근을 갖는 경우는 오른쪽 그림의 색칠한 부분이므로 $\frac{1}{8}<a\leq4$

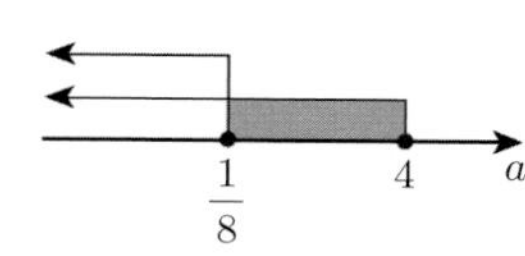


정답 $\frac{1}{8}<a\leq4$

## [줄기 5-6]

풀이 주어진 이차방정식이 중근을 가지므로
$\frac{D}{4}=(k+a)^2-(k^2+a^2-b-1)=0$
$2ak+b+1=0$

> $k$의 값에 관계없이 ~할 때,
> ⇨ $k$에 대한 항등식임을 알려주는 표현이다.

이 등식은 $k$에 대한 항등식이므로
$2a=0, \; b+1=0 \quad \therefore a=0, \; b=-1$

정답 $a=0, \; b=-1$

## [줄기 5-7]

**풀이** $(k+2)x^2+4(k+2)x+2(k-3)$이 이차식이므로

$k+2\neq0 \quad \therefore k\neq-2 \cdots ㉠$

이 이차식이 완전제곱식이 되려면 이차방정식 $(k+2)x^2+4(k+2)x+2(k-3)=0$이 중근을 가지므로

$\dfrac{D}{4}=4(k+2)^2-2(k+2)(k-3)=0$

$2(k+2)\{2(k+2)-(k-3)\}=0$

$2(k+2)(k+7)=0$

$\therefore k=-7 \ (\because ㉠)$

**정답** $-7$

## [줄기 6-1]

**풀이** 합과 곱의 값을 알면 답을 구할 수 있다.

1) $3x^2+6x-12=0$의 두 근이 $\alpha, \beta$이므로 근과 계수의 관계에 의하여

$\alpha+\beta=\dfrac{-6}{3}=-2,\ \alpha\beta=\dfrac{-12}{3}=-4$

$\alpha^3+\beta^3=(\alpha+\beta)^3-3\alpha\beta(\alpha+\beta)$
$=(-2)^3-3\cdot(-4)\cdot(-2)=-32$

2) $4x^2+2x-1=0$의 두 근이 $\alpha, \beta$이므로 근과 계수의 관계에 의하여

$\alpha+\beta=\dfrac{-2}{4}=-\dfrac{1}{2},\ \alpha\beta=\dfrac{-1}{4}$

$(\alpha-1)(\beta-1)=\alpha\beta-(\alpha+\beta)+1$
$=\left(-\dfrac{1}{4}\right)-\left(-\dfrac{1}{2}\right)+1=\dfrac{5}{4}$

3) $3x^2-6x+12=0$의 두 근이 $\alpha, \beta$이므로 근과 계수의 관계에 의하여

$\alpha+\beta=\dfrac{-(-6)}{3}=2,\ \alpha\beta=\dfrac{12}{3}=4$

$\dfrac{\beta}{\alpha^2}+\dfrac{\alpha}{\beta^2}=\dfrac{\beta^3+\alpha^3}{\alpha^2\beta^2}$
$=\dfrac{(\alpha+\beta)^3-3\alpha\beta(\alpha+\beta)}{(\alpha\beta)^2}$
$=\dfrac{2^3-3\cdot4\cdot2}{4^2}=\dfrac{-16}{16}=-1$

**정답** 1) $-32$ 2) $\dfrac{5}{4}$ 3) $-1$

## [줄기 6-2]

**핵심** 1) 합과 곱의 값을 알면 답을 구할 수 있다.
2) 합과 곱의 값만으로 답을 구할 수 없으면 차의 값을 마저 알면 답을 구할 수 있다.
※ $(a-b)^2=(a+b)^2-4ab$를 이용하면 합과 곱의 값으로 차의 값을 알 수 있다.

**풀이** $x^2-5x+3=0$의 두 근이 $\alpha, \beta$이므로 근과 계수의 관계에 의하여

$\alpha+\beta=\dfrac{-(-5)}{1}=5,\ \alpha\beta=\dfrac{3}{1}=3$

1) $\alpha^2-\alpha\beta+\beta^2=(\alpha^2+\beta^2)-\alpha\beta$
$=\{(\alpha+\beta)^2-2\alpha\beta\}-\alpha\beta$
$=(\alpha+\beta)^2-3\alpha\beta$
$=5^2-3\cdot3=16$

2) $\dfrac{\beta}{\alpha-1}+\dfrac{\alpha}{\beta-1}=\dfrac{\beta(\beta-1)+\alpha(\alpha-1)}{(\alpha-1)(\beta-1)}$
$=\dfrac{\beta^2-\beta+\alpha^2-\alpha}{\alpha\beta-\alpha-\beta+1}$
$=\dfrac{(\alpha^2+\beta^2)-(\alpha+\beta)}{\alpha\beta-(\alpha+\beta)+1}$
$=\dfrac{\{(\alpha+\beta)^2-2\alpha\beta\}-(\alpha+\beta)}{\alpha\beta-(\alpha+\beta)+1}$
$=\dfrac{(5^2-2\cdot3)-5}{3-5+1}$
$=\dfrac{14}{-1}=-14$

3) $(\alpha-\beta)^2=(\alpha+\beta)^2-4\alpha\beta$
$=5^2-4\cdot3=13$
$\therefore (\alpha-\beta)^2=13 \quad \therefore \alpha-\beta=\pm\sqrt{13}$

4) $\alpha^3-\beta^3=(\alpha-\beta)^3+3\alpha\beta(\alpha-\beta)$
$=(\pm\sqrt{13})^3+3\cdot3\cdot(\pm\sqrt{13})$
$=\pm13\sqrt{13}\pm9\sqrt{13}$
$=\pm22\sqrt{13}$ (복부호 동순)

**정답** 1) $16$ 2) $-14$ 3) $\pm\sqrt{13}$ 4) $\pm22\sqrt{13}$

## [줄기 6-3]

**풀이** $3x^2+x-4=0$의 두 근이 $\alpha, \beta$이므로 근과 계수의 관계에 의하여

$\alpha+\beta=\frac{-1}{3}$, $\alpha\beta=\frac{-4}{3}$

$|\alpha-\beta|^2=(\alpha-\beta)^2=(\alpha+\beta)^2-4\alpha\beta$

$=\left(-\frac{1}{3}\right)^2-4\cdot\left(-\frac{4}{3}\right)=\frac{49}{9}$

$\therefore |\alpha-\beta|=\frac{7}{3}$ ($\because |\alpha-\beta|\geq 0$)

$(|\alpha|+|\beta|)^2=|\alpha|^2+|\beta|^2+2|\alpha||\beta|$

$=\alpha^2+\beta^2+2|\alpha||\beta|$

$=(\alpha+\beta)^2-2\alpha\beta+2|\alpha\beta|$

$=\left(-\frac{1}{3}\right)^2-2\cdot\left(-\frac{4}{3}\right)+2\left|-\frac{4}{3}\right|$

$=\frac{49}{9}$

$\therefore |\alpha|+|\beta|=\frac{7}{3}$ ($\because |\alpha|+|\beta|\geq 0$)

**정답** $\frac{7}{3}$, $\frac{7}{3}$

## [줄기 6-4]

**핵심** $\sqrt{음}\sqrt{음}=-\sqrt{음\cdot 음}$ [p.92]

**풀이** $x^2+3x+1=0$의 두 근이 $\alpha, \beta$이므로 근과 계수의 관계에 의하여

$\alpha+\beta=-3$, $\alpha\beta=1$, 즉 $\alpha<0, \beta<0$

$(\sqrt{\alpha}+\sqrt{\beta})^2=\alpha+\beta+2\sqrt{\alpha}\sqrt{\beta}$

$=\alpha+\beta+2\sqrt{\alpha\beta}$ (×)

$=\alpha+\beta-2\sqrt{\alpha\beta}$ (○) [p.92]

$=-3-2\cdot 1=-5$

**정답** $-5$

## [줄기 6-5]

**풀이** $x^2-7x+1=0$의 두 근이 $\alpha, \beta$이므로 근과 계수의 관계에 의하여

$\alpha+\beta=7$, $\alpha\beta=1$, 즉 $\alpha>0, \beta>0$ ⋯㉠

$(\sqrt{\alpha}+\sqrt{\beta})^2=\alpha+\beta+2\sqrt{\alpha}\sqrt{\beta}$

$=\alpha+\beta+2\sqrt{\alpha\beta}$ ($\because$ ㉠)

$=7+2\cdot 1=9$

$\therefore \sqrt{\alpha}+\sqrt{\beta}=3$ ($\because \sqrt{\alpha}+\sqrt{\beta}>0$)

**정답** 3

## [줄기 6-6]

**풀이** $x^2-ax+4=0$의 두 근이 $\alpha, \beta$이므로 근과 계수의 관계에 의하여

$\alpha+\beta=a$, $\alpha\beta=4$

이때 $\frac{1}{\alpha}+\frac{1}{\beta}=3$에서

$\frac{1}{\alpha}+\frac{1}{\beta}=\frac{\alpha+\beta}{\alpha\beta}=\frac{a}{4}=3$ $\quad\therefore a=12$

**정답** 12

## [줄기 6-7]

**풀이** $x^2+ax-b=0$의 두 근이 $\alpha, \beta$이므로 근과 계수의 관계에 의하여

$\alpha+\beta=-a$, $\alpha\beta=-b$ ⋯㉠

$x^2-(2b+1)x-4=0$의 두 근이 $\alpha+\beta$, $\alpha\beta$이므로 근과 계수의 관계에서

$(\alpha+\beta)+\alpha\beta=2b+1$, $(\alpha+\beta)\alpha\beta=-4$ ⋯㉡

㉠을 ㉡에 대입하면

$-a-b=2b+1$, $(-a)(-b)=-4$

$a=-3b-1$ ⋯㉢, $ab=-4$ ⋯㉣

㉢을 ㉣에 대입하면

$(-3b-1)b=-4$, $\quad 3b^2+b-4=0$

$(3b+4)(b-1)=0$ $\quad\therefore b=\frac{-4}{3}$ 또는 $b=1$

i) $b=-\frac{4}{3}$일 때, $a=3$ ($\because$ ㉢)

ii) $b=1$일 때, $a=-4$ ($\because$ ㉢)

**정답** $a=3$, $b=-\frac{4}{3}$ 또는 $a=-4$, $b=1$

## [줄기 6-8]

**풀이** $x^2+ax+b=0$의 두 근이 $\alpha, \beta$이므로 근과 계수의 관계에 의하여

$\alpha+\beta=-a$, $\alpha\beta=b$ ⋯㉠

$x^2+bx+a=0$의 두 근이 $\alpha-1$, $\beta-1$이므로 근과 계수의 관계에서

$(\alpha-1)+(\beta-1)=-b$, $(\alpha-1)(\beta-1)=a$

$\alpha+\beta-2=-b$, $\alpha\beta-(\alpha+\beta)+1=a$ ⋯㉡

㉠을 ㉡에 대입하면

$-a-2=-b,\ b-(-a)+1=a$

$\therefore a-b=-2,\ b+1=0$

이 두 식을 연립하여 풀면 $a=-3,\ b=-1$

정답 $a=-3,\ b=-1$

## [줄기 6-9]

풀이 $x^2-3x+5=0$의 두 근이 $\alpha, \beta$이므로

i) 근과 계수의 관계에 의하여

$\alpha+\beta=3,\ \alpha\beta=5\ \cdots ㉠$

ii) $x=\alpha,\ x=\beta$를 각각 대입하면

$\alpha^2-3\alpha+5=0,\ \beta^2-3\beta+5=0$

$\therefore \alpha^2=3\alpha-5,\ \beta^2=3\beta-5\ \cdots ㉡$

$\alpha^2+3\beta=(3\alpha-5)+3\beta\ (\because ㉡)$

$=3(\alpha+\beta)-5$

$=3\cdot3-5\ (\because ㉠)$

$=4$

정답 4

## [줄기 6-10]

풀이 1) 한 근이 다른 근의 2배이므로 두 근을 $\alpha, 2\alpha\ (\alpha\neq0)$라 하면 근과 계수의 관계에 의하여

$\alpha+2\alpha=6a\ \cdots ㉠,\ \alpha\cdot2\alpha=-a^2+1\ \cdots ㉡$

$\alpha=2a\ (\because ㉠)$를 ㉡에 대입하면

$9a^2-1=0,\quad (3a-1)(3a+1)=0$

$\therefore a=\frac{1}{3}$ 또는 $a=-\frac{1}{3}$

2) 두 근의 차가 3이므로 두 근을 $\alpha, \alpha+3$이라 하면 근과 계수의 관계에 의하여

$\alpha+(\alpha+3)=2k\cdots ㉠,\ \alpha(\alpha+3)=10\cdots ㉡$

㉡에서 $\alpha^2+3\alpha-10=0$

$(\alpha+5)(\alpha-2)=0\ \therefore \alpha=-5$ 또는 $\alpha=2$

i) $\alpha=-5$를 ㉠에 대입하면

$-7=2k\quad \therefore k=\frac{-7}{2}$

ii) $\alpha=2$를 ㉠에 대입하면

$7=2k\quad \therefore k=\frac{7}{2}$

따라서 실수 $k$의 값은 $k=-\frac{7}{2}$ 또는 $k=\frac{7}{2}$

정답 1) $\pm\frac{1}{3}$ 2) $\pm\frac{7}{2}$

## [줄기 6-11]

핵심 두 근의 합과 두 근의 곱으로 $x^2$의 계수가 1인 이차방정식을 만들 수 있다.

풀이 두 근이 $\sqrt{3}-\sqrt{2},\ \sqrt{3}+\sqrt{2}$일 때

(두 근의 합)$=2\sqrt{3}$, (두 근의 곱)$=1$

따라서 $x^2$의 계수가 1인 이차방정식은

$x^2-2\sqrt{3}x+1=0$

($\because x^2-$(두 근의 합)$x+$(두 근의 곱)$=0$)

정답 $x^2-2\sqrt{3}x+1=0$

## [줄기 6-12]

풀이 $x^2-3x+1=0$의 두 근이 $\alpha, \beta$이므로 근과 계수의 관계에 의하여 $\alpha+\beta=3,\ \alpha\beta=1$

$\alpha+\frac{1}{\beta},\ \beta+\frac{1}{\alpha}$의 합과 곱의 값을 구하면

$$\left(\alpha+\frac{1}{\beta}\right)+\left(\beta+\frac{1}{\alpha}\right)=(\alpha+\beta)+\left(\frac{1}{\beta}+\frac{1}{\alpha}\right)$$

$$=(\alpha+\beta)+\frac{\alpha+\beta}{\beta\alpha}$$

$$=3+\frac{3}{1}=6$$

$$\left(\alpha+\frac{1}{\beta}\right)\left(\beta+\frac{1}{\alpha}\right)=\alpha\beta+1+1+\frac{1}{\alpha\beta}$$

$$=1+2+\frac{1}{1}=4$$

따라서 $\alpha+\frac{1}{\beta},\ \beta+\frac{1}{\alpha}$을 두 근으로 하는 $x^2$의 계수가 1인 이차방정식은

$x^2-6x+4=0\ \cdots ㉠$

그런데 $x^2$의 계수가 3인 이차방정식이므로 ㉠의 양변에 3을 곱하면

$3(x^2-6x+4)=0\quad \therefore 3x^2-18x+12=0$

정답 $3x^2-18x+12=0$

## [줄기 6-13]

**풀이** $a, b$가 실수이므로 $x^2-4x+a=0$ 의 한 근이 $b+\sqrt{2}i$이면 켤레근 $b-\sqrt{2}i$도 근이다.
따라서 근과 계수의 관계에 의하여
$(b+\sqrt{2}i)+(b-\sqrt{2}i)=4$,
$(b+\sqrt{2}i)(b-\sqrt{2}i)=a$
$\therefore 2b=4,\ b^2+2=a$
$\therefore a=6,\ b=2$

**정답** $a=6,\ b=2$

## [줄기 6-14]

**풀이** $a, b$가 유리수이므로 $2x^2+ax+b=0$의 한 근이 $-1+\sqrt{6}$이면 켤레근 $-1-\sqrt{6}$도 근이다.
따라서 근과 계수의 관계에 의하여
$(-1+\sqrt{6})+(-1-\sqrt{6})=\frac{-a}{2}$,
$(-1+\sqrt{6})(-1-\sqrt{6})=\frac{b}{2}$
$\therefore -2=\frac{-a}{2},\ -5=\frac{b}{2} \quad \therefore a=4,\ b=-10$

**주의** $\sqrt{6}-1$의 켤레근은 $\sqrt{6}+1$ (×)
$\sqrt{6}-1$의 켤레근은 $-\sqrt{6}-1$ (○)

**정답** $a=4,\ b=-10$

## [줄기 6-15]

**풀이** $\frac{b+i}{1-i}=\frac{(b+i)(1+i)}{(1-i)(1+i)}=\frac{(b-1)+(b+1)i}{2}$
$a, b$가 실수이므로 $x^2-6x+a=0$의 한 근이
$\frac{(b-1)+(b+1)i}{2}$이면 켤레근
$\frac{(b-1)-(b+1)i}{2}$도 근이다.
따라서 근과 계수의 관계에 의하여 두 근의 합은
$\frac{(b-1)+(b+1)i}{2}+\frac{(b-1)-(b+1)i}{2}=6$
$b-1=6 \quad \therefore b=7$
즉, 두 근은 $3+4i,\ 3-4i$이므로 두 근의 곱은
$(3+4i)(3-4i)=25 \quad \therefore a=25$

**정답** $a=25,\ b=7$

# 풀이 잎 문제

## 잎 5-1

**풀이** $4x^2+2(2k+m)x+k^2-k+n=0$의 판별식을 $D$라 하면 중근을 가질 조건은
$\frac{D}{4}=(2k+m)^2-4(k^2-k+n)=0$
$4mk+m^2+4k-4n=0$
$4(m+1)k+m^2-4n=0$
이 등식이 $k$에 대한 항등식이므로
$4(m+1)=0,\ m^2-4n=0$
$\therefore m=-1,\ n=\frac{1}{4}$

**정답** $m=-1,\ n=\frac{1}{4}$

## 잎 5-2

**풀이** 주어진 이차식이 완전제곱식이 되려면 이차방정식 $x^2-2(k-3)x-2k=0$이 중근을 가져야 하므로 판별식 $D=0$이다.
$\frac{D}{4}=(k-3)^2-(-2k)=0,\quad k^2-4k+9=0$
$\therefore k=2\pm\sqrt{4-9}=2\pm\sqrt{5}i$

**정답** $2\pm\sqrt{5}i$

## • 잎 5-3

**풀이** 방정식 $(k-1)x^2-6x+k+7=0$이 오직 하나의 실근을 가지므로

i) $k=1$일 때, 즉 일차방정식일 때

$-6x+8=0 \quad \therefore x=\frac{4}{3}$

ii) $k\neq1$일 때, 즉 이차방정식일 때

중근을 가져야 하므로

$\frac{D}{4}=(-3)^2-(k-1)(k+7)=0$

$k^2+6k-16=0, \quad (k-2)(k+8)=0$

$\therefore k=2$ 또는 $k=-8$

따라서 i) $k=1$, ii) $k=2$ 또는 $k=-8$일 때, 오직 하나의 실근을 갖는다.

**정답** $-8, 1, 2$

## • 잎 5-4

**핵심** (양수) ⇔ (양의 실수), (음수) ⇔ (음의 실수)

**풀이** 양수 $a$, 즉 양의 실수 $a$이므로 이차방정식 $x^2+2ax+a^2+4a-8=0$의 계수는 모두 실수이다. ∴판별식을 이용할 수 있다.

$x^2+2ax+a^2+4a-8=0$이 실근을 가지므로

$\frac{D}{4}=a^2-(a^2+4a-8)\geq0, \quad -4a+8\geq0$

$\therefore a\leq2$ ⇨ *오답 ($\because a$는 양수, 즉 $a>0$)

$\therefore 0<a\leq2$

**정답** $0<a\leq2$

## • 잎 5-5

**핵심** 복소수 $z$가 순허수임을 알려주는 표현 [p.90]

1) $z^2$이 음의 실수일 때 ex) $i^2=-1$

2) $z+\overline{z}=0$일 때 ex) $i+\overline{i}=0$

$z=-\overline{z}$일 때 ex) $i=-\overline{i}$

**풀이** 이차방정식 $2kx^2+(k-3)x+1=0$이므로 $2k\neq0$, 즉 $k\neq0$이다.

위 $k\neq0$인 조건은 쓰든 안 쓰든 항상 따지는 습관을 갖자!

$k$가 실수이므로 $2kx^2+(k-3)x+1=0$의 한 허근이 $\alpha$이면 켤레근 $\overline{\alpha}$도 근이다. [p.136]

허수 $\alpha$의 $\alpha^2$이 실수이므로 $\alpha$는 순허수이다.

$\therefore \alpha+\overline{\alpha}=\frac{-(k-3)}{2k}=0 \quad \therefore k=3$

따라서 $6x^2+1=0$의 근과 계수의 관계에 의하여 두 근의 곱의 값은 $\frac{1}{6}$이다.

**정답** ③

## • 잎 5-6

**풀이** $x^2+ax+b=0$의 두 근이 $a, b$이므로 근과 계수의 관계에 의하여

$a+b=-a \cdots$ ㉠, $ab=b$

$ab\neq0$, 즉 $a\neq0$, $b\neq0$이므로

$ab=b$에서 $a=1$ ($\because b\neq0$)

$a=1$을 ㉠에 대입하면 $b=-2$

$\therefore a^2+b^2=1^2+(-2)^2=5$

**정답** ②

• 잎 5-7

핵심 $|x|=k\,(k\geq 0)$이면 $x=\pm k$

풀이 $|x^2-3x|=2$이면 $x^2-3x=\pm 2$

i) $x^2-3x=2$, 즉 $x^2-3x-2=0$의 두 근을 $\alpha, \beta$라 하면 근과 계수의 관계에 의하여
$\alpha+\beta=3,\ \alpha\beta=-2\ \cdots$ ㉠

ii) $x^2-3x=-2$, 즉 $x^2-3x+2=0$의 두 근을 $\gamma, \delta$라 하면 근과 계수의 관계에 의하여
$\gamma+\delta=3,\ \gamma\delta=2\ \cdots$ ㉡

따라서

$$\frac{1}{\alpha}+\frac{1}{\beta}+\frac{1}{\gamma}+\frac{1}{\delta}=\frac{\beta+\alpha}{\alpha\beta}+\frac{\delta+\gamma}{\gamma\delta}$$
$$=\frac{3}{-2}+\frac{3}{2}=0\ (\because ㉠, ㉡)$$

정답 0

• 잎 5-8

핵심 두 근의 차가 $k$일 때
⇨ 두 근을 $\alpha, \alpha+k$로 놓는다.

풀이 $x^2+(a-4)x-4=0$의 두 근의 차가 4이므로 두 근을 $\alpha,\ \alpha+4$라 하면 근과 계수의 관계에서
$\alpha+(\alpha+4)=-(a-4),\ \alpha(\alpha+4)=-4$
$\alpha^2+4\alpha+4=0$에서 $(\alpha+2)^2=0\quad \therefore \alpha=-2$
$2\alpha+4=-(a-4)$에 $\alpha=-2$를 대입하면
$0=-(a-4)\quad \therefore a=4$
$a=4$를 $x^2+(a+4)x+4=0$에 대입하면
$x^2+8x+4=0$
이 이차방정식의 두 근을 $t, k$라 하면 근과 계수의 관계에 의하여
$t+k=-8,\ tk=4$
$\therefore d^2=|t-k|^2=(t-k)^2=(t+k)^2-4tk$
$=(-8)^2-4\cdot 4=48$
$\therefore d=\sqrt{48}=4\sqrt{3}$ ($\because$ *(두 근의 차)$\geq 0$)

주의 ① $a$에서 $b$를 뺀 차 : $a-b$
② $a$와 $b$의 차 : $|a-b|$ ∴ *(두 근의 차)$\geq 0$
ex) (3에서 5를 뺀 차)$=3-5=-2$
(3과 5의 차)$=|3-5|=2$

정답 $4\sqrt{3}$

• 잎 5-9

풀이 $x^2-px+q=0$의 두 근이 $\alpha, \beta$이므로
$\alpha+\beta=p,\ \alpha\beta=q$ ($\because$ 근과 계수의 관계)
⇨ $p, q$는 유리수이다. ($\because \alpha, \beta$가 유리수)
$\sqrt{p+2\sqrt{q}}=2+2\sqrt{2}$ 의 양변을 제곱하면
$p+2\sqrt{q}=4+8+8\sqrt{2}$
$p+2\sqrt{q}=12+2\sqrt{32}$
$\therefore p=12,\ q=32$ ($\because p, q$는 유리수)

정답 $p=12,\ q=32$

• 잎 5-10

풀이 $x^2+(1-3m)x+2m^2-4m-7=0$의 두 근의 차가 4이므로 두 근을 $\alpha, \alpha+4$라 하면 근과 계수의 관계에 의하여
$\alpha+(\alpha+4)=-(1-3m)\ \cdots$ ㉠
$\alpha(\alpha+4)=2m^2-4m-7\ \cdots$ ㉡
㉠에서 $2\alpha+4=3m-1\quad \therefore \alpha=\frac{3m-5}{2}$
이것을 ㉡에 대입하면
$$\frac{3m-5}{2}\cdot\frac{3m-5+8}{2}=2m^2-4m-7$$
이 등식의 양변에 4를 곱하면
$(3m-5)(3m+3)=8m^2-16m-28$
$m^2+10m+13=0$
따라서 실수 $m$의 모든 값의 곱은 13이다.

정답 13

### 잎 5-11

**풀이** $x^2-(k+2)x+3k-1=0$의 두 근이 연속하는 정수이면 두 근의 차는 1이다. 따라서 두 근을 $\alpha, \alpha+1$이라 하면 근과 계수의 관계에 의하여

$\alpha+(\alpha+1)=k+2$ ⋯㉠

$\alpha(\alpha+1)=3k-1$ ⋯㉡

㉠에서 $2\alpha+1=k+2 \quad \therefore k=2\alpha-1$

이것을 ㉡에 대입하면

$\alpha(\alpha+1)=3(2\alpha-1)-1, \quad \alpha^2-5\alpha+4=0$

$(\alpha-1)(\alpha-4)=0 \quad \therefore \alpha=1$ 또는 $\alpha=4$

$k=2\alpha-1$이므로 $k=1$ 또는 $k=7$

**정답** 1 또는 7

### 잎 5-12

**핵심** 두 근의 비가 $m:n$일 때
⇨ 두 근을 $m\alpha, n\alpha\ (\alpha\neq0)$로 놓는다.

**풀이** 두 근의 곱이 $-18<0$이므로 두 근의 부호는 다르다. 따라서 주어진 이차방정식의 두 근을 $\alpha$, $-2\alpha\ (\alpha\neq0)$로 놓으면 근과 계수의 관계에서

$\alpha+(-2\alpha)=3m-1$ ⋯㉠,

$\alpha(-2\alpha)=-18$ ⋯㉡

㉡에서 $\alpha^2=9 \quad \therefore \alpha=\pm3$

㉠에서 $-\alpha=3m-1$, 즉

$m=\dfrac{-\alpha+1}{3}$이므로 $m=\dfrac{-2}{3}$ 또는 $m=\dfrac{4}{3}$

**참고** **두 근 $\alpha, -2\alpha$의 의미**
한 근이 다른 한 근의 절댓값의 2배이고 서로 부호가 다를 때를 나타내는 표현이다.
즉, 두 근 중 양수가 어떤 것인지는 모른다.

**정답** $-\dfrac{2}{3}$ 또는 $\dfrac{4}{3}$

### 잎 5-13

**풀이** $x^2+ax+b=0$은 계수가 유리수이므로 한 근이 $2-\sqrt{3}$이면 켤레근 $2+\sqrt{3}$도 근이다.
이차방정식의 근과 계수의 관계에 의하여

$(2-\sqrt{3})+(2+\sqrt{3})=-a$,

$(2-\sqrt{3})(2+\sqrt{3})=b$

$\therefore a=-4,\ b=1$

$\therefore a^2+b^2=(-4)^2+1^2=17$

**정답** 17

### 잎 5-14

**풀이** $x^2+px+q=0$의 두 근이 $\alpha, \beta$이므로 근과 계수의 관계에 의하여

$\alpha+\beta=-p$ ⋯㉠, $\alpha\beta=q$ ⋯㉡

또, $x^2+rx+p=0$의 두 근이 $2\alpha, 2\beta$이므로 근과 계수의 관계에 의하여

$2\alpha+2\beta=-r,\ 2\alpha\cdot2\beta=p$

$\therefore 2(\alpha+\beta)=-r$ ⋯㉢, $4\alpha\beta=p$ ⋯㉣

㉠을 ㉢에 대입하면 $-2p=-r \quad \therefore r=2p$

㉡을 ㉣에 대입하면 $4q=p \quad \therefore q=\dfrac{p}{4}$

$\dfrac{r}{q}=\dfrac{2p}{\dfrac{p}{4}}=2p\div\dfrac{p}{4}=2p\times\dfrac{4}{p}=8$

**정답** ⑤

**잎 5-15**

**풀이** $x^2+(m+n)x-mn=0$의 $m, n$이 실수이므로 한 근이 $4+\sqrt{2}i$이면 켤레근 $4-\sqrt{2}i$도 근이다. [p.136]

따라서 근과 계수의 관계에 의하여

$(4+\sqrt{2}i)+(4-\sqrt{2}i)=-(m+n)$,

$(4+\sqrt{2}i)(4-\sqrt{2}i)=-mn$

$\therefore m+n=-8,\ mn=-18$

$\therefore m^2+n^2=(m+n)^2-2mn$

$=(-8)^2-2\cdot(-18)=100$

**정답** 100

**잎 5-16**

**핵심** $\sqrt{음}\sqrt{음}=-\sqrt{음\cdot음}$ [p.92]

**풀이** $x^2+3x+1=0$의 두 근이 $\alpha, \beta$이므로

i) $\alpha+\beta=-3,\ \alpha\beta=1 \cdots$ ㉠ (근과 계수의 관계)

ii) $\alpha^2+3\alpha+1=0,\ \beta^2+3\beta+1=0$

$\therefore \alpha^2=-3\alpha-1,\ \beta^2=-3\beta-1 \cdots$ ㉡

따라서

$\sqrt{-\alpha^2-1}+\sqrt{-\beta^2-1}$

$=\sqrt{3\alpha+1-1}+\sqrt{3\beta+1-1}$ ($\because$ ㉡)

$=\sqrt{3\alpha}+\sqrt{3\beta}$

$(\sqrt{3\alpha}+\sqrt{3\beta})^2=3\alpha+3\beta+2\sqrt{3\alpha}\sqrt{3\beta}$

$=3\alpha+3\beta+2\sqrt{3\alpha\cdot3\beta}$ (×)

$=3\alpha+3\beta-2\sqrt{3\alpha\cdot3\beta}$ (○)

> ㉠에서 $\alpha<0, \beta<0\ \therefore 3\alpha<0, 3\beta<0$
> $\sqrt{3\alpha}\sqrt{3\beta}=-\sqrt{3\alpha\cdot3\beta}$ [p.92]

$=3(\alpha+\beta)-2\sqrt{9\alpha\beta}$

$=3\cdot(-3)-2\sqrt{9\cdot1}$ ($\because$ ㉠)

$=-9-6=-15$

**정답** $-15$

**잎 5-17**

**풀이** i) $x^2+2\sqrt{2}x-m(m+1)=0$의 판별식을 $D_1$이라 하면 실근을 가지므로 $D_1\geq0$이어야 한다.

$\frac{D_1}{4}=(\sqrt{2})^2+m(m+1)$

$=m^2+m+2=\left(m+\frac{1}{2}\right)^2+\frac{7}{4}>0$

$\therefore$ 모든 실수 $m$에 대하여 실근을 갖는다.

ii) $x^2-(2m-1)x+m^2=0$에서 $m$이 실수이므로 계수는 모두 실수이다.

이 방정식의 판별식을 $D_2$이라 하면 허근을 가지므로 $D_2<0$이어야 한다.

$D_2=(2m-1)^2-4m^2=-4m+1<0$

$\therefore m>\frac{1}{4}$

따라서 i), ii)의 공통 범위를 구하면 $m>\frac{1}{4}$

**정답** $m>\frac{1}{4}$

**잎 5-18**

**핵심** $|x|^2=x^2,\ |x||y|=|xy|$

**풀이** $x^2+3x+k-2=0$의 두 근이 $\alpha, \beta$이므로 근과 계수의 관계에 의하여

$\alpha+\beta=-3,\ \alpha\beta=k-2 \cdots$ ㉠

$|\alpha|+|\beta|=5$의 양변을 제곱하면

$|\alpha|^2+|\beta|^2+2|\alpha||\beta|=25$

$\alpha^2+\beta^2+2|\alpha\beta|=25$

$(\alpha+\beta)^2-2\alpha\beta+2|\alpha\beta|=25$

이 식에 ㉠을 대입하면

$(-3)^2-2(k-2)+2|k-2|=25$

$-2k+2|k-2|-12=0$

$k-|k-2|+6=0$

| $k<2$ | $k\geq2$ |
|---|---|
| $k-\{-(k-2)\}+6=0$ | $k-(k-2)+6=0$ |
| $2k+4=0$ | $0\cdot k=-8$ |
| $\therefore k=-2$ | $\therefore$ 해가 없다. (불능) |
| 이것은 $k<2$에 적합 | |

따라서 $k=-2$이다.

**정답** $-2$

**잎 5-19**

**핵심** 이차방정식 $ax^2+bx+c=0$의 두 근이 $x=\alpha,\ x=\beta$이면 $a(x-\alpha)(x-\beta)=0$

**풀이** 주어진 이차식을 $x$에 대한 이차방정식으로 만들면

$2x^2+(y-2)x-(y^2-y-k)=0$ …㉠

㉠의 판별식을 $D_1$이라 하면

$$D_1=(y-2)^2+8(y^2-y-k)$$
$$=9y^2-12y+4-8k$$

㉠의 근을 근의 공식을 이용하여 구하면

$$x=\frac{-(y-2)\pm\sqrt{D_1}}{2\cdot 2}$$

따라서 ㉠을 곱의 꼴로 나타내면

$$2\left(x-\frac{-(y-2)+\sqrt{D_1}}{4}\right)\times\left(x-\frac{-(y-2)-\sqrt{D_1}}{4}\right)=0 \cdots ㉡$$

㉡의 좌변이 두 일차식의 곱으로 인수분해 되려면 $x=\dfrac{-(y-2)\pm\sqrt{D_1}}{4}$에서 $\sqrt{D_1}$의 근호를 벗어야 하므로 $D_1$이 $y$에 대한 완전제곱식이 되어야 한다. ※ $\pm\sqrt{A^2}=\pm|A|=\pm A$

즉 이차방정식 $D_1=9y^2-12y+4-8k=0$이 중근을 가져야 하므로 $D_1$의 판별식을 $D_2$라 하면

$$\frac{D_2}{4}=(-6)^2-9(4-8k)=0$$

$72k=0 \qquad \therefore k=0$

**익히는 방법** $x,\ y$에 대한 이차식이 두 일차식의 곱으로 인수분해될 때
⇨ 판별식이 완전제곱식이 되어야 한다.
즉, 판별식의 (판별식)$=0$이다.

**팁** 이차방정식에서 다수의 판별식을 이용해야 할 때는 $D_1,\ D_2,\ D_3,\cdots$과 같이 우측 아래에 번호를 붙여 각각의 판별식을 구별한다.

**정답** 0

**잎 5-20**

**풀이** 이차방정식 $x^2+x-3=0$의 두 근이 $\alpha,\beta$일 때, 근과 계수의 관계에 의하여

$\alpha+\beta=-1,\ \alpha\beta=-3$ …㉠

$f(\alpha)=f(\beta)=2$에서

$f(\alpha)-2=0,\ f(\beta)-2=0$이므로

$f(x)-2=0$의 두 근이 $\alpha,\beta$이고

이차식 $f(x)$의 이차항의 계수가 $-5$이므로

$$f(x)-2=-5(x-\alpha)(x-\beta)$$
$$=-5\{x^2-(\alpha+\beta)x+\alpha\beta\}$$
$$=-5(x^2+x-3)\ (\because ㉠)$$
$$=-5x^2-5x+15$$

따라서 구하는 이차식 $f(x)$는

$f(x)=-5x^2-5x+17$

**정답** $-5x^2-5x+17$

**잎 5-21**

**풀이** $ax^2+bx+c=0,\ ax^2+2bx+c=0$은 이차방정식이므로 $a\neq0$이다.

※ 위 $a\neq0$인 조건을 쓰든 안 쓰든 항상 따지는 습관을 갖자!

ㄱ. $ax^2+bx+c=0$과 $ax^2+2bx+c=0$은 근과 계수의 관계에 의하여 두 근의 곱은 $\dfrac{c}{a}$로 같다. (참)

ㄴ. $\dfrac{\sqrt{c}}{\sqrt{a}}=-\sqrt{\dfrac{c}{a}}$에서 $\dfrac{\sqrt{양}}{\sqrt{음}}=-\sqrt{\dfrac{양}{음}}$이므로 [p.93]

$a<0,\ c>0 \qquad \therefore \boldsymbol{ac<0}$

$ax^2+bx+c=0$의 판별식을 $D_1$라 하면

$D_1=b^2-4ac>0\ (\because b^2\geq0,\ \boldsymbol{ac<0})$

$\therefore$ 서로 다른 두 실근을 갖는다. (참)

$ax^2+2bx+c=0$의 판별식을 $D_2$라 하면

$\dfrac{D_2}{4}=b^2-ac>0\ (\because b^2\geq0,\ \boldsymbol{ac<0})$

$\therefore$ 서로 다른 두 실근을 갖는다. (참)

ㄷ. $ax^2+2bx+c=0$의 판별식을 $D_2$라 할 때, 허근을 가지므로

$\dfrac{D_2}{4}=b^2-ac<0 \qquad \therefore \boldsymbol{b^2<ac}$

$ax^2+bx+c=0$의 판별식을 $D_1$라 하면

$D_1 = b^2 - 4ac < 0$ ($\because 0 \le \mathbf{b^2} < \mathbf{ac} < 4ac$)

$\therefore ax^2 + bx + c = 0$은 허근을 가진다. (참)

**팁** 이차방정식에서 다수의 판별식을 이용해야 할 때는 $D_1, D_2, D_3, \cdots$과 같이 우측 아래에 번호를 붙여 각각의 판별식을 구별한다.

정답 ㄱ. 참 ㄴ. 참 ㄷ. 참

## 잎 5-22

**풀이** $x^2 + (1-p)x - p = 0$의 두 근이 $\alpha, \beta$일 때, 근과 계수의 관계에 의하여

$\alpha + \beta = p - 1$, $\alpha\beta = -p$

$\alpha + \beta$, $\alpha\beta$의 합과 곱을 구하면

$(\alpha + \beta) + \alpha\beta = -1$, $(\alpha + \beta)\alpha\beta = -p(p-1)$

따라서 $\alpha + \beta$, $\alpha\beta$를 두 근으로 하고 $x^2$의 계수가 1인 이차방정식은

$x^2 + x - p(p-1) = 0$

이 방정식이 중근을 가지므로 판별식을 $D$라 하면

$D = 1^2 + 4p(p-1) = 0$

$4p^2 - 4p + 1 = 0$, $(2p-1)^2 = 0$ $\therefore p = \frac{1}{2}$

정답 $\frac{1}{2}$

## 잎 5-23

**핵심** '잘못 보고 푼 것'에서 해를 구하는 방법
⇨ *정확하게 본 것만을 이용한다.
($\because$ 잘못 본 것을 통해 구한 답은 오류이므로)

**풀이** $ax^2 + bx + c = 0$은 이차방정식이므로 *$a \ne 0$이다.

$ax^2 + bx + c = 0$을 푸는 데 잘못 본 것은 ☆, △로 나타낸다.

i) 갑은 $a$를 잘못 보고 풀었으므로

☆$x^2 + bx + c = 0$의 두 근이 $-4$, $2$

$\therefore (-4) + 2 = \frac{-b}{☆}$, $(-4) \cdot 2 = \frac{c}{☆}$

$\therefore -2☆ = -b \cdots$ ㉠, $-8☆ = c \cdots$ ㉡

㉡÷㉠을 하면 $4 = \frac{c}{-b}$

$\therefore c = -4b \cdots$ ㉢

ii) 을은 $c$를 잘못 보고 풀었으므로

$ax^2 + bx + △ = 0$의 두 근이 $-1 \pm \sqrt{5}i$

$\therefore (-1 + \sqrt{5}i) + (-1 - \sqrt{5}i) = \frac{-b}{a}$

$\therefore -2 = \frac{-b}{a}$ $\therefore a = \frac{b}{2} \cdots$ ㉣

㉢, ㉣을 $ax^2 + bx + c = 0$에 대입하면

$\frac{b}{2}x^2 + bx - 4b = 0$ ⇨ 양변을 $b$로 나누면

※ *$a \ne 0$이므로 ㉣에서 $b \ne 0$이다. 따라서 양변을 $b$로 나눌 수 있다.

$\frac{1}{2}x^2 + x - 4 = 0$

$x^2 + 2x - 8 = 0$, $(x+4)(x-2) = 0$

$\therefore x = -4$ 또는 $x = 2$

정답 $-4$ 또는 $2$

CHAPTER
# 6 이차방정식과 이차함수 (1)

본문 p.139

## 풀이 줄기 문제

### [줄기 1-1]

풀이 이차함수 $y=kx^2-4x+4$이므로 ⋆$k\neq0$이다.
이차방정식 $kx^2-4x+4=0$의 판별식을 $D$라 하면 $\frac{D}{4}=(-2)^2-4k=-4k+4$

1) 서로 다른 두 점에서 만나려면 $D>0$이므로
$-4k+4>0$ $\quad\therefore k<1$
이때, ⋆$k\neq0$이므로 $k<0$ 또는 $0<k<1$
2) 접하려면 $D=0$이어야 하므로
$-4k+4=0$ $\quad\therefore k=1$
3) 만나지 않으려면 $D<0$이어야 하므로
$-4k+4<0$ $\quad\therefore k>1$

정답 1) $k<0$ 또는 $0<k<1$
2) $k=1$ 3) $k>1$

### [줄기 1-2]

풀이 이차함수 $y=ax^2+bx+c$이므로 $a\neq0$이다.

위 $a\neq0$인 조건은 쓰든 안 쓰든 항상 따지는 습관을 갖자!

방법Ⅰ 이차함수 $y=ax^2+bx+c$ ⋯㉠의 그래프와 $x$축의 교점의 $x$좌표가 $-1$, $2$이므로 $-1$, $2$는 이차방정식 $ax^2+bx+c=0$의 두 실근이다.
따라서 근과 계수의 관계에 의하여
$(-1)+2=\frac{-b}{a}$, $(-1)\cdot2=\frac{c}{a}$
$\therefore b=-a,\ c=-2a$ ⋯㉡
㉡을 ㉠에 대입하면
$y=ax^2-ax-2a$
이 함수의 그래프가 점 $(0,\ -2)$를 지나므로
$-2=0-0-2a$ $\quad\therefore a=1$
$a=1$을 ㉡에 대입하면
$b=-1,\ c=-2$

방법Ⅱ 이차함수 $y=ax^2+bx+c$의 그래프가 아래로 볼록하고 두 점 $(-1,\ 0)$, $(2,\ 0)$을 지나므로
$y=a(x+1)(x-2)\ (a>0)$ ⋯㉠
로 놓을 수 있다.
㉠의 그래프가 점 $(0,\ -2)$를 지나므로
$-2=a(0+1)(0-2)$ $\quad\therefore a=1$
이것을 ㉠에 대입하면
$y=(x+1)(x-2)=x^2-x-2$
따라서 $y=x^2-x-2$가 $y=ax^2+bx+c$와 일치하므로
$a=1,\ b=-1,\ c=-2$

정답 $a=1,\ b=-1,\ c=-2$

### [줄기 1-3]

풀이 이차함수 $y=x^2+4x+k-2$의 그래프와 $x$축의 교점의 $x$좌표를 $\alpha, \beta$라 하면 $\alpha, \beta$는 이차방정식 $x^2+4x+k-2=0$의 두 근이다.
이때, 두 점 P, Q 사이의 거리가 6이므로
$\overline{\mathrm{PQ}}=|\alpha-\beta|=6$

$$|\alpha-\beta|=\left|\frac{-b+\sqrt{b^2-4ac}}{2a}-\frac{-b-\sqrt{b^2-4ac}}{2a}\right|$$
$$=\left|\frac{\sqrt{b^2-4ac}}{a}\right|=\frac{\sqrt{D}}{|a|}=\frac{2\sqrt{\frac{D}{4}}}{|a|}$$
$$=2\sqrt{4-(k-2)}=6$$

$4-(k-2)=9,\quad 6-k=9$ $\quad\therefore k=-3$

정답 $-3$

## [줄기 1-4]

**핵심** 이차함수의 그래프는 대칭축에 대하여 대칭이므로 대칭축은 $x$절편을 이은 선분을 수직이등분한다. 또한, 대칭축 위에 꼭짓점이 위치한다.

**풀이** 이차함수 $y=ax^2+bx+c$이므로 $a\neq0$이다.

위 $a\neq0$인 조건은 쓰든 안 쓰든 항상 따지는 습관을 갖자!

이차함수 $y=ax^2+bx+c$의 꼭짓점의 좌표가 $(-2,\ 4)$이므로

$y=a(x+2)^2+4$ …㉠로 놓을 수 있다.

대칭축이 $x=-2$이고 $x$축과의 교점 P, Q 사이의 거리가 4이므로 두 교점 P, Q의 좌표는 $(-4,\ 0)$, $(0,\ 0)$이다.

(∵ 대칭축은 $x$절편을 이은 선분을 수직이등분한다.)

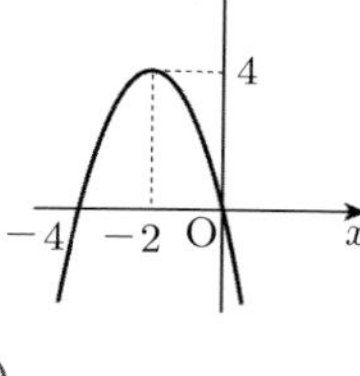


즉, ㉠의 그래프가 점 $(0,\ 0)$을 지나므로

$0=a(0+2)^2+4$, $4a+4=0$ $\quad\therefore a=-1$

$\therefore y=-(x+2)^2+4=-x^2-4x$

$y=-x^2-4x$가 $y=ax^2+bx+c$와 일치하므로

$a=-1$, $b=-4$, $c=0$

**정답** $a=-1$, $b=-4$, $c=0$

## [줄기 2-1]

**풀이** 이차함수 $y=kx^2+2x$이므로 ⋆$k\neq0$이다.

이차함수 $y=kx^2+2x$의 그래프와 직선 $y=x+1$이 서로 다른 두 점에서 만나므로

이차방정식 $kx^2+2x=x+1$, 즉

$kx^2+x-1=0$ …㉠이 서로 다른 두 실근을 갖는다.

따라서 이차방정식 ㉠의 판별식을 $D$라 하면

$D=1^2-4k(-1)>0$

$4k+1>0 \quad \therefore k>-\frac{1}{4}$

이때, ⋆$k\neq0$이므로

$-\frac{1}{4}<k<0$ 또는 $k>0$

**정답** $-\frac{1}{4}<k<0$ 또는 $k>0$

## [줄기 2-2]

**풀이** 이차함수 $y=2x^2-x+3$의 그래프와 직선 $y=ax+b$의 교점의 $x$좌표는 이차방정식

$2x^2-x+3=ax+b$, 즉

$2x^2-(1+a)x+3-b=0$ …㉠의 실근과 같으므로 $-3$, $1$은 ㉠의 두 실근이다.

따라서 근과 계수의 관계에 의하여

$-3+1=\frac{1+a}{2}$, $\quad(-3)\cdot1=\frac{3-b}{2}$

$\therefore a=-5$, $b=9$

**정답** $a=-5$, $b=9$

## [줄기 2-3]

**풀이** 이차함수 $y=2x^2+3x-1$의 그래프와 직선 $y=mx+n$의 교점의 $x$좌표는 이차방정식

$2x^2+3x-1=mx+n$, 즉

$2x^2+(3-m)x-(1+n)=0$…㉠의 실근과 같으므로 $2+\sqrt{3}$은 ㉠의 실근이다.

이때, $m$, $n$이 유리수이므로 이차방정식 ㉠의 한 근이 $2+\sqrt{3}$이면 켤레근 $2-\sqrt{3}$도 근이다.

따라서 근과 계수의 관계에 의하여

$(2+\sqrt{3})+(2-\sqrt{3})=\frac{-(3-m)}{2}$,

$(2+\sqrt{3})(2-\sqrt{3})=\frac{-(1+n)}{2}$

$\therefore 8=m-3$, $2=-n-1$

$\therefore m=11$, $n=-3$

**정답** $m=11$, $n=-3$

### [줄기 2-4]

핵심 접한다. ⇨ 판별식 $D=0$

풀이 i) 곡선 $y=x^2+ax+b$와 직선 $y=2x-1$이 접하므로 방정식 $x^2+ax+b=2x-1$, 즉 $x^2+(a-2)x+b+1=0$의 판별식을 $D_1$이라 하면

$D_1=(a-2)^2-4(b+1)=0$

$\therefore a^2-4a-4b=0 \cdots ㉠$

ii) 곡선 $y=x^2+ax+b$와 직선 $y=-4x+2$가 접하므로 방정식 $x^2+ax+b=-4x+2$, 즉 $x^2+(a+4)x+b-2=0$의 판별식을 $D_2$라 하면

$D_2=(a+4)^2-4(b-2)=0$

$\therefore a^2+8a-4b+24=0 \cdots ㉡$

따라서 ㉡−㉠에서

$12a+24=0 \qquad \therefore a=-2$

이것을 ㉠에 대입하면

$4+8-4b=0 \qquad \therefore b=3$

정답 $a=-2,\ b=3$

### [줄기 2-5]

풀이 이차함수 $y=f(x)$의 그래프가 $x$축과 두 점 $(-7,\ 0)$, $(-3,\ 0)$에서 만나므로

$f(-7)=0,\ f(-3)=0$이다.

$\therefore f(2x-3)=0$이려면 $2x-3=-7$ 또는 $2x-3=-3$

$\therefore f(2x-3)=0$의 두 근은 $x=-2$ 또는 $x=0$

$\therefore f(2x-3)=0$ 두 근의 곱은 $(-2)\cdot 0=0$

정답 0

### [줄기 2-6]

풀이 $f(x-1)=0$의 근이 $-2$이므로 $x=-2$를 대입하면

$f(-2-1)=0 \qquad \therefore f(-3)=0$

보기의 각 식의 좌변에 $x=5$를 대입하면

① $f(x-2)=f(3)$

② $f(-x-2)=f(-7)$

③ $f(x^2-1)=f(24)$

④ $f(-2x+7)=f(-3)=0$

⑤ $f(x^2+1)=f(26)$

정답 ④

## 풀이 잎 문제

### 잎 6-1

풀이 이차함수 $y=f(x)$의 그래프가 $x$축과 서로 다른 두 점 $(\alpha,0)$, $(\beta,0)$에서 만나면

$f(\alpha)=0,\ f(\beta)=0$이므로

$f(2x-5)=0$이려면 $2x-5=\alpha$

$f(2x-5)=0$의 두 실근은 $x=\dfrac{\alpha+5}{2}$

$f(2x-5)=0$의 모든 실근의 합은

$$\frac{5+\alpha}{2}+\frac{5+\beta}{2}=\frac{10+\alpha+\beta}{2}=\frac{10+20}{2}=15$$

정답 15

### 잎 6-2

풀이 이차함수 $y=f(x)$의 그래프가 두 점 $(-1,\ 0)$, $(2,\ 0)$을 지나면

$f(-1)=0,\ f(2)=0$이므로

$f\left(\dfrac{x+k}{2}\right)=0$이려면 $\dfrac{x+k}{2}=-1$ 또는 $\dfrac{x+k}{2}=2$

$\therefore f\left(\dfrac{x+k}{2}\right)=0$의 두 근은 $x=-2-k$ 또는 $x=4-k$

이 두 근이 $x=-3$ 또는 $x=3$과 일치하므로

$-2-k=-3,\ 4-k=3 \qquad \therefore k=1$

~~$-2-k=3,\ 4-k=-3$~~ $(\because -2-k<4-k)$

정답 1

## 잎 6-3

**핵심** 접한다. ⇨ 판별식 $D=0$

**풀이** i) 곡선 $y=x^2+ax+b$와 직선 $y=-x+4$가 접하므로 이차방정식 $x^2+ax+b=-x+4$, 즉 $x^2+(a+1)x+b-4=0$의 판별식을 $D_1$이라 하면

$D_1=(a+1)^2-4(b-4)=0$

$\therefore a^2+2a-4b+17=0 \cdots ㉠$

ii) 곡선 $y=x^2+ax+b$와 직선 $y=5x+7$이 접하므로 이차방정식 $x^2+ax+b=5x+7$, 즉 $x^2+(a-5)x+b-7=0$의 판별식을 $D_2$이라 하면

$D_2=(a-5)^2-4(b-7)=0$

$\therefore a^2-10a-4b+53=0 \cdots ㉡$

따라서 ㉠−㉡에서

$12a-36=0 \quad \therefore a=3$

이것을 ㉠에 대입하면

$9+6-4b+17=0 \quad \therefore b=8$

**정답** $a=3,\ b=8$

## 잎 6-4

**핵심** 접한다. ⇨ 판별식 $D=0$

**풀이** 구하는 직선의 방정식을 $y=mx+n$이라 하면 이 직선이 $y=x^2-2ax+a^2-3$의 그래프와 $a$의 값에 관계없이 접하므로 이차방정식 $x^2-2ax+a^2-3=mx+n$, 즉 $x^2-(2a+m)x+a^2-3-n=0$의 판별식을 $D$라 하면

$D=\{-(2a+m)\}^2-4(a^2-3-n)=0$

> $a$의 값에 관계없이 ~
> ⇨ $a$에 대한 항등식임을 알려주는 표현이다.
> $\therefore (\quad)a+(\quad)=0$ 꼴로 정리한다.

$4ma+m^2+12+4n=0$

이 등식이 $a$에 대한 항등식이므로

$4m=0,\ m^2+12+4n=0$

$\therefore m=0,\ n=-3$

따라서 구하는 직선의 방정식은 $y=-3$

**정답** $y=-3$

## 잎 6-5

**풀이** 곡선 $y=x^2+ax+3$과 직선 $y=2x+b$의 두 교점의 $x$좌표가 $-2$와 $1$이므로 이차방정식 $x^2+ax+3=2x+b$, 즉 $x^2+(a-2)x+3-b=0$의 두 실근이 $-2$와 $1$이다.

따라서 근과 계수의 관계에 의하여

$(-2)+1=-(a-2),\ (-2)\cdot 1=3-b$

$\therefore a=3,\ b=5$

**정답** $a=3,\ b=5$

## 잎 6-6

**핵심** 이차함수의 그래프는 대칭축에 대하여 대칭이므로 <u>대칭축은 $x$절편을 이은 선분을 수직이등분한다</u>. 또한, 대칭축 위에 꼭짓점이 위치한다.

**풀이** 이차함수 $y=ax^2+bx+c$이므로 $a\neq 0$이다.

> 위 $a\neq 0$인 조건은 쓰든 안 쓰든 항상 따지는 습관을 갖자!

이차함수 $y=ax^2+bx+c$의 꼭짓점의 좌표가 $(-1,\ 2)$이므로

$y=a(x+1)^2+2 \cdots ㉠$로 놓을 수 있다.

이때, ㉠의 그래프는 대칭축이 $x=-1$이고 $x$축과의 두 교점 사이의 거리가 2이므로 두 교점의 좌표는 $(-2,\ 0),\ (0,\ 0)$이다.

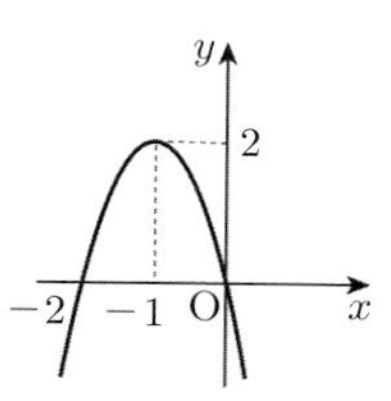


($\because$ 대칭축은 $x$절편을 이은 선분을 수직이등분한다.)

즉, ㉠의 그래프가 점 $(0,\ 0)$을 지나므로

$0=a(0+1)^2+2,\quad a+2=0 \quad \therefore a=-2$

$\therefore y=-2(x+1)^2+2=-2x^2-4x$

따라서 $y=-2x^2-4x$가 $y=ax^2+bx+c$와 일치하므로

$a=-2,\ b=-4,\ c=0$

**정답** $a=-2,\ b=-4,\ c=0$

## 잎 6-7

**핵심**

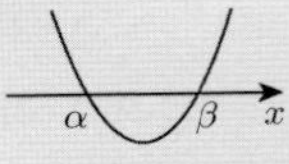


($x$축과 만나는 두 점 사이의 거리)$=|\alpha-\beta|$

**풀이** $2x^2+kx-3=0$의 두 근을 $\alpha, \beta$라 하면

두 점 사이의 거리가 $\frac{5}{2}$이므로

$|\alpha-\beta|=\frac{5}{2}$

$\therefore |\alpha-\beta|=\left|\frac{-b+\sqrt{b^2-4ac}}{2a}-\frac{-b-\sqrt{b^2-4ac}}{2a}\right|$

$=\left|\frac{\sqrt{b^2-4ac}}{a}\right|$

$=\frac{\sqrt{D}}{|a|}$

$=\frac{\sqrt{k^2+24}}{2}=\frac{5}{2}$

$k^2+24=25,\quad k^2=1\qquad \therefore k=\pm 1$

**정답** $\pm 1$

## 잎 6-8

**핵심** 두 함수의 그래프의 교점의 $x$좌표는 두 함수의 식을 연립한 방정식의 실근과 같다.

**풀이** 두 함수 $y=-2x^2+2ax+b$와 $y=2x^2+4$의 그래프가 만나지 않으므로, 즉 교점이 없으므로 교점의 $x$좌표도 당연히 없다.

따라서 이차방정식 $-2x^2+2ax+b=2x^2+4$, 즉 $4x^2-2ax+4-b=0$의 실근이 없으므로 판별식 $D<0$이다.

$\frac{D}{4}=(-a)^2-4(4-b)<0,\ a^2-16+4b<0$

$a^2+4b<16$ (단, $a, b$는 음이 아닌 정수)

i) $a=0$일 때, $b=0, 1, 2, 3$

ii) $a=1$일 때, $b=0, 1, 2, 3$

iii) $a=2$일 때, $b=0, 1, 2$

iv) $a=3$일 때, $b=0, 1$

따라서 순서쌍 $(a, b)$는

$(0, 0), (0, 1), (0, 2), (0, 3),$
$(1, 0), (1, 1), (1, 2), (1, 3),$
$(2, 0), (2, 1), (2, 2),$
$(3, 0), (3, 1)$

이므로 개수는 13이다.

**정답** 13개

## 잎 6-9

**핵심** 이차함수의 그래프는 대칭축에 대하여 대칭이므로 대칭축은 $x$절편을 이은 선분을 수직이등분한다. 또한, 대칭축 위에 꼭짓점이 위치한다.

**풀이** 이차함수 $f(x)=ax^2+bx+c$이므로 $a\neq 0$이다.

ㄱ. $f(x)=ax^2+bx+c$이므로 $f(x)-2=0$은 $ax^2+bx+c-2=0$이다. 따라서 $ax^2+bx+c-2=0$ $(a\neq 0)$의 근과 계수의 관계에 의하여 두 근의 합은 $\frac{-b}{a}$이다. (참)

ㄴ. 이차함수의 그래프는 대칭축에 대하여 대칭이므로 주어진 그래프의 대칭축은

$x=\frac{q+r}{2}=\frac{p+s}{2}$

$\therefore p+s=q+r$ (참)

**정답** ㄱ. 참　ㄴ. 참

## 잎 6-10

**핵심** 이차함수의 그래프는 대칭축에 대하여 대칭이므로 대칭축은 $x$절편을 이은 선분을 수직이등분한다. 또한, 대칭축 위에 꼭짓점이 위치한다.

**풀이** 두 점 $(-1, 0)$, $(3, 0)$을 이은 선분의 중점의 $x$좌표는 $\frac{-1+3}{2}=1$이므로 대칭축의 방정식은 $x=1$이다.

대칭축 위에 꼭짓점이 있으므로 꼭짓점의 $y$좌표가 4이면 꼭짓점의 좌표는 $(1, 4)$이다.

$\therefore y=a(x-1)^2+4 \cdots$ ㉠로 놓을 수 있다.

㉠의 그래프가 점 $(-1, 0)$을 지나므로

$0=a(-1-1)^2+4\qquad \therefore a=-1$

$\therefore y=-(x-1)^2+4$

**정답** $y=-x^2+2x+3$

CHAPTER 6 이차방정식과 이차함수 (2)

본문 p.149

## 풀이 줄기 문제

### [줄기 3-1]

풀이 1) $y=x(x+5)=x^2+5x=\left(x+\frac{5}{2}\right)^2-\frac{25}{4}$

$x=-\frac{5}{2}$일 때 최솟값 $-\frac{25}{4}$이고, 최댓값은 없다. (∵ 아래로 볼록한 이차함수 ∪)

2) $y=-2(x-1)(x+3)=-2x^2-4x+6$

$=-2(x^2+2x)+6$

$=-2(x+1)^2+2+6$

$=-2(x+1)^2+8$

$x=-1$일 때 최댓값 8이고, 최솟값은 없다.
(∵ 위로 볼록한 이차함수 ∩)

정답 1) 최솟값 : $-\frac{25}{4}$ 2) 최댓값 : 8

### [줄기 3-2]

풀이 이차함수 $f(x)$가 $x=-1$에서 최댓값 3을 가지므로 (위로 볼록한 이차함수 ∩)

$f(x)=a(x+1)^2+3\ (a<0)$

$f(2)=-3$이므로

$-3=a(2+1)^2+3 \quad \therefore a=-\frac{2}{3}$

$\therefore f(x)=-\frac{2}{3}(x+1)^2+3$

$=-\frac{2}{3}x^2-\frac{4}{3}x+\frac{7}{3}$

이 식이 $f(x)=ax^2+bx+c$와 일치하므로

$a=-\frac{2}{3},\ b=-\frac{4}{3},\ c=\frac{7}{3}$

정답 $a=-\frac{2}{3},\ b=-\frac{4}{3},\ c=\frac{7}{3}$

### [줄기 3-3]

풀이 $y=x^2-2ax-a^2+4a=(x^2-2ax)-a^2+4a$

$=(x-a)^2-a^2-a^2+4a$

$=(x-a)^2-2a^2+4a$

$x=a$일 때, 최솟값 $-2a^2+4a$를 갖는다.
(∵ 아래로 볼록한 이차함수 ∪)

$f(a)=-2a^2+4a$이므로

$f(a)=-2(a^2-2a)$

$=-2(a-1)^2+2$

$f(a)$는 $a=1$일 때, 최댓값 2를 갖는다.
(∵ 위로 볼록한 이차함수 ∩)

정답 $f(a)$의 최댓값 : 2, $a=1$

### [줄기 3-4]

풀이 $x^2+2x+y^2-4y+3z^2-6z+4$

$=(x^2+2x)+(y^2-4y)+3(z^2-2z)+4$

$=(x+1)^2-1+(y-2)^2-4+3(z-1)^2-3+4$

$=(x+1)^2+(y-2)^2+3(z-1)^2-4$

이때 $x,\ y,\ z$가 실수이므로

$(x+1)^2\ge 0,\ (y-2)^2\ge 0,\ (z-1)^2\ge 0$

$\therefore x^2+2x+y^2-4y+3z^2-6z+4\ge -4$

$\therefore x=-1,\ y=2,\ z=1$일 때, 최솟값 $-4$

정답 $x=-1,\ y=2,\ z=1$, 최솟값 : $-4$

### [줄기 3-5]

풀이 $x-3y+10=0$에서 $x=3y-10$ ⋯ ㉠

이것을 $x^2+y^2$에 대입하면

$x^2+y^2=(3y-10)^2+y^2$

$=10y^2-60y+100$

$=10(y-3)^2+10$

따라서 $y=3$일 때 최솟값 10을 갖는다.

이때, $y=3$을 ㉠에 대입하면 $x=-1$

∴ 점 $(-1,\ 3)$

정답 최솟값 : 10, 점 $(-1,\ 3)$

## [줄기 4-1]

**풀이** 1) $y=x^2-x+1$

$=(x^2-x)+1$

$=\left(x-\frac{1}{2}\right)^2+\frac{3}{4}$

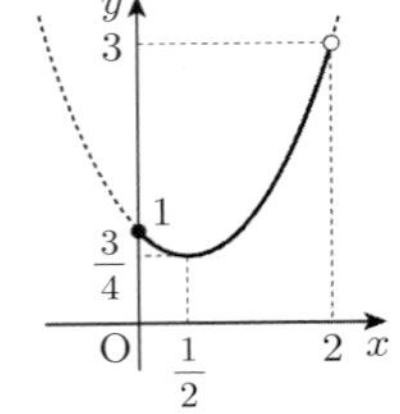


대칭축 $x=\frac{1}{2}$이

$x$의 값의 범위

$(0\le x<2)$ 내에 있으므로

$x=\frac{1}{2}$에서 최솟값 $\frac{3}{4}$을 갖는다. (∵ ∨)

또한, 대칭축 $x=\frac{1}{2}$과 $x$의 값의 범위

$(0\le x<2)$ 중에서 가장 멀리 있는

$x=2$에서 최댓값 3을 갖는다. (×)

∵ $x$의 값의 범위가 $0\le x<2$, 즉 $x=2$ 에서 정의되지 않으므로 최댓값은 없다.

2) $y=-4x^2+4x+\frac{1}{2}$

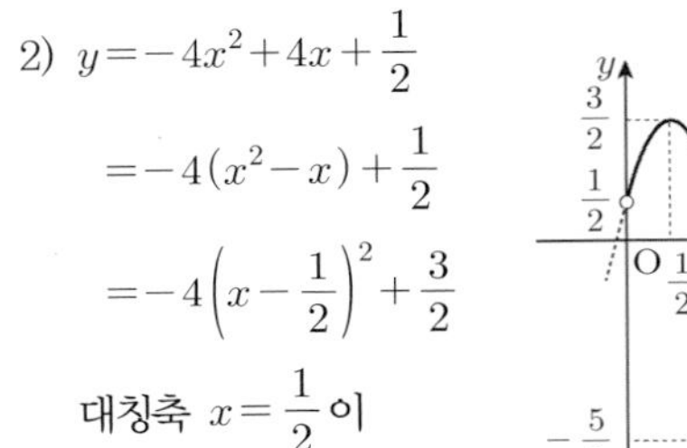


$=-4(x^2-x)+\frac{1}{2}$

$=-4\left(x-\frac{1}{2}\right)^2+\frac{3}{2}$

대칭축 $x=\frac{1}{2}$이

$x$의 값의 범위

$\left(0<x\le\frac{3}{2}\right)$ 내에 있으므로

$x=\frac{1}{2}$에서 최댓값 $\frac{3}{2}$을 갖는다. (∵ ∩)

또한, 대칭축 $x=\frac{1}{2}$과 $x$의 값의 범위

$\left(0<x\le\frac{3}{2}\right)$ 중에서 가장 멀리 있는

$x=\frac{3}{2}$에서 최솟값 $-\frac{5}{2}$을 갖는다.

**정답** 1) 최솟값 : $\frac{3}{4}$, 최댓값 : 없다.

2) 최댓값 : $\frac{3}{2}$, 최솟값 : $-\frac{5}{2}$

## [줄기 4-2]

**핵심** i) $x\ge a$에서 대칭축 $x=m$이 $x$의 범위 내에 있다. ⇨ $m\ge a$ ⋯ Ⓐ

ii) $x\ge a$에서 대칭축 $x=m$이 $x$의 범위 밖에 있다. ⇨ $m<a$

(∵ Ⓐ를 제외한 범위)

**풀이** $f(x)=-x^2+2kx=-(x^2-2kx)$

$=-(x-k)^2+k^2$

$f(x)$는 대칭축 $x=k$이고 위로 볼록하다. (∩)

i) 축 $x=k$가 $x$의 범위 $(x\ge3)$ 내에 있을 때

즉, $k\ge3$일 때 ⋯ ㉠

$x=k$에서 최댓값 16을 갖는다.

$k^2=16$ $\quad\therefore k=\pm4$

그런데 $k\ge3$이므로 $k=4$

ii) 축 $x=k$가 $x$의 범위 $(x\ge3)$ 밖에 있을 때

즉, $k<3$일 때 (∵ ㉠을 제외한 범위)

대칭축 $x=k$와 $x$의 범위 $(x\ge3)$ 중에서

가장 가까운 $x=3$에서 최댓값 16을 갖는다.

$-(3-k)^2+k^2=16$

$-9+6k=16$ $\quad\therefore k=\frac{25}{6}$ (∵ $k<3$)

따라서 i)에서 $k=4$

**정답** 4

## [줄기 4-3]

**풀이** $x+y^2=2$에서 $y^2=2-x$ ※ (실수)$^2\ge0$

$y$가 실수이므로 $y^2=2-x\ge0$ $\quad\therefore x\le2$ ⋯ ㉠

$-2x^2+y^2-3x$에 $y^2=2-x$를 대입하면

$-2x^2+(2-x)-3x=-2x^2-4x+2$

$=-2(x^2+2x)+2$

$=-2(x+1)^2+4$

(단, $x\le2$ ∵ ㉠)

대칭축 $x=-1$이 $x$의 범위 $(x\le2)$ 내에 있으므로 $x=-1$에서 최댓값 4 (∵ ∩)

**정답** 최댓값 4

## [줄기 4-4]

풀이 두 점 $A(-1, 9)$, $B(2, 3)$을 지나는 직선은

(기울기)$=\dfrac{3-9}{2-(-1)}=-2$

$\therefore y=-2x+k$

이 직선은 점 $A(-1, 9)$를 지나므로 $k=7$이다.

따라서 *선분 AB를 나타내는 방정식은

$y=-2x+7$ ($\star -1\le x\le 2$)

점 $P(x, y)$가 선분 AB 위를 움직이면 $x$의 값의 범위는 두 점 A, B의 $x$좌표로 구한다.

$y=-2x+7$을 $3x^2+y^2$에 대입하면

$3x^2+(-2x+7)^2=7x^2-28x+49$

$=7(x^2-4x)+49$

$=7(x-2)^2+21$ ⋯ ㉡

(단, $\star -1\le x\le 2$)

대칭축 $x=2$가 $x$의 범위 $(-1\le x\le 2)$ 내에 있으므로 $x=2$에서 최솟값 21 ($\because$ ∨)

정답 최솟값 21

## [줄기 4-5]

풀이 $x^2-2x-1=t$라 하면 $t=(x-1)^2-2$

대칭축 $x=1$이 $x$의 범위 $(-1\le x\le 2)$의 내에 있으므로 $t$의 최솟값은 $x=1$에서 $-2$이고, 최댓값은 $x=-1$에서 2이다. ($\because$ ∨)

$\therefore -2\le t\le 2$

이때, 주어진 함수는

$y=t^2-2t+5=(t-1)^2+4$ $(-2\le t\le 2)$

대칭축 $t=1$이 $t$의 범위 $(-2\le t\le 2)$ 내에 있으므로 $t=1$에서 최솟값 4 ($\because$ ∨)

또한, 대칭축 $t=1$과 $t$의 범위 $(-2\le t\le 2)$ 중에서 가장 멀리 있는 $t=-2$에서 최댓값 13을 갖는다.

$\therefore$ 최솟값 4, 최댓값 13

정답 최댓값 13, 최솟값 4

## [줄기 4-6]

핵심 함수는 실수의 범위에서 정의된다.

풀이 $y=(x^2-4x+3)(x^2-4x+2)+5(x^2-4x)+7$

$x^2-4x=t$라 하면 $t=(x-2)^2-4$

$\therefore t\ge -4$ ($\because$ 함수는 실수의 범위에서 정의되므로)

$y=(t+3)(t+2)+5t+7=t^2+10t+13$

$=(t+5)^2-12$ (단, $t\ge -4$)

대칭축 $t=-5$가 $t$의 범위 $(t\ge -4)$ 밖에 있으므로 대칭축 $t=-5$와 $t$의 범위 $(t\ge -4)$ 중에서 가장 가까운 $t=-4$에서 최솟값 $-11$을 갖는다. ($\because$ ∨)

정답 최솟값 $-11$

## 풀이 잎 문제

### • 잎 6-1

풀이 이차함수 $y=ax^2+2ax-a^2+a+3$이므로 $a\ne 0$이다. ⇨ 항상 따지는 습관을 갖자!

이차함수가 최댓값을 갖기 위해서는 위로 볼록해야 하므로 $a<0$이다.

또, 최댓값은 대칭축 위의 꼭짓점에서 나오므로

$y=ax^2+2ax-a^2+a+3$ $(a<0)$

$=a(x^2+2x)-a^2+a+3$

$=a(x+1)^2-a^2+3$

따라서 $x=-1$일 때, 최댓값 $-a^2+3$이므로

$-a^2+3=1$

$a^2-2=0$, $(a-\sqrt{2})(a+\sqrt{2})=0$

$\therefore a=-\sqrt{2}$ ($\because a<0$)

정답 $-\sqrt{2}$

## 잎 6-2

**풀이** $y=2x^2-4ax-a^2+4b$가 $x=-1$에서 최솟값 5를 가지므로 (∨)

$y=2(x+1)^2+5$

$=2x^2+4x+7$

이 식이 $y=2x^2-4ax-a^2+4b$와 일치하므로

$-4a=4,\ -a^2+4b=7 \qquad \therefore a=-1,\ b=2$

**정답** $a=-1,\ b=2$

## 잎 6-3

**핵심** 제한된 범위에서 이차함수의 최대·최소
⇨ 대칭축이 key이다.

**풀이** $y=-2x^2+4x+a=-2(x^2-2x)+a$

$=-2(x-1)^2+2+a$

대칭축 $x=1$이 $x$의 범위 $(0\le x\le 3)$ 내에 있으므로 $x=1$에서 최댓값 $2+a$를 갖는다.
(∵ 위로 볼록한 이차함수 ∧)

$2+a=3 \qquad \therefore a=1$

$\therefore y=-2(x-1)^2+3 \cdots$ ㉠

대칭축 $x=1$과 $x$의 범위 $(0\le x\le ③)$ 중에서 가장 멀리 있는 $x=3$에서 최솟값을 갖는다.
따라서 $x=3$을 ㉠에 대입하면

$-2(3-1)^2+3=-5$

**정답** $a=1$, 최솟값 $-5$

## 잎 6-4

**풀이** $2x^2+y^2+8x+8=2(x^2+4x)+y^2+8$

$=2(x+2)^2-8+y^2+8$

$=2(x+2)^2+y^2$

$x,\ y$가 실수이므로 $(x+2)^2\ge 0,\ y^2\ge 0$

$\therefore 2x^2+y^2+8x+8\ge 0$

$\therefore x=-2,\ y=0$일 때, 최솟값 0

**정답** 0

## 잎 6-5

**풀이** $16y-5x^2-4y^2-z^2-2z+3$

$=-5x^2-4(y^2-4y)-(z^2+2z)+3$

$=-5x^2-4(y-2)^2+16-(z+1)^2+1+3$

$=-5x^2-4(y-2)^2-(z+1)^2+20$

$x,\ y,\ z$가 실수이므로

$x^2\ge 0,\ (y-2)^2\ge 0,\ (z+1)^2\ge 0$

$\therefore -5x^2\le 0,\ -4(y-2)^2\le 0,\ -(z+1)^2\le 0$

$\therefore 16y-5x^2-4y^2-z^2-2z+3\ge 20$

$\therefore x=0,\ y=2,\ z=-1$일 때, 최댓값 20

**정답** 20

## 잎 6-6

**풀이** $x+y=3$에서 $y=3-x$

$y\ge 0$이므로 $y=3-x\ge 0 \qquad \therefore x\le 3$ (×)

또, $x\ge 0$이므로 $0\le x\le 3 \cdots$ ㉠ (○)

$2x^2+y^2$에 $y=3-x$를 대입하면

$2x^2+(3-x)^2=3x^2-6x+9$

$=3(x-1)^2+6$

(단, $0\le x\le 3$ ∵ ㉠)

대칭축 $x=1$이 $x$의 범위 $(0\le x\le 3)$ 내에 있으므로 $x=1$에서 최솟값 6 (∵ ∨), 또한 대칭축 $x=1$과 $x$의 범위 $(0\le x\le ③)$ 중에서 가장 멀리 있는 $x=3$에서 최댓값 18을 갖는다.

**정답** 최솟값 6, 최댓값 18

## 잎 6-7

**풀이** $x+y=16$에서 $y=16-x \cdots$ ㉠

$y=16-x$를 이용하여 $x$의 범위를 정할 수 없으므로 $x$의 범위는 실수 전체이다.

$xy$에 $y=16-x$를 대입하면

$x(16-x)=-x^2+16x=-(x^2-16x)$

$=-(x-8)^2+64$

$\therefore x=8$에서 최댓값 64을 갖는다. (∵ ∧)

$\therefore x=8$을 ㉠에 대입하면 $y=8$

**정답** 최댓값 64, $x=8$, $y=8$

## 잎 6-8

**풀이** $2x+y^2=1$에서 $y^2=1-2x$ ※ (실수)$^2 \ge 0$

$y$는 실수이므로 $y^2=1-2x \ge 0$ $\therefore x \le \frac{1}{2}$

$x^2+y^2$에 $y^2=1-2x$를 대입하면

$x^2+(1-2x)=x^2-2x+1$

$=(x-1)^2 \left(x \le \frac{1}{2}\right)$

대칭축 $x=1$이 $x$의 범위$\left(x \le \frac{1}{2}\right)$ 밖에 있으므로 대칭축 $x=1$과 $x$의 범위$\left(x \le \frac{1}{2}\right)$ 중에서 가장 가까운 $x=\frac{1}{2}$에서 최솟값 $\frac{1}{4}$을 갖는다. (∵ ∨)

**정답** $\frac{1}{4}$

## 잎 6-9

**풀이** $y=(\underline{x^2-2x}-3)^2-2(\underline{x^2-2x})+5$

$x^2-2x=t$라 하면 $t=(x-1)^2-1$ ⋯㉠

대칭축 $x=1$이 $x$의 범위 $(-1 \le x \le 2)$ 내에 있으므로 최솟값은 $x=1$에서 $-1$이고, 최댓값은 $x=-1$에서 3이다. (∵ ∨)

$\therefore -1 \le t \le 3$

이때, 주어진 함수는

$y=(t-3)^2-2t+5=(t^2-8t)+14$

$=(t-4)^2-2\ (-1 \le t \le 3)$

대칭축 $t=4$가 $t$의 범위 $(-1 \le t \le 3)$ 밖에 있으므로 대칭축 $t=4$와 $t$의 범위$(-1 \le t \le 3)$ 중에서 가장 가까운 $t=3$에서 최솟값 $-1$을 갖는다. (∵ ∨)

따라서 $t=3$을 ㉠에 대입하여

$3=(x-1)^2-1$, $(x-1)^2=4$, $x-1=\pm 2$

$\therefore x=-1$ 또는 ~~$x=3$~~ (∵ $-1 \le x \le 2$)

따라서 주어진 함수는 $x=-1$에서 최솟값 $-1$을 갖는다.

**정답** $a=-1$, $b=-1$

## 잎 6-10

**핵심** i) $\alpha \le x \le \beta$일 때, 대칭축 $x=m$이 $x$의 범위 내에 있다. ⇨ $\alpha \le m \le \beta$ ⋯ Ⓐ

ii) $\alpha \le x \le \beta$일 때, 대칭축 $x=m$가 $x$의 범위 밖에 있다. ⇨ $m<\alpha$ 또는 $m>\beta$ (∵ Ⓐ를 제외한 범위)

**풀이** $f(x)=x^2-2ax+a^2+1=(x-a)^2+1$

$f(x)$는 대칭축 $x=a$이고 아래로 볼록한 이차함수이다. (∨)

i) 축 $x=a$가 $x$의 값의 범위 내에 있을 때

즉, **$-1 \le a \le 1$일 때** ⋯ ㉠

$x=a$에서 최솟값 1이다.

ii) 축 $x=a$가 $x$의 값의 범위 밖에 있을 때

즉, **$a<-1$ 또는 $a>1$일 때** (∵ ㉠ 제외)

ㄱ) $a<-1$일 때, 대칭축 $x=a$와 $x$의 값의 범위$(-1 \le x \le 1)$ 중에서 가장 가까운 $x=-1$에서 최솟값 $a^2+2a+2$이다.

ㄴ) $a>1$일 때, 대칭축 $x=a$와 $x$의 값의 범위$(-1 \le x \le 1)$ 중에서 가장 가까운 $x=1$에서 최솟값 $a^2-2a+2$을 갖는다.

**정답** $-1 \le a \le 1$일 때, 최솟값 1이다.
$a<-1$일 때, 최솟값 $a^2+2a+2$이다.
$a>1$일 때, 최솟값 $a^2-2a+2$이다.

## 잎 6-11

**핵심** 제한된 범위에서 이차함수의 대칭축이 고정되었으면 방법 I 과 같이 그래프를 그려서 최대·최소를 구하는 것이 더 편할 때도 있다.

**방법 I** 「강추」 $f(x)=-x^2-4x+1=-(x+2)^2+5$의 그래프가 $a \le x \le 0$에서 $-11 \le f(x) \le b$이려면 오른쪽 그림과 같아야 하므로

$f(a)=-11$, $b=5$

$f(a)=-11$에서

$-(a+2)^2+5=-11$

$(a+2)^2=16$

$a+2=\pm 4$

$a=-2\pm 4$

$\therefore a=-6$ (∵ $a<0$)

방법 Ⅱ 「비추」 $f(x)=-x^2-4x+1=-(x+2)^2+5$

i) **대칭축 $x=-2$가 $x$의 범위 $(a\le x\le 0)$ 내에 있을 때**

함숫값의 범위가 $-11\le y\le b$이므로 최솟값은 $-11$, 최댓값 $b$이다.

$x=-2$에서 최댓값 5를 갖는다.

$\therefore b=5$

대칭축 $x=-2$와 $x$의 범위 $(a\le x\le 0)$ 중에서 가장 멀리 있는 $x=a$에서 최솟값 $-11$을 갖는다. ($\because$ *$f(0)=1$이므로)

$-(a+2)^2+5=-11,\quad (a+2)^2=16$

$a+2=\pm 4,\quad a=-2\pm 4$

$\therefore a=-6\ (\because a<0)$

ii) **대칭축 $x=-2$가 $x$의 범위 $(a\le x\le 0)$ 밖에 있을 때**

함숫값의 범위가 $-11\le y\le b$이므로 최솟값은 $-11$, 최댓값 $b$이다.

대칭축 $x=-2$와 $x$의 범위 $(a\le x\le 0)$ 중에서 가장 가까이 있는 $x=a$에서 최댓값 $b$을 갖는다. $\quad\therefore -(a+2)^2+5=b$

대칭축 $x=-2$와 $x$의 범위 $(a\le x\le 0)$ 중에서 가장 멀리 있는 $x=0$에서 최솟값 1을 갖는다.

그런데 최솟값이 $-11$이므로 ii)는 모순이다.

따라서 i)에 의하여 $a=-6,\ b=5$이다.

정답 $a=-6,\ b=5$

## 잎 6-12

핵심

i) $x\ge a$에서 대칭축 $x=m$이 $x$의 범위 내에 있다. ⇨ $m\ge a$ ⋯ Ⓐ

ii) $x\ge a$에서 대칭축 $x=m$이 $x$의 범위 밖에 있다. ⇨ $m<a$ ($\because$Ⓐ를 제외한 범위)

풀이

$f(x)=-x^2+4kx$

$\quad=-(x-2k)^2+4k^2$

$f(x)$는 대칭축 $x=2k$이고 위로 볼록하다.

i) 축 $x=2k$가 $x$의 범위 $(x\ge 3)$ 내에 있을 때

즉, **$2k\ge 3$일 때** ⋯ ㉠

$x=2k$에서 최댓값 16을 갖는다.

$4k^2=16\qquad\therefore k=\pm 2$

그런데 $k\ge\frac{3}{2}$이므로 $k=2$

ii) 축 $x=2k$가 $x$의 범위 $(x\ge 3)$ 밖에 있을 때

즉, **$2k<3$일 때** ($\because$㉠를 제외한 범위)

대칭축 $x=2k$와 $x$의 범위$(x\ge 3)$ 중에서 가장 가까운 $x=3$에서 최댓값 16을 갖는다.

$-(3-2k)^2+4k^2=16$

$-9+12k=16\qquad\therefore \cancel{k=\frac{25}{12}}\ \left(\because k<\frac{3}{2}\right)$

따라서 i)에서 $k=2$

정답 2

## 잎 6-13

핵심

i) $\alpha\le x\le\beta$일 때, 대칭축 $x=m$이 $x$의 범위 내에 있다. ⇨ $\alpha\le m\le\beta$ ⋯ Ⓐ

ii) $\alpha\le x\le\beta$일 때, 대칭축 $x=m$가 $x$의 범위 밖에 있다. ⇨ $m<\alpha$ 또는 $m>\beta$ ($\because$Ⓐ를 제외한 범위)

풀이

$f(x)=-x^2+2kx-3k$

$\quad=-(x-k)^2+k^2-3k$

$f(x)$는 대칭축 $x=k$이고 위로 볼록하다. (⋂)

i) 대칭축 $x=k$가 $x$의 범위 내에 있을 때

즉, **$0\le k\le 8$일 때** ⋯ ㉠

$x=k$에서 최댓값 $k^2-3k$이므로

$k^2-3k=4,\quad k^2-3k-4=0$

$(k+1)(k-4)=0\quad\therefore k=4\ (\because 0\le k\le 8)$

ii) 대칭축 $x=k$가 $x$의 범위 밖에 있을 때

즉, **$k<0$ 또는 $k>8$일 때** ($\because$㉠를 제외)

ㄱ) $k<0$일 때, 대칭축 $x=k$와 $x$의 값의 범위 $(0\le x\le 8)$ 중에서 가장 가까운 $x=0$에서 최댓값 $-3k$이므로

$-3k=4\qquad\therefore k=-\frac{4}{3}$

ㄴ) $k>8$일 때, 대칭축 $x=k$와 $x$의 값의 범위 $(0\le x\le 8)$ 중에서 가장 가까운 $x=8$에서 최댓값 $13k-64$이므로

$13k-64=4\qquad\therefore \cancel{k=\frac{68}{13}}\ (\because k>8)$

따라서 i)와 ii)의 ㄱ)에 의하여 구하는 $k$의 값은 $4,\ -\frac{4}{3}$이다.

정답 $4,\ -\frac{4}{3}$

**잎 6-14**

**풀이** $y=x^2-2|x|+2$는

| $x<0$ | $x \geq 0$ |
|---|---|
| $y=x^2-2\{-(x)\}+2$ | $y=x^2-2(x)+2$ |
| $=x^2+2x+2$ | $=x^2-2x+2$ |
| $=(x+1)^2+1$ | $=(x-1)^2+1$ |

$-1 \leq x \leq 2$에서 $y=x^2-2|x|+2$의 그래프는 우측 그림과 같다.

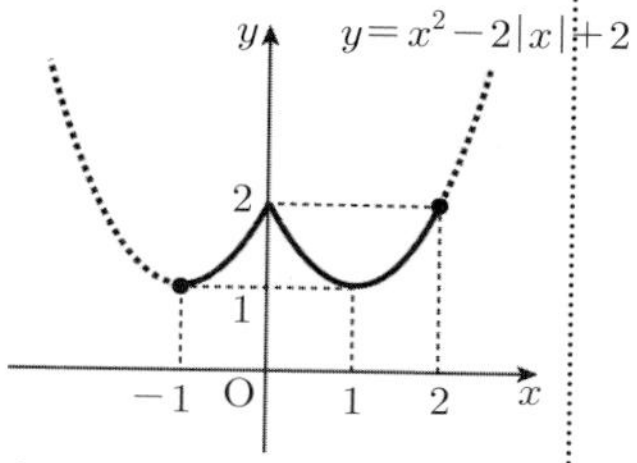


따라서
$x=0$, 2일 때 최댓값 2이고,
$x=-1$, 1일 때 최솟값 1이다.

**정답** 최댓값 2, 최솟값 1

CHAPTER **7** 여러 가지 방정식

본문 p.161

## 풀이 줄기 문제

### [줄기 1-1]

**풀이** 1) $f(x)=3x^3+5x^2-\textcircled{2}\left\langle\begin{array}{l}1,\ 2\\ \textcircled{-1},\ -2\end{array}\right.$

$f(-1)=-3+5-2=0$이므로
$f(x)$는 $x+1$을 인수로 갖는다. 즉,

$$3x^3+5x^2-2=\overset{-2x}{\underset{ax}{(x+1)(3x^2+ax-2)}}$$

$0=-2x+ax \qquad \therefore a=2$
따라서 주어진 방정식은
$(x+1)(3x^2+2x-2)=0$
$\therefore x+1=0$ 또는 $3x^2+2x-2=0$
$\therefore x=-1$ 또는 $x=\dfrac{-1\pm\sqrt{7}}{3}$

2) $f(x)=x^3+3x^2-2x-\textcircled{2}\left\langle\begin{array}{l}\textcircled{1},\ 2\\ -1,\ -2\end{array}\right.$

$f(1)=1+3-2-2=0$이므로
$f(x)$는 $x-1$을 인수로 갖는다. 즉,

$$x^3+3x^2-2x-2=\overset{2x}{\underset{-ax}{(x-1)(x^2+ax+2)}}$$

$-2x=2x-ax \qquad \therefore a=4$
따라서 주어진 방정식은
$(x-1)(x^2+4x+2)=0$
$\therefore x-1=0$ 또는 $x^2+4x+2=0$
$\therefore x=1$ 또는 $x=-2\pm\sqrt{2}$

**정답** 1) $x=-1$ 또는 $x=\dfrac{-1\pm\sqrt{7}}{3}$
2) $x=1$ 또는 $x=-2\pm\sqrt{2}$

## [줄기 1-2]

풀이 1) $f(x)=x^4-x^3+8x-⑧\langle$ ①, 2, 4, 8 / −1, ⊖2, −4, −8

$f(1)=0,\ f(-2)=0$이므로

$f(x)$는 $(x-1)(x+2)$을 인수로 갖는다.

$\therefore f(x)=(x-1)(x+2)Q(x)$

이때, 몫 $Q(x)$는 조립제법으로 구한다.

| | | | | | |
|---|---|---|---|---|---|
| 1 | 1 | −1 | 0 | 8 | −8 |
| | | 1 | 0 | 0 | 8 |
| −2 | 1 | 0 | 0 | 8 | 0 |
| | | −2 | 4 | −8 | |
| | 1 | −2 | 4 | 0 | |

$Q(x)=x^2-2x+4$

$\therefore f(x)=(x-1)(x+2)(x^2-2x+4)$

따라서 주어진 방정식은

$(x-1)(x+2)(x^2-2x+4)=0$

$\therefore x=1$ 또는 $x=-2$ 또는 $x^2-2x+4=0$

$\therefore x=1$ 또는 $x=-2$ 또는 $x=1\pm\sqrt{-3}$

$\therefore x=1$ 또는 $x=-2$ 또는 $x=1\pm\sqrt{3}i$

2) $f(x)=x^4-2x^3+x^2+2x-②\langle$ ①, 2 / ⊖1, −2

$f(1)=0,\ f(-1)=0$이므로

$f(x)$는 $(x-1)(x+1)$을 인수로 갖는다.

$\therefore f(x)=(x-1)(x+1)Q(x)$

이때, 몫 $Q(x)$는 조립제법으로 구한다.

| | | | | | |
|---|---|---|---|---|---|
| 1 | 1 | −2 | 1 | 2 | −2 |
| | | 1 | −1 | 0 | 2 |
| −1 | 1 | −1 | 0 | 2 | 0 |
| | | −1 | 2 | −2 | |
| | 1 | −2 | 2 | 0 | |

$Q(x)=x^2-2x+2$

$\therefore f(x)=(x-1)(x+1)(x^2-2x+2)$

따라서 주어진 방정식은

$(x-1)(x+1)(x^2-2x+2)=0$

$\therefore x-1=0$ or $x+1=0$ or $x^2-2x+2=0$

$\therefore x=1$ or $x=-1$ or $x=1\pm\sqrt{-1}$

$\therefore x=\pm1$ 또는 $x=1\pm i$

3) $x(2x^3-5x^2+6x-3)=0$이므로

$f(x)=2x^3-5x^2+6x-3$이라 하면

$f(x)=2x^3-5x^2+6x-③\langle$ ①, 3 / −1, −3

$f(1)=2-5+6-3=0$이므로

$f(x)$는 $x-1$을 인수로 갖는다.

$xf(x)=x(x-1)Q(x)$ 꼴에서

$x(2x^3-5x^2+6x-3)=x(x-1)(2x^2+ax+3)$ (위: $3x$, 아래: $-ax$)

$6x=3x-ax \quad \therefore a=-3$

따라서 주어진 방정식은

$x(x-1)(2x^2-3x+3)=0$

$\therefore x=0$ 또는 $x-1=0$ 또는 $2x^2-3x+3=0$

$\therefore x=0$ 또는 $x=1$ 또는 $x=\dfrac{3\pm\sqrt{-15}}{4}$

정답 1) $x=1$ 또는 $x=-2$ 또는 $x=1\pm\sqrt{3}i$

2) $x=\pm1$ 또는 $x=1\pm i$

3) $x=0$ 또는 $x=1$ 또는 $x=\dfrac{3\pm\sqrt{15}i}{4}$

## [줄기 1-3]

풀이 1) $(x^2-3x-1)(x^2-3x+2)=10$에서

$x^2-3x=t$라 하면

$(t-1)(t+2)=10,\ t^2+t-12=0$

$(t+4)(t-3)=0$

$(x^2-3x+4)(x^2-3x-3)=0$

$\therefore x^2-3x+4=0$ 또는 $x^2-3x-3=0$

$\therefore x=\dfrac{3\pm\sqrt{-7}}{2}$ 또는 $x=\dfrac{3\pm\sqrt{21}}{2}$

2) $(x+2)(x+3)(x+3)(x+4)=90$에서

두 개씩 짝을 지어 공통부분을 찾는다.

$\{(x+2)(x+4)\}\{(x+3)(x+3)\}=90$

$(x^2+6x+8)(x^2+6x+9)=90$

$x^2+6x=t$라 하면

$(t+8)(t+9)=90,\ t^2+17t-18=0$

$(t+18)(t-1)=0$

$(x^2+6x+18)(x^2+6x-1)=0$

$\therefore x^2+6x+18=0$ 또는 $x^2+6x-1=0$

$\therefore x=-3\pm\sqrt{-9}$ 또는 $x=-3\pm\sqrt{10}$

정답 1) $x=\frac{3\pm\sqrt{7}i}{2}$ 또는 $x=\frac{3\pm\sqrt{21}}{2}$

2) $x=-3\pm3i$ 또는 $x=-3\pm\sqrt{10}$

## [줄기 1-4]

핵심 짝수 차수의 항만으로 이루어진 사차방정식이므로 복이차방정식이다.

풀이 1) $2x^4+x^2-3=0$에서 $x^2=t$라 하면

$2t^2+t-3=0,\quad (t-1)(2t+3)=0$

$\therefore t=1$ 또는 $t=-\frac{3}{2}$

즉, $x^2=1$ 또는 $x^2=-\frac{3}{2}$

$\therefore x=\pm1$ 또는 $x=\pm\sqrt{-\frac{3}{2}}$

$\therefore x=\pm1$ 또는 $x=\pm\sqrt{\frac{3}{2}}i=\pm\frac{\sqrt{3}}{\sqrt{2}}i$

2) $x^4-3x^2+9=0$에서 $x^2=t$로 치환해서는 인수분해가 되지 않으므로

$A^2-B^2=0$ 꼴로 변형한다.

$(x^4-6x^2+9)+3x^2=0\ (\times)$

$(x^4+6x^2+9)-9x^2=0\ (\bigcirc)$

$(x^2+3)^2-(3x)^2=0$

$\{(x^2+3)-3x\}\{(x^2+3)+3x\}=0$

$(x^2-3x+3)(x^2+3x+3)=0$

$\therefore x^2-3x+3=0$ 또는 $x^2+3x+3=0$

$\therefore x=\frac{3\pm\sqrt{-3}}{2}$ 또는 $x=\frac{-3\pm\sqrt{-3}}{2}$

$\therefore x=\frac{3\pm\sqrt{3}i}{2}$ 또는 $x=\frac{-3\pm\sqrt{3}i}{2}$

3) $x^4+64=0$에서 $x^2=t$로 치환해서는 인수분해가 되지 않으므로

$A^2-B^2=0$ 꼴로 변형한다.

$(x^4-16x^2+64)+16x^2=0\ (\times)$

$(x^4+16x^2+64)-16x^2=0\ (\bigcirc)$

$(x^2+8)^2-(4x)^2=0$

$\{(x^2+8)-4x\}\{(x^2+8)+4x\}=0$

$(x^2-4x+8)(x^2+4x+8)=0$

$\therefore x^2-4x+8=0$ 또는 $x^2+4x+8=0$

$\therefore x=2\pm2i$ 또는 $x=-2\pm2i$

4) $x^4-3x^2+1=0$에서 $x^2=t$로 치환해서는 인수분해가 되지 않으므로

$A^2-B^2=0$ 꼴로 변형한다.

「비추」 방법 I

$(x^4+2x^2+1)-5x^2=0$

$(x^2+1)^2-(\sqrt{5}x)^2=0\ (\triangle)$

$\{(x^2+1)-\sqrt{5}x\}\{(x^2+1)+\sqrt{5}x\}=0$

$(x^2-\sqrt{5}x+1)(x^2+\sqrt{5}x+1)=0$

$\therefore x^2-\sqrt{5}x+1=0$ or $x^2+\sqrt{5}x+1=0$

$\therefore x=\frac{\sqrt{5}\pm1}{2}$ 또는 $x=\frac{-\sqrt{5}\pm1}{2}$

「강추」 방법 II

$(x^4-2x^2+1)-x^2=0$

$(x^2-1)^2-x^2=0\ (\bigcirc)$

$\{(x^2-1)-x\}\{(x^2-1)+x\}=0$

$(x^2-x-1)(x^2+x-1)=0$

$\therefore x^2-x-1=0$ 또는 $x^2+x-1=0$

$\therefore x=\frac{1\pm\sqrt{5}}{2}$ 또는 $x=\frac{-1\pm\sqrt{5}}{2}$

참고 4) 인수분해할 때, 특별한 언급이 없으면 계수의 범위를 유리수로 한정한다.
[p.70 뿌리 2-7)의 3)번]

정답 1) $x=\pm1$ 또는 $x=\pm\frac{\sqrt{6}}{2}i$

2) $x=\frac{3\pm\sqrt{3}i}{2}$ 또는 $x=\frac{-3\pm\sqrt{3}i}{2}$

3) $x=2\pm2i$ 또는 $x=-2\pm2i$

4) $x=\frac{1\pm\sqrt{5}}{2}$ 또는 $x=\frac{-1\pm\sqrt{5}}{2}$

## [줄기 1-5]

풀이 $3x^3-kx^2+x-2=0$의 한 근이 $-1$이므로

$-3-k-1-2=0\quad \therefore k=-6\ \cdots㉠$

$\therefore 3x^3+6x^2+x-2=0$

$f(x)=3x^3+6x^2+x-2$라 하면

$f(-1)=0$이므로 조립제법을 이용하면

| $-1$ | 3 | 6 | 1 | $-2$ |
|---|---|---|---|---|
| | | $-3$ | $-3$ | 2 |
| | 3 | 3 | $-2$ | 0 |

$f(x)=(x+1)(3x^2+3x-2)$

$\therefore (x+1)(3x^2+3x-2)=0$

이때, $\alpha, \beta$는 $3x^2+3x-2=0$의 두 근이므로

근과 계수의 관계에 의하여

$\alpha\beta=\frac{-2}{3}$

$\therefore k+\alpha\beta=-6+\left(-\frac{2}{3}\right)=-\frac{20}{3}$

정답 $-\frac{20}{3}$

## [줄기 1-6]

풀이 $x^3+3x^2-(k+4)x+k=0$에서

$f(x)=x^3+3x^2-(k+4)x+k$로 놓으면

$f(1)=1+3-k-4+k=0$이므로

조립제법을 이용하여 $f(x)$를 인수분해하면

$$\begin{array}{c|cccc} 1 & 1 & 3 & -(k+4) & k \\ & & 1 & 4 & -k \\ \hline & 1 & 4 & -k & \boxed{0} \end{array}$$

$f(x)=(x-1)(x^2+4x-k)$

이때, 방정식 $f(x)=0$의 서로 다른 두 허근을 가지려면 이차방정식 $x^2+4x-k=0$이 허근을 가져야 하므로 판별식을 $D$라 하면

$\frac{D}{4}=2^2-(-k)<0 \quad \therefore k<-4$

따라서 구하는 실수 $k$의 값의 범위는 $k<-4$

정답 $k<-4$

## [줄기 2-1]

풀이 삼차방정식의 근과 계수의 관계에 의하여

$\alpha+\beta+\gamma=-2,\ \alpha\beta+\beta\gamma+\gamma\alpha=0,$

$\alpha\beta\gamma=-3$

1) $(\alpha+\beta+\gamma)^2=\alpha^2+\beta^2+\gamma^2+2(\alpha\beta+\beta\gamma+\gamma\alpha)$

$(-2)^2=\alpha^2+\beta^2+\gamma^2+2\cdot 0$

$\therefore \alpha^2+\beta^2+\gamma^2=4$

$\frac{\gamma}{\alpha\beta}+\frac{\alpha}{\beta\gamma}+\frac{\beta}{\gamma\alpha}=\frac{\gamma^2+\alpha^2+\beta^2}{\alpha\beta\gamma}$

$=\frac{\alpha^2+\beta^2+\gamma^2}{\alpha\beta\gamma}$

$=-\frac{4}{3}$

방법 I 2) $(\alpha+\beta)(\beta+\gamma)(\gamma+\alpha)$

$=(\alpha+\beta+\gamma)(\alpha\beta+\beta\gamma+\gamma\alpha)-\alpha\beta\gamma$

$=(-2)\cdot 0-(-3)=3$

방법 II 2) $\alpha+\beta+\gamma=-2$에서

$\alpha+\beta=-2-\gamma,\ \beta+\gamma=-2-\alpha,$

$\gamma+\alpha=-2-\beta$이므로

$(\alpha+\beta)(\beta+\gamma)(\gamma+\alpha)$

$=(-2-\gamma)(-2-\alpha)(-2-\beta)$

$=-\{(2+\alpha)(2+\beta)(2+\gamma)\}$

$=-\{2^3+(\alpha+\beta+\gamma)\cdot 2^2+(\alpha\beta+\beta\gamma+\gamma\alpha)\cdot 2+\alpha\beta\gamma\}$

$=-\{8+(-2)\cdot 4+0\cdot 2-3\}=3$

3) $(\alpha^3-\alpha^2)(\beta^3-\beta^2)(\gamma^3-\gamma^2)$

$=\alpha^2(\alpha-1)\beta^2(\beta-1)\gamma^2(\gamma-1)$

$=(\alpha\beta\gamma)^2(-1+\alpha)(-1+\beta)(-1+\gamma)$

$=(-3)^2\{(-1)^3+(\alpha+\beta+\gamma)(-1)^2+(\alpha\beta+\beta\gamma+\gamma\alpha)(-1)+\alpha\beta\gamma\}$

$=9\{-1+(-2)\cdot 1+0\cdot(-1)+(-3)\}$

$=-54$

정답 1) $-\frac{4}{3}$ 2) 3 3) $-54$

## [줄기 2-2]

풀이 $x^3-6x+4=0$의 세 근이 $\alpha, \beta, \gamma$이므로

근과 계수의 관계에 의하여

$\alpha+\beta+\gamma=0,\ \alpha\beta+\beta\gamma+\gamma\alpha=-6,\ \alpha\beta\gamma=-4$

구하는 삼차방정식의 세 근이 $\alpha^2,\ \beta^2,\ \gamma^2$이므로

$\alpha^2+\beta^2+\gamma^2=(\alpha+\beta+\gamma)^2-2(\alpha\beta+\beta\gamma+\gamma\alpha)$

$=0-2\cdot(-6)=12$ (모두 합)

$\alpha^2\beta^2+\beta^2\gamma^2+\gamma^2\alpha^2$

$=(\alpha\beta+\beta\gamma+\gamma\alpha)^2-2(\alpha\beta^2\gamma+\alpha\beta\gamma^2+\alpha^2\beta\gamma)$

$=(-6)^2-2\alpha\beta\gamma(\beta+\gamma+\alpha)$

$=(-6)^2-2\cdot(-4)\cdot 0=36$ (곱의 합)

$\alpha^2\beta^2\gamma^2=(\alpha\beta\gamma)^2=(-4)^2=16$ (모두 곱)

이때, $x^3$의 계수가 1인 삼차방정식은

$x^3-$(모두 합)$x^2+$(곱의 합)$x-$(모두 곱)$=0$

$x^3-12x^2+36x-16=0$ ⋯㉠

정답 $x^3-12x^2+36x-16=0$

**[줄기 2-3]**

풀이 $a, b$가 실수이므로 $x^3+4x^2-ax-b=0$의 계수는 모두 실수이다. 따라서 한 근이 $1+2i$이면 켤레근 $1-2i$도 근이다.
나머지 한 근을 $\alpha$라 하면 삼차방정식의 근과 계수의 관계에 의하여
$(1+2i)+(1-2i)+\alpha=-4 \quad \therefore \alpha=-6$
$(1+2i)(1-2i)+(1-2i)\alpha+\alpha(1+2i)=-a$
$\therefore 5+2\alpha=-a \quad \therefore a=-2\alpha-5 \cdots$ ㉠
$(1+2i)(1-2i)\alpha=b \quad \therefore b=5\alpha \cdots$ ㉡
$\alpha=-6$을 ㉠, ㉡에 대입하면
$a=7,\ b=-30$

정답 $a=7,\ b=-30$

**[줄기 2-4]**

풀이 $a, b$가 유리수이므로 $x^3+ax^2-b=0$의 계수는 모두 유리수이다. 따라서 한 근이 $3-\sqrt{3}$이면 켤레근 $3+\sqrt{3}$도 근이다.
나머지 한 근을 $\alpha$라 하면 삼차방정식의 근과 계수의 관계에 의하여
$(3-\sqrt{3})+(3+\sqrt{3})+\alpha=-a$
$\therefore 6+\alpha=-a \quad \therefore a=-\alpha-6 \cdots$ ㉠
$(3-\sqrt{3})(3+\sqrt{3})+(3+\sqrt{3})\alpha+\alpha(3-\sqrt{3})=0$
$\therefore 6+6\alpha=0 \quad \therefore \alpha=-1$
$(3-\sqrt{3})(3+\sqrt{3})\alpha=b \quad \therefore b=6\alpha \cdots$ ㉡
$\alpha=-1$을 ㉠, ㉡에 대입하면
$a=-5,\ b=-6$

정답 $a=-5,\ b=-6$

**[줄기 2-5]**

풀이 $f(x)=x^3+ax^2+bx+c$ ($a, b, c$는 실수)라 하면 계수가 모두 실수이므로 한 근이 $-1+2i$이면 켤레근 $-1-2i$도 근이다.
나머지 한 근이 3이므로 삼차방정식의 근과 계수의 관계에 의하여
$(-1+2i)+(-1-2i)+3=-a$
$\therefore a=-1$
$(-1+2i)(-1-2i)+3(-1-2i)+3(-1+2i)=b$
$\therefore b=-1$
$3(-1+2i)(-1-2i)=-c$
$\therefore c=-15$
따라서 $f(x)=x^3-x^2-x-15$이므로
$f(-1)=-1-1+1-15=-16$

주의
$2i-1$의 켤레근은 $2i+1$ (×)
$2i-1$의 켤레근은 $-2i-1$ (○)

정답 $-16$

**[줄기 3-1]**

풀이 $x+\frac{1}{x}=-1$ ⇨ 양변에 $x$를 곱하면

분모는 0이 될 수 없다. [p.31]
$\therefore x\neq 0$이므로 양변에 $x$를 곱할 수 있다.

$x^2+1=-x \quad \therefore x^2+x+1=0$

$x^2+1x+1=0$의 두 근은 $\omega, \overline{\omega}$이다.
$\therefore \omega^2+\omega+1=0,\ \overline{\omega}^2+\overline{\omega}+1=0 \cdots$ ㉠
$\therefore \omega+\overline{\omega}=-1,\ \omega\overline{\omega}=1 \cdots$ ㉡
$x^3=+1$의 세 근은 $1, \omega, \overline{\omega}$이다.
$\therefore \omega^3=1,\ \overline{\omega}^3=1 \cdots$ ㉢

1) $\frac{\omega^{100}}{1+\omega^{101}}+\frac{\overline{\omega}^{104}}{1+\overline{\omega}^{106}}$
$=\frac{(\omega^3)^{33}\omega}{1+(\omega^3)^{33}\omega^2}+\frac{(\overline{\omega}^3)^{34}\overline{\omega}^2}{1+(\overline{\omega}^3)^{35}\overline{\omega}}$
$=\frac{\omega}{1+\omega^2}+\frac{\overline{\omega}^2}{1+\overline{\omega}}$ ($\because$ ㉢)
$=\frac{\omega}{-\omega}+\frac{\overline{\omega}^2}{-\overline{\omega}^2}$ ($\because$ ㉠)
$=-2$

2) $\omega\overline{\omega}=1$이므로 $\overline{\omega}=\frac{1}{\omega},\ \omega=\frac{1}{\overline{\omega}} \cdots$ ㉣을
결과식에 대입하여 분수 꼴을 없앤다.
($\because$ 분수가 있으면 계산이 힘들다.)

방법 I $\omega^2+\frac{1}{\omega}+\overline{\omega}^2+\frac{1}{\overline{\omega}}$
$=\omega^2+\overline{\omega}+\overline{\omega}^2+\omega$ ($\because$ ㉣)
$=(\omega^2+\omega)+(\overline{\omega}^2+\overline{\omega})$
$=(-1)+(-1)=-2$ ($\because$ ㉠)

방법 II $\omega^2+\frac{1}{\omega}+\bar{\omega}^2+\frac{1}{\bar{\omega}}$

$=\omega^2+\bar{\omega}+\bar{\omega}^2+\omega$ ($\because$ ㉣)

$=(\omega^2+\bar{\omega}^2)+(\omega+\bar{\omega})$

$=(\omega+\bar{\omega})^2-2\omega\bar{\omega}+(\omega+\bar{\omega})$

$=(-1)^2-2\cdot 1+(-1)=-2$ ($\because$ ㉡)

방법 III $\omega^2+\frac{1}{\omega}+\bar{\omega}^2+\frac{1}{\bar{\omega}}$

$=\omega^2+\bar{\omega}+\bar{\omega}^2+\omega$ ($\because$ ㉣)

$=(-\omega-1)+\bar{\omega}+(-\bar{\omega}-1)+\omega$ ($\because$ ㉠)

$=-2$

2) $\omega^2+\frac{1}{\omega}+\bar{\omega}^2+\frac{1}{\bar{\omega}}$

$=\frac{\omega^3+1}{\omega}+\frac{\bar{\omega}^3+1}{\bar{\omega}}=\frac{2}{\omega}+\frac{2}{\bar{\omega}}$ ($\because$ ㉢)

$=\frac{2\bar{\omega}+2\omega}{\omega\bar{\omega}}=\frac{2(\omega+\bar{\omega})}{\omega\bar{\omega}}=\frac{2\cdot(-1)}{1}$ ($\because$ ㉡)

$=-2$

3) $\frac{(3\omega+2)(\overline{3\omega+2})}{(\omega-1)(\overline{\omega-1})}=\frac{(3\omega+2)(3\bar{\omega}+2)}{(\omega-1)(\bar{\omega}-1)}$

$=\frac{9\omega\bar{\omega}+6(\omega+\bar{\omega})+4}{\omega\bar{\omega}-(\omega+\bar{\omega})+1}$

$=\frac{7}{3}$ ($\because$ ㉡)

정답 1) $-2$ 2) $-2$ 3) $\frac{7}{3}$

## 풀이 잎 문제

### 잎 7-1

풀이 $f(x)=x^4+ax^2+b$라 할 때, $f(x)$가 $(x-1)(x-\sqrt{2})$로 나누어떨어지므로 $f(1)=0$, $f(\sqrt{2})=0$이다.

$x=1$, $x=\sqrt{2}$를 각각 $f(x)$에 대입하면

$1+a+b=0$, $4+2a+b=0$

이 두 식을 연립하여 풀면 $a=-3$, $b=2$

$x^4-3x^2+2=0$, $(x^2-1)(x^2-2)=0$

$\therefore x^2-1=0$ 또는 $x^2-2=0$

$\therefore x=\pm 1$ 또는 $x=\pm\sqrt{2}$

$\therefore$ (네 근의 곱)$=1\cdot(-1)\cdot\sqrt{2}\cdot(-\sqrt{2})=2$

정답 ④

### 잎 7-2

풀이 $x^3+ax^2+bx+c=0$의 세 근이 $\alpha, \beta, \gamma$이므로 근과 계수의 관계에 의하여

$\alpha+\beta+\gamma=-a$, $\alpha\beta+\beta\gamma+\gamma\alpha=b$, $\alpha\beta\gamma=-c$

$x^3-2x^2+3x-1=0$의 세 근이

$\frac{1}{\alpha\beta}, \frac{1}{\beta\gamma}, \frac{1}{\gamma\alpha}$이므로 근과 계수의 관계에서

$\frac{1}{\alpha\beta}+\frac{1}{\beta\gamma}+\frac{1}{\gamma\alpha}=\frac{\gamma+\alpha+\beta}{\alpha\beta\gamma}=\frac{-a}{-c}=\frac{a}{c}=2 \cdots$ ㉠

$\frac{1}{\alpha\beta}\cdot\frac{1}{\beta\gamma}+\frac{1}{\beta\gamma}\cdot\frac{1}{\gamma\alpha}+\frac{1}{\gamma\alpha}\cdot\frac{1}{\alpha\beta}$

$=\frac{1}{\alpha\beta^2\gamma}+\frac{1}{\alpha\beta\gamma^2}+\frac{1}{\alpha^2\beta\gamma}$

$=\frac{\alpha\gamma+\alpha\beta+\beta\gamma}{\alpha^2\beta^2\gamma^2}=\frac{b}{(-c)^2}=\frac{b}{c^2}=3 \cdots$ ㉡

$\frac{1}{\alpha\beta}\cdot\frac{1}{\beta\gamma}\cdot\frac{1}{\gamma\alpha}=\frac{1}{\alpha^2\beta^2\gamma^2}=\frac{1}{(\alpha\beta\gamma)^2}=\frac{1}{c^2}=1$

$\therefore c^2=1 \cdots$ ㉢

㉠에서 $\frac{a}{c}=2$, $\frac{a^2}{c^2}=4$ $\quad\therefore a^2=4$ ($\because$ ㉢)

㉡에서 $\frac{b}{c^2}=3$ $\quad\therefore b=3$ ($\because$ ㉢) $\quad\therefore b^2=9$

$\therefore a^2+b^2+c^2=4+9+1=14$

정답 ①

### 잎 7-3

핵심 연속하는 세 자연수를 $n-1$, $n$, $n+1\,(n\ge 2)$로 놓는다.

주의 연속하는 세 자연수를 $n$, $n+1$, $n+2\,(n\ge 1)$로 놓으면 계산이 상당히 귀찮아진다.

풀이 $x^3-ax^2+74x-b=0$의 세 근을 $n-1$, $n$, $n+1\,(n\ge 2)$이라 하면 근과 계수의 관계에서

$(n-1)+n+(n+1)=a \cdots$ ㉠

$(n-1)n+n(n+1)+(n+1)(n-1)=74 \cdots$ ㉡

$(n-1)n(n+1)=b \cdots$ ㉢

㉡에서 $3n^2-1=74$, $n^2=25$

$\therefore n=5\,(n\ge 2)$

$n=5$을 ㉠, ㉢에 각각 대입하면

$a=15$, $b=120$

정답 $a=15$, $b=120$

## 잎 7-4

**핵심** 두 근의 합이 0이므로 두 근을 $\alpha, -\alpha$로 놓는다.

**풀이** 주어진 삼차방정식의 두 근의 합이 0이므로 세 근을 $\alpha, -\alpha, \gamma$라 하면 삼차방정식의 근과 계수의 관계에 의하여

$\alpha+(-\alpha)+\gamma=-a \quad \therefore \gamma=-a \cdots$ ㉠

$\alpha(-\alpha)+(-\alpha)\gamma+\gamma\alpha=b, \ -\alpha^2=b$

$\therefore \alpha^2=-b \cdots$ ㉡

$\alpha(-\alpha)\gamma=-c \quad \therefore \alpha^2\gamma=c \cdots$ ㉢

㉠, ㉡을 ㉢에 대입하면

$(-b)(-a)=c \quad \therefore ab=c$

**정답** ②

## 잎 7-5

**핵심** 세 근이 모두 2보다 큰 홀수이므로 세 근은 자연수이다.
⇨ 자연수들의 곱의 값을 소인수분해하면 어떤 자연수들의 곱인지 알 수 있다.

**풀이** $x^3+px^2+qx-165=0$의 세 근을 $\alpha, \beta, \gamma$라 하면

$\alpha\beta\gamma=165 \quad \therefore \alpha\beta\gamma=3\times5\times11$

세 근은 2보다 큰 홀수이므로 세 근은 3, 5, 11이다.

따라서 삼차방정식의 근과 계수의 관계에서

$3+5+11=-p \quad \therefore p=-19$

$3\cdot5+5\cdot11+11\cdot3=q \quad \therefore q=103$

**정답** $p=-19, \ q=103$

## 잎 7-6

**풀이** 1) $x^3$의 계수가 1인 삼차식 $Q(x)$에 대하여 $Q(1)=Q(3)=Q(4)=0$이므로 인수정리에 의하여

$Q(x)=(x-1)(x-3)(x-4)$

$(x-1)(x-3)(x-4)=0$을 정리하면

$x^3-8x^2+19x-12=0$

따라서 $Q(x)=0$의 모든 근의 곱은 12

2) $x^3$의 계수가 1인 삼차식 $Q(x)$에 대하여 $Q(1)=Q(3)=Q(4)=-5$이므로 나머지정리에 의하여

$Q(x)=(x-1)(x-3)(x-4)-5$

$(x-1)(x-3)(x-4)-5=0$을 정리하면

$x^3-8x^2+19x-17=0$

따라서 $Q(x)=0$의 모든 근의 곱은 17

3) $f(x^2)=x^3f(x+3)$
$\qquad +6x^2(x+3)(x-1)(x-3) \cdots$ ㉠

최고차항의 계수가 1인 다항식 $f(x)$가 $n$차식이라 하면 좌변은 $2n$차식이고 우변은 $(n+3)$차식 또는 5차식이므로

$2n=n+3$ 또는 $2n=5$

$\therefore n=3$ 또는 $n=\dfrac{5}{2}$

그런데 $n$은 자연수이므로 $n=3$

㉠의 양변에 $x=0$을 대입하면 $f(0)=0$

㉠의 양변에 $x=-3$을 대입하면 $f(9)=0$

㉠의 양변에 $x=3$을 대입하면

$0=27f(6) \quad \therefore f(6)=0$

따라서 $f(x)$는 $x, \ x-9, \ x-6$을 인수로 갖고 최고차항의 계수가 1인 삼차식이므로

$f(x)=x(x-6)(x-9)$

4) $f(x^2+2x)=x^2f(x)+8x+8 \cdots$ ㉠

$f(x)$가 최고차항의 계수가 $a$인 $n$차의 다항식이라 하면 $f(x)=ax^n+\cdots$ 꼴이므로

좌변은

$f(x^2+2x)=a(x^2+2x)^n+\cdots=ax^{2n}+\cdots$

우변은

$x^2f(x)+8x+8=ax^{n+2}+\cdots$

㉠에서 양변의 최고차항이 일치하므로

$ax^{2n}=ax^{n+2}, \quad 2n=n+2 \quad \therefore n=2$

㉠의 양변에 $x=0$을 대입하면 $f(0)=8$

㉠의 양변에 $x=-2$를 대입하면

$8=4f(-2)-8 \quad \therefore f(-2)=4$

$f(x)=ax^2+bx+c$ ($a, b, c$는 상수)라 하면

$f(0)=0+0+c=8 \quad \therefore c=8$

$f(-2)=4a-2b+8=4 \quad \therefore b=2a+2$

즉 $f(x)=ax^2+(2a+2)x+8$이므로

$f(x^2+2x)=a(x^2+2x)^2+(2a+2)(x^2+2x)+8$
$\qquad =ax^4+4ax^3+(6a+2)x^2+(4a+4)x+8 \cdots$ ㉢

$x^2f(x)+8x+8=ax^4+(2a+2)x^3+8x^2+8x+8 \cdots$ ㉣

㉠에서 ㉢=㉣이므로

$4a=2a+2, \ 6a+2=8, \ 4a+4=8$

$\therefore a=1, \ b=4, \ c=8$

$\therefore f(x)=x^2+4x+8$

따라서 $f(x)=0$, 즉 $x^2+4x+8=0$의 모든 근의 곱은 8

**정답** 1) 12 2) 17 3) $f(x)=x(x-6)(x-9)$ 4) 8

**잎 7-7**

**풀이** $(x-3)(x-1)(x+2)+1-x=0$을 정리하면

$x^3-2x^2-6x+7=0$

근과 계수의 관계에 의하여

$\alpha+\beta+\gamma=2,\ \alpha\beta+\beta\gamma+\gamma\alpha=-6,\ \alpha\beta\gamma=-7$

$\therefore \alpha^3+\beta^3+\gamma^3-3\alpha\beta\gamma$

$=(\alpha+\beta+\gamma)(\alpha^2+\beta^2+\gamma^2-\alpha\beta-\beta\gamma-\gamma\alpha)$

$=(\alpha+\beta+\gamma)\{(\alpha+\beta+\gamma)^2-3(\alpha\beta+\beta\gamma+\gamma\alpha)\}$

$\therefore \alpha^3+\beta^3+\gamma^3-3\cdot(-7)=2\cdot\{2^2-3\cdot(-6)\}$

$\therefore \alpha^3+\beta^3+\gamma^3=23$

**정답** ②

**잎 7-8**

**풀이** $f(x)=x^3-4x^2+4x-③ \left\langle \begin{matrix} 1,\ ③ \\ -1,\ -3 \end{matrix} \right.$

$f(3)=27-36+12-3=0$이므로 조립제법을 이용하여 $f(x)$를 인수분해하면

| 3 | 1 | −4 | 4 | −3 |
|---|---|---|---|---|
| | | 3 | −3 | 3 |
| | 1 | −1 | 1 | 0 |

$f(x)=(x-3)(x^2-x+1)$

따라서 주어진 방정식은

$(x-3)(x^2-x+1)=0$이므로 한 허근 $\alpha$는 $x^2-x+1=0$의 근이다.

이때, $x^2-x+1=0$의 계수가 모두 실수이므로 한 허근이 $\alpha$이면 켤레근 $\overline{\alpha}$도 근이다.

따라서 이차방정식의 근과 계수의 관계에 의하여

$\alpha+\overline{\alpha}=1,\ \alpha\overline{\alpha}=1$

$\therefore \dfrac{\overline{\alpha}}{\alpha}+\dfrac{\alpha}{\overline{\alpha}}=\dfrac{\overline{\alpha}^2+\alpha^2}{\alpha\overline{\alpha}}=\dfrac{(\alpha+\overline{\alpha})^2-2\alpha\overline{\alpha}}{\alpha\overline{\alpha}}$

$=\dfrac{1^2-2\cdot1}{1}=-1$

**정답** $-1$

**잎 7-9**

**풀이** $P(x)=x^3-ax^2+bx-c$의 계수는 모두 실수이다. ($\because a, b, c$가 실수)

$P(x)$의 계수가 실수이므로 $P(x)=0$의 한 근이 $2+i$이면 켤레근 $2-i$도 근이다.

따라서 두 근의 합은 4, 두 근의 곱은 5이다.

$\therefore P(x)$는 $x^2-4x+5$를 인수로 갖는다.

또 다른 나머지 한 근을 $\alpha$라 하면

$\therefore P(x)=(x^2-4x+5)(x-\alpha)$

이때, 조건 (나)에서 나머지정리에 의하여

$P(1)=1$이므로 $2(1-\alpha)=1 \quad \therefore \alpha=\dfrac{1}{2}$

$\therefore P(x)=(x^2-4x+5)\left(x-\dfrac{1}{2}\right)$

$=x^3-\dfrac{9}{2}x^2+7x-\dfrac{5}{2}$

따라서 $a=\dfrac{9}{2},\ b=7,\ c=\dfrac{5}{2}$

**정답** $a=\dfrac{9}{2},\ b=7,\ c=\dfrac{5}{2}$

**잎 7-10**

**풀이** $x^4-x^3+ax+b=0$의 두 근이 $1,\ -2$이므로 $x=1,\ x=-2$를 각각 대입하면

$1-1+a+b=0 \quad \therefore a+b=0 \cdots ㉠$

$16-(-8)-2a+b=0 \quad \therefore 2a-b=24 \cdots ㉡$

㉠, ㉡을 연립하여 풀면 $a=8,\ b=-8$

즉, $x^4-x^3+8x-8=0$에서

$f(x)=x^4-x^3+8x-⑧ \left\langle \begin{matrix} ①,\ 2,\ 4,\ 8 \\ -1,\ (-2),\ -4,\ -8 \end{matrix} \right.$

$f(1)=0,\ f(-2)=0$이므로

| 1 | 1 | −1 | 0 | 8 | −8 |
|---|---|---|---|---|---|
| | | 1 | 0 | 0 | 8 |
| −2 | 1 | 0 | 0 | 8 | 0 |
| | | −2 | 4 | −8 | |
| | 1 | −2 | 4 | 0 | |

$f(x)=(x-1)(x+2)(x^2-2x+4)$

따라서 주어진 방정식은

$(x-1)(x+2)(x^2-2x+4)=0$

이때, $x^2-2x+4=0$의 두 근이 $\alpha, \beta$이므로

$\alpha+\beta=2,\ \alpha\beta=4$

$\therefore \alpha^4+\beta^4=(\alpha^2+\beta^2)^2-2\alpha^2\beta^2$

$=\{(\alpha+\beta)^2-2\alpha\beta\}^2-2(\alpha\beta)^2$

$=(2^2-2\cdot4)^2-2\cdot4^2=-16$

$\therefore |\alpha^4+\beta^4|=|-16|=16$

**정답** 16

## 잎 7-11

**풀이** $a, b$가 유리수이므로 $x^3-ax^2+bx+1=0$의 계수는 모두 유리수이다. 따라서 한 근이 $-1+\sqrt{2}$ 이면 켤레근 $-1-\sqrt{2}$ 도 근이다.
나머지 한 근을 $\alpha$라 하면 근과 계수의 관계에서
$(-1+\sqrt{2})+(-1-\sqrt{2})+\alpha=a$
$\therefore a=-2+\alpha \cdots$ ㉠
$(-1+\sqrt{2})(-1-\sqrt{2})+(-1-\sqrt{2})\alpha$
$+\alpha(-1+\sqrt{2})=b$
$\therefore b=-1-2\alpha \cdots$ ㉡
$(-1+\sqrt{2})(-1-\sqrt{2})\alpha=-1 \quad \therefore \alpha=1$
따라서 $\alpha=1$을 ㉠, ㉡에 대입하면
$a=-1,\ b=-3$

**정답** $a=-1,\ b=-3$

## 잎 7-12

**풀이** $a, b, c$가 실수이므로 $x^3+ax^2+bx+c=0$의 계수는 모두 실수이다. 따라서 한 근이 $1-\sqrt{2}i$이면 켤레근 $1+\sqrt{2}i$도 근이다.
나머지 한 근을 $\alpha$라 하면 근과 계수의 관계에서
$(1-\sqrt{2}i)+(1+\sqrt{2}i)+\alpha=-a$
$\therefore a=-2-\alpha \cdots$ ㉠
$(1-\sqrt{2}i)(1+\sqrt{2}i)+(1+\sqrt{2}i)\alpha$
$+\alpha(1-\sqrt{2}i)=b$
$\therefore b=3+2\alpha \cdots$ ㉡
$(1-\sqrt{2}i)(1+\sqrt{2}i)\alpha=-c$
$\therefore c=-3\alpha \cdots$ ㉢
이때 $x^3+ax^2+bx+c=0,\ x^2+ax+2=0$의 공통근이 한 개인데 두 방정식의 계수가 실수이므로 허근을 공통근으로 가지면 켤레근도 반드시 근으로 가지게 되어 공통근이 2개가 된다. 따라서 $\alpha$를 공통근으로 갖는다.
$x^2+ax+2=0$에 $x=\alpha$를 대입하면
$\alpha^2+a\alpha+2=0$
이 식에 $a=-(\alpha+2) \cdots$ ㉠를 대입하면
$\alpha^2-(\alpha+2)\alpha+2=0 \quad \therefore \alpha=1$
따라서 $\alpha=1$을 ㉠, ㉡, ㉢에 대입하면
$a=-3,\ b=5,\ c=-3$

**정답** $a=-3,\ b=5,\ c=-3$

## 잎 7-13

**풀이** 방정식 $f(x)=0$의 세 근이 $\alpha, \beta, \gamma$, 즉 $f(\alpha)=0,\ f(\beta)=0,\ f(\gamma)=0$이므로
$f(x+1)=0$이려면
$x+1=\alpha$ 또는 $x+1=\beta$ 또는 $x+1=\gamma$
$f(x+1)=0$의 근은
$x=\alpha-1$ 또는 $x=\beta-1$ 또는 $x=\gamma-1$
$f(x+1)=0$의 세 근의 곱은
$(\alpha-1)(\beta-1)(\gamma-1)$
$=(-1+\alpha)(-1+\beta)(-1+\gamma)$
$=(-1)^3+(\alpha+\beta+\gamma)(-1)^2$
$+(\alpha\beta+\beta\gamma+\gamma\alpha)(-1)+\alpha\beta\gamma$
$=-1+(\alpha+\beta+\gamma+\alpha\beta\gamma)-(\alpha\beta+\beta\gamma+\gamma\alpha)$
$=-1+2-(-3)=4$

**정답** 4

## 잎 7-14

**풀이** 삼차방정식 $f(x)=0$의 세 근을 $\alpha, \beta, \gamma$라 하면 $\alpha+\beta+\gamma=6$이고
$f(\alpha)=0,\ f(\beta)=0,\ f(\gamma)=0$이므로
$f\left(\dfrac{3x+1}{2}\right)=0$이려면
$\dfrac{3x+1}{2}=\alpha$ 또는 $\dfrac{3x+1}{2}=\beta$ 또는 $\dfrac{3x+1}{2}=\gamma$
$f\left(\dfrac{3x+1}{2}\right)=0$의 근은
$x=\dfrac{2\alpha-1}{3}$ 또는 $x=\dfrac{2\beta-1}{3}$ 또는 $x=\dfrac{2\gamma-1}{3}$
$f\left(\dfrac{3x+1}{2}\right)=0$의 세 근의 합은
$$\frac{2\alpha-1}{3}+\frac{2\beta-1}{3}+\frac{2\gamma-1}{3}=\frac{2(\alpha+\beta+\gamma)-3}{3}$$
$$=\frac{2\cdot 6-3}{3}=3$$

**정답** 3

**잎 7-15**

풀이 삼차방정식 $x^3-4x^2+3x+2=0$의 세 근을 $\alpha, \beta, \gamma$이므로 삼차방정식의 근과 계수의 관계에 의하여

$\alpha+\beta+\gamma=4, \alpha\beta+\beta\gamma+\gamma\alpha=3, \alpha\beta\gamma=-2$

$\therefore \dfrac{1}{\alpha}+\dfrac{1}{\beta}+\dfrac{1}{\gamma}=\dfrac{\alpha\beta+\beta\gamma+\gamma\alpha}{\alpha\beta\gamma}=\dfrac{3}{-2}=-\dfrac{3}{2}$

$\dfrac{1}{\alpha}\cdot\dfrac{1}{\beta}+\dfrac{1}{\beta}\cdot\dfrac{1}{\gamma}+\dfrac{1}{\gamma}\cdot\dfrac{1}{\alpha}=\dfrac{\alpha+\beta+\gamma}{\alpha\beta\gamma}$

$=\dfrac{4}{-2}=-2$

$\dfrac{1}{\alpha}\cdot\dfrac{1}{\beta}\cdot\dfrac{1}{\gamma}=\dfrac{1}{\alpha\beta\gamma}=\dfrac{1}{-2}=-\dfrac{1}{2}$

따라서 $\dfrac{1}{\alpha}, \dfrac{1}{\beta}, \dfrac{1}{\gamma}$을 세 근으로 하고 $x^3$의 계수가 1인 삼차방정식은

$x^3+\dfrac{3}{2}x^2-2x+\dfrac{1}{2}=0$

정답 $x^3+\dfrac{3}{2}x^2-2x+\dfrac{1}{2}=0$

**잎 7-16**

풀이

$x^3=-1$의 세 근은 $-1, \alpha, \overline{\alpha}$이다. …㉠

$\therefore \alpha^3=-1, \overline{\alpha}^3=-1$ …Ⓐ

$x^2-1x+1=0$의 두 근은 $\alpha, \overline{\alpha}$이다.

$\therefore \alpha^2-\alpha+1=0, \overline{\alpha}^2-\overline{\alpha}+1=0$ …Ⓑ

$\therefore \alpha+\overline{\alpha}=1, \alpha\overline{\alpha}=1$ …Ⓒ

ㄱ. 참 ($\because$ Ⓑ)

ㄴ. 참 ($\because$ Ⓒ)

ㄷ. $\alpha^3+(\overline{\alpha})^3=(-1)+(-1)=-2$ ($\because$ Ⓐ)

$\alpha^2+(\overline{\alpha})^2=(\alpha+\overline{\alpha})^2-2\alpha\overline{\alpha}$

$=1^2-2\cdot1=-1$ ($\because$ Ⓒ)

$\therefore \alpha^3+(\overline{\alpha})^3\neq\alpha^2+(\overline{\alpha})^2$ (거짓)

정답 ㄱ. 참 ㄴ. 참 ㄷ. 거짓

**잎 7-17**

풀이

$x^3=+1$의 세 근은 $1, \omega, \overline{\omega}$이다. …㉠

$\therefore \omega^3=1, \overline{\omega}^3=1$ …Ⓐ

$x^2+1x+1=0$의 두 근은 $\omega, \overline{\omega}$이다.

$\therefore \omega^2+\omega+1=0, \overline{\omega}^2+\overline{\omega}+1=0$ …Ⓑ

$\therefore \omega+\overline{\omega}=-1, \omega\overline{\omega}=1$ …Ⓒ

ㄱ. $\omega^{10}=(\omega^3)^3\omega=\omega$ ($\because$ Ⓐ) (참)

ㄴ. $\dfrac{\omega^2}{1+\omega}+\dfrac{\overline{\omega}}{1+\overline{\omega}^2}=\dfrac{\omega^2}{-\omega^2}+\dfrac{\overline{\omega}}{-\overline{\omega}}$ ($\because$ Ⓑ)

$=(-1)+(-1)=-2$ (참)

ㄷ. Ⓒ $\omega\overline{\omega}=1$에서 $\overline{\omega}=\dfrac{1}{\omega}$ (거짓)

ㄹ. Ⓐ $\omega^3=1$에서 $\omega^2\omega=1$ $\quad \therefore \omega^2=\dfrac{1}{\omega}$

Ⓒ $\omega\overline{\omega}=1$에서 $\overline{\omega}=\dfrac{1}{\omega}$

$\dfrac{1}{\omega}$을 매개로 등식을 만들면 $\overline{\omega}=\omega^2=\dfrac{1}{\omega}$

$\therefore \overline{\omega}=\omega^2$ (참)

정답 ㄱ. 참 ㄴ. 참 ㄷ. 거짓 ㄹ. 참

CHAPTER 8 연립방정식

본문 p.182

**[줄기 1-1]**

풀이

$\begin{cases} 2x^2+xy+y^2=11 & \cdots ㉠ \\ x-y=1 & \cdots ㉡ \end{cases}$

㉡에서 $y=x-1$ …㉢

㉢을 ㉠에 대입하면

$2x^2+x(x-1)+(x-1)^2=11$

$4x^2-3x-10=0, (4x+5)(x-2)=0$

$\therefore x=\dfrac{-5}{4}$ 또는 $x=2$

i) $x=-\dfrac{5}{4}$를 ㉢에 대입하면 $y=-\dfrac{9}{4}$

ii) $x=2$를 ㉢에 대입하면 $y=1$

따라서 i), ii)에서 연립방정식의 해는

$\begin{cases} x=-\dfrac{5}{4} \\ y=-\dfrac{9}{4} \end{cases}$ 또는 $\begin{cases} x=2 \\ y=1 \end{cases}$

정답 풀이 참조

## [줄기 1-2]

**풀이** $\begin{cases} x^2-2y^2=xy & \cdots ㉠ \\ x^2-2xy+y^2=4 & \cdots ㉡ \end{cases}$

㉠을 (이차식)$=0$ 꼴로 만들면

$x^2-xy-2y^2=0,\quad (x+y)(x-2y)=0$

$\therefore x=-y$ 또는 $x=2y$

i) $x=-y$를 ㉡에 대입하면

$(-y)^2-2(-y)y+y^2=4$

$4y^2=4,\quad y^2=1\quad \therefore y=\pm 1$

$x=-y$이므로 $x=\mp 1,\ y=\pm 1$ (복부호 동순)

ii) $x=2y$를 ㉡에 대입하면

$4y^2-4y^2+y^2=4,\quad y^2=4\quad \therefore y=\pm 2$

$x=2y$이므로 $x=\pm 4,\ y=\pm 2$ (복부호 동순)

따라서 i), ii)에서 연립방정식의 해는

$\begin{cases} x=\pm 1 \\ y=\mp 1 \end{cases}$ 또는 $\begin{cases} x=\pm 4 \\ y=\pm 2 \end{cases}$ (복부호 동순)

**정답** $\begin{cases} x=\pm 1 \\ y=\mp 1 \end{cases}$ 또는 $\begin{cases} x=\pm 4 \\ y=\pm 2 \end{cases}$ (복부호 동순)

## [줄기 1-3]

**풀이** 1) $\begin{cases} x^2+y^2=34 & \cdots ㉠ \\ xy=15 & \cdots ㉡ \end{cases}$

$x+y=u$ (합의 값), $xy=v$ (곱의 값)라 하면

㉠에서 $x^2+y^2=(x+y)^2-2xy=34$

$\therefore u^2-2v=34 \cdots ㉢$

㉡에서 $v=15 \cdots ㉣$

㉣을 ㉢에 대입하면 $u^2=64\quad \therefore u=\pm 8$

$\therefore \begin{cases} u=8 \\ v=15 \end{cases}$ 또는 $\begin{cases} u=-8 \\ v=15 \end{cases}$

i) $u=8,\ v=15$, 즉 $x+y=8,\ xy=15$인 $x,\ y$를 두 근으로 하는 이차방정식은

$t^2-8t+15=0,\ (t-3)(t-5)=0$

$\therefore t=3$ 또는 $t=5$

$\therefore x=3,\ y=5$ 또는 $x=5,\ y=3$

ii) $u=-8,\ v=15$, 즉

$x+y=-8,\ xy=15$인 $x,\ y$를 두 근으로 하는 이차방정식은

$t^2+8t+15=0,\ (t+3)(t+5)=0$

$\therefore t=-3$ 또는 $t=-5$

$\therefore x=-3, y=-5$ 또는 $x=-5, y=-3$

i), ii)에서 구하는 연립방정식의 해는

$\begin{cases} x=3 \\ y=5 \end{cases}$ 또는 $\begin{cases} x=5 \\ y=3 \end{cases}$ 또는 $\begin{cases} x=-3 \\ y=-5 \end{cases}$ 또는 $\begin{cases} x=-5 \\ y=-3 \end{cases}$

2) $\begin{cases} x^2-xy+y^2=7 & \cdots ㉠ \\ x^2+y^2=10 & \cdots ㉡ \end{cases}$

$x+y=u,\ xy=v$라 하면

㉠에서 $(x+y)^2-3xy=7$

$\therefore u^2-3v=7 \cdots ㉢$

㉡에서 $(x+y)^2-2xy=10$

$\therefore u^2-2v=10 \cdots ㉣$

㉢$-$㉣을 하면 $-v=-3\quad \therefore v=3$

$v=3$을 ㉢에 대입하면 $u^2=16\ \therefore u=\pm 4$

$\therefore \begin{cases} u=4 \\ v=3 \end{cases}$ 또는 $\begin{cases} u=-4 \\ v=3 \end{cases}$

i) $u=4,\ v=3$, 즉 $x+y=4,\ xy=3$인 $x,\ y$를 두 근으로 하는 이차방정식은

$t^2-4t+3=0,\quad (t-1)(t-3)=0$

$\therefore t=1$ 또는 $t=3$

$\therefore x=1,\ y=3$ 또는 $x=3,\ y=1$

ii) $u=-4,\ v=3$, 즉 $x+y=-4,\ xy=3$인 $x,\ y$를 두 근으로 하는 이차방정식은

$t^2+4t+3=0,\quad (t+1)(t+3)=0$

$\therefore t=-1$ 또는 $t=-3$

$\therefore x=-1,\ y=-3$ or $x=-3,\ y=-1$

i), ii)에서 구하는 해는

$\begin{cases} x=1 \\ y=3 \end{cases}$ 또는 $\begin{cases} x=3 \\ y=1 \end{cases}$ 또는 $\begin{cases} x=-1 \\ y=-3 \end{cases}$ 또는 $\begin{cases} x=-3 \\ y=-1 \end{cases}$

3) $\begin{cases} x^2+y^2+x+y=2 & \cdots ㉠ \\ x^2+xy+y^2=1 & \cdots ㉡ \end{cases}$

$x+y=u,\ xy=v$라 하면

㉠에서 $(x+y)^2-2xy+(x+y)=2$

$\therefore u^2-2v+u=2 \cdots ㉢$

㉡에서 $(x+y)^2-xy=1$

$u^2-v=1\quad \therefore v=u^2-1 \cdots ㉣$

㉣을 ㉢에 대입하면

$u^2-2(u^2-1)+u=2$

$u^2-u=0,\quad u(u-1)=0$

$\therefore u=0$ 또는 $u=1$

$u=0$을 ㉣에 대입하면 $v=-1$

$u=1$을 ㉣에 대입하면 $v=0$

$\therefore \begin{cases} u=0 \\ v=-1 \end{cases}$ 또는 $\begin{cases} u=1 \\ v=0 \end{cases}$

i) $u=0$, $v=-1$, 즉 $x+y=0$, $xy=-1$
인 $x$, $y$를 두 근으로 하는 이차방정식은
$t^2-1=0$, $(t-1)(t+1)=0$
$\therefore t=1$ 또는 $t=-1$
$\therefore x=1$, $y=-1$ 또는 $x=-1$, $y=1$
ii) $u=1$, $v=0$, 즉 $x+y=1$, $xy=0$인
$x$, $y$를 두 근으로 하는 이차방정식은
$t^2-t=0$, $t(t-1)=0$
$\therefore t=0$ 또는 $t=1$
$\therefore x=0$, $y=1$ 또는 $x=1$, $y=0$
i), ii)에서 구하는 해는
$\begin{cases} x=1 \\ y=-1 \end{cases}$ 또는 $\begin{cases} x=-1 \\ y=1 \end{cases}$ 또는 $\begin{cases} x=0 \\ y=1 \end{cases}$ 또는 $\begin{cases} x=1 \\ y=0 \end{cases}$

정답 풀이 참조

## [줄기 1-4]

풀이 $\begin{cases} x^3+2xy+y^3=4 & \cdots ㉠ \\ x+y=4 & \cdots ㉡ \end{cases}$

방법 I ㉡에서 $y=4-x$이므로 이것을 ㉠에 대입하면
$x^3+2x(4-x)+(4-x)^3=4$
$x^3+8x-2x^2+4^3-3\cdot4^2\cdot x+3\cdot4\cdot x^2-x^3=4$
$10x^2-40x+60=0$, $x^2-4x+6=0$
$\therefore x^2-4x=-6$
$\therefore 2x^2-8x=2(x^2-4x)=2\cdot(-6)=-12$

방법 II 「강추」 주어진 연립방정식은 $x$, $y$를 바꾸어 대입해도 변하지 않는 대칭식이다. 따라서
$x+y=u$, $xy=v$라 하면
㉠에서 $(x+y)^3-3xy(x+y)+2xy=4$
$\therefore u^3-3vu+2v=4 \cdots ㉢$
㉡에서 $u=4 \cdots ㉣$
㉣을 ㉢에 대입하면
$64-12v+2v=4$ $\therefore v=6$
$\therefore u=4$, $v=6$, 즉 $x+y=4$, $xy=6$
따라서 $x$, $y$를 두 근으로 하는 이차방정식은
$t^2-4t+6=0$
이 방정식의 두 근이 $x$, $y$이므로 $\star t=x$를 대입하면
$x^2-4x+6=0$ $\therefore x^2-4x=-6$
$\therefore 2x^2-8x=2(x^2-4x)=2\cdot(-6)=-12$

정답 $-12$

## [줄기 1-5]

풀이 $\begin{cases} 2x-y=k & \cdots ㉠ \\ x^2+y^2=3 & \cdots ㉡ \end{cases}$
㉠에서 $y=2x-k$이므로 이것을 ㉡에 대입하면
$x^2+(2x-k)^2=3$
$\therefore 5x^2-4kx+k^2-3=0 \cdots ㉢$
이를 만족시키는 $x$의 값이 오직 한 개 존재해야 하므로 ㉢의 판별식을 $D$라 하면
$\dfrac{D}{4}=(-2k)^2-5(k^2-3)=0$
$-k^2+15=0$, $k^2=15$ $\therefore k=\pm\sqrt{15}$
따라서 모든 실수 $k$의 값의 곱은
$\sqrt{15}\cdot(-\sqrt{15})=-15$

정답 $-15$

## [줄기 1-6]

풀이 $\begin{cases} x+y=2a-3 \\ xy=a^2+1 \end{cases}$
이므로 $x$, $y$를 두 근으로 하는 이차방정식은
$t^2-(2a-3)t+a^2+1=0 \cdots ㉠$
주어진 연립방정식이 실근을 가지려면 이차방정식 ㉠이 실근을 가져야 한다.
㉠의 판별식을 $D$라 하면
$D=\{-(2a-3)\}^2-4(a^2+1)\geq0$
$-12a+9-4\geq0$ $\therefore a\leq\dfrac{5}{12}$

정답 $a\leq\dfrac{5}{12}$

## [줄기 1-7]

풀이 두 이차방정식의 공통근을 $\alpha$라 하면
$\alpha^2+(k-2)\alpha-3k=0 \cdots ㉠$
$\alpha^2+(k-1)\alpha-5k=0 \cdots ㉡$
㉠−㉡을 하면 [최고차항 소거]
$-\alpha+2k=0$ $\therefore \alpha=2k$
$\alpha=2k$를 ㉠에 대입하면
$4k^2+2k^2-4k-3k=0$
$6k^2-7k=0$, $k(6k-7)=0$
$\therefore k=\dfrac{7}{6}$ $(\because k\neq0)$

정답 $\dfrac{7}{6}$

## [줄기 2-1]

풀이 $xy+x-y=9$에서

$x(y+1)-y=9$

$x(\underline{y+1})-(\underline{\underline{y+1}})+1=9$

$(x-1)(y+1)+1=9$

$\therefore (x-1)(y+1)=8$

$x$, $y$가 양의 정수이므로 $x-1$, $y+1$은 $x-1\geq 0$, $y+1\geq 2$인 정수이다.

이때 $x-1$, $y+1$의 곱이 8인 경우를 표로 나타내면

➔ $x=2, 3, 5$

| $x-1$ | 1 | 2 | 4 | ~~8~~ |
|---|---|---|---|---|
| $y+1$ | 8 | 4 | 2 | ~~1~~ |

➔ $y=7, 3, 1$ ($\because y+1\geq 2$)

따라서 양의 정수 $x$, $y$의 값은

$\begin{cases}x=2\\y=7\end{cases}$ 또는 $\begin{cases}x=3\\y=3\end{cases}$ 또는 $\begin{cases}x=5\\y=1\end{cases}$

정답 $(2, 7)$, $(3, 3)$, $(5, 1)$

## [줄기 2-2]

풀이 $xy-2y-3-x^2=0$에서

$y(x-2)-3-x^2=0$

$y(x-2)-3-(x^2-2^2)-2^2=0$

$y(\underline{x-2})-(\underline{\underline{x-2}})(x+2)-7=0$

$\therefore (x-2)(y-x-2)=7$

$x$, $y$가 양의 정수이므로 $x-2$, $y-x-2$는 정수이고 $x-2\geq -1$이다.

따라서 $x-2$, $y-x-2$의 값은 다음 표와 같다.

➔ $x=3, 9, 1$

| $x-2$ | 1 | 7 | $-1$ |
|---|---|---|---|
| $y-x-2$ | 7 | 1 | $-7$ |

$\therefore \begin{cases}x=3\\y=12\end{cases}$ 또는 $\begin{cases}x=9\\y=12\end{cases}$ 또는 $\begin{cases}x=1\\y=-4\end{cases}$

따라서 양의 정수 $x$, $y$의 값은

$\begin{cases}x=3\\y=12\end{cases}$ 또는 $\begin{cases}x=9\\y=12\end{cases}$

정답 $\begin{cases}x=3\\y=12\end{cases}$ 또는 $\begin{cases}x=9\\y=12\end{cases}$

## [줄기 2-3]

풀이 $x^2+y^2-2x-6y+10=0$에서

방법 Ⅰ $A^2+B^2=0$ 꼴로 변형하면

$x^2-2x+1+y^2-6y+9=0$

$(x-1)^2+(y-3)^2=0$

$x$, $y$가 실수이므로 $x-1$, $y-3$도 실수다.

$\therefore x-1=0,\ y-3=0 \qquad \therefore x=1,\ y=3$

방법 Ⅱ $x$에 대하여 내림차순으로 정리하면

$x^2-2x+y^2-6y+10=0 \cdots$ ㉠

$x$에 대한 이차방정식 ㉠을 만족하는 $x$의 값은 실수, 즉 실근이므로 판별식 $D\geq 0$

$\frac{D}{4}=(-1)^2-(y^2-6y+10)\geq 0$

$-y^2+6y-9\geq 0,\quad y^2-6y+9\leq 0$

$(y-3)^2\leq 0$ ※ $(\text{실수})^2\geq 0$

$y-3=0$ ($\because y$는 실수) $\quad \therefore y=3$

$y=3$을 ㉠에 대입하면 $x^2-2x+1=0$

$(x-1)^2=0 \quad \therefore x=1$

정답 $x=1$, $y=3$

## [줄기 2-4]

풀이 $2x^2+2xy+y^2+2x-2y+5=0$에서

방법 Ⅰ $A^2+B^2=0$ 꼴로 변형하면

$2x^2+2(y+1)x+y^2-2y+5=0$

$2\{x^2+(y+1)x\}+y^2-2y+5=0$

$2\left(x+\frac{y+1}{2}\right)^2-\frac{(y+1)^2}{2}+y^2-2y+5=0$

⇨ $A^2+B^2=0$ 꼴로 변형이 쉽지 않다.

방법 Ⅱ $x$에 대하여 내림차순으로 정리하면

$2x^2+2(y+1)x+y^2-2y+5 \cdots$ ㉠

$x$에 대한 이차방정식 ㉠을 만족시키는 $x$의 값은 실수, 즉 실근이므로 판별식 $D\geq 0$이다.

$\frac{D}{4}=(y+1)^2-2(y^2-2y+5)\geq 0$

$-y^2+6y-9\geq 0,\quad y^2-6y+9\leq 0$

$(y-3)^2\leq 0$ ※ $(\text{실수})^2\geq 0$

$y-3=0$ ($\because y$는 실수) $\quad \therefore y=3$

$y=3$을 ㉠에 대입하면 $2x^2+8x+8=0$

$x^2+4x+4=0,\quad (x+2)^2=0 \quad \therefore x=-2$

정답 $x=-2$, $y=3$

# 풀이 잎 문제

**잎 8-1**

풀이 $\begin{cases} x-y=3 & \cdots ㉠ \\ x^2-y^2=15 & \cdots ㉡ \end{cases}$

방법 I ㉠에서 $y=x-3$을 ㉡에 대입하면

$x^2-(x-3)^2=15$

$6x-9=15$, $6x=24$ $\therefore x=4$

이것을 ㉠에 대입하면 $4-y=3$ $\therefore y=1$

$\therefore \alpha=4$, $\beta=1$

$\therefore \alpha\beta=4$

방법 II ㉡에서 $(x-y)(x+y)=15$

$\therefore 3(x+y)=15$ ($\because x-y=3 \cdots ㉠$)

$\therefore x+y=5 \cdots ㉢$

㉠, ㉢을 연립하여 풀면 $x=4$, $y=1$

$\therefore \alpha=4$, $\beta=1$

$\therefore \alpha\beta=4$

정답 ④

**잎 8-2**

풀이 $\begin{cases} x^2-4xy+3y^2=0 & \cdots ㉠ \\ 2x^2+xy+3y^2=24 & \cdots ㉡ \end{cases}$

㉠에서 $(x-y)(x-3y)=0$

$\therefore x=y$ 또는 $x=3y$

i) $x=y$를 ㉡에 대입하면 $6y^2=24$

$y^2=4$ $\therefore y=\pm 2$

$x=y$이므로 $x=\pm 2$

$\therefore x=\pm 2$, $y=\pm 2$ (복부호 동순)

ii) $x=3y$를 ㉡에 대입하면 $24y^2=24$

$y^2=1$ $\therefore y=\pm 1$

$x=3y$이므로 $x=3(\pm 1)=\pm 3$

$\therefore x=\pm 3$, $y=\pm 1$ (복부호 동순)

따라서 주어진 연립방정식의 해는

$\begin{cases} x=2 \\ y=2 \end{cases}$ 또는 $\begin{cases} x=-2 \\ y=-2 \end{cases}$ 또는 $\begin{cases} x=3 \\ y=1 \end{cases}$ 또는 $\begin{cases} x=-3 \\ y=-1 \end{cases}$

따라서 $\alpha_i\beta_i$의 최댓값은

$x=2$, $y=2$ 또는 $x=-2$, $y=-2$일 때, 4이다.

정답 ④

**잎 8-3**

풀이 $\begin{cases} x^2+y^2=40 & \cdots ㉠ \\ 4x^2+y^2=4xy & \cdots ㉡ \end{cases}$

㉡에서 $4x^2-4xy+y^2=0$

$(2x-y)^2=0$ $\therefore y=2x$

이것을 ㉠에 대입하면

$x^2+(2x)^2=40$, $5x^2=40$, $x^2=8$

$\therefore x=\pm 2\sqrt{2}$

이것을 $y=2x$에 대입하면 $y=\pm 4\sqrt{2}$

$\therefore \alpha=2\sqrt{2}$, $\beta=4\sqrt{2}$

또는 $\alpha=-2\sqrt{2}$, $\beta=-4\sqrt{2}$

$\therefore \alpha\beta=16$

정답 ①

**잎 8-4**

풀이 $x+y=u$, $xy=v$로 놓으면 주어진 연립방정식은

$\begin{cases} u+v=7 \\ uv=12 \end{cases}$

$u, v$는 이차방정식 $k^2-7k+12=0$의 두 근이므로

$(k-3)(k-4)=0$ $\therefore k=3$ 또는 $k=4$

$\therefore \begin{cases} u=3 \\ v=4 \end{cases}$ 또는 $\begin{cases} u=4 \\ v=3 \end{cases}$

i) $u=3$, $v=4$ 즉, $x+y=3$, $xy=4$일 때

$x, y$는 이차방정식 $t^2-3t+4=0$의 두 근이므로

$t=\dfrac{3\pm\sqrt{7}i}{2}$

$x, y$는 실수이어야 하므로 조건을 만족시키지 않는다.

ii) $u=4$, $v=3$ 즉, $x+y=4$, $xy=3$일 때

$x, y$는 이차방정식 $t^2-4t+3=0$의 두 근이므로

$(t-1)(t-3)=0$ $\therefore t=1$ 또는 $t=3$

$\therefore \begin{cases} x=1 \\ y=3 \end{cases}$ 또는 $\begin{cases} x=3 \\ y=1 \end{cases}$

따라서 ii)에서 주어진 연립방정식의 해는

$\begin{cases} x=1 \\ y=3 \end{cases}$ 또는 $\begin{cases} x=3 \\ y=1 \end{cases}$

정답 $\begin{cases} x=1 \\ y=3 \end{cases}$ 또는 $\begin{cases} x=3 \\ y=1 \end{cases}$

**잎 8-5**

풀이 $\begin{cases} x-y=2 & \cdots ㉠ \\ y^2-2xy=k & \cdots ㉡ \end{cases}$

㉠에서 $x=y+2$이므로 이것을 ㉡에 대입하면

$y^2-2(y+2)y=k \quad \therefore y^2+4y+k=0 \cdots ㉢$

주어진 연립방정식이 실근을 갖지 않으려면

이차방정식 ㉢이 실근을 갖지 않아야 한다.

㉢의 판별식을 $D$라 하면

$\frac{D}{4}=2^2-k<0 \quad \therefore k>4$

따라서 정수 $k$의 최솟값은 5이다.

정답 5

**잎 8-6**

풀이 이 용기의 부피를 $V$라 하면

$V=\pi r^2h$

$r+2h=8$에서 $r=8-2h \cdots ㉠$

$r^2-2h^2=8$에서 ㉠을 대입하면

$(8-2h)^2-2h^2=8$

$2h^2-32h+56=0$

$h^2-16h+28=0$

$(h-2)(h-14)=0$

$\therefore h=2$ 또는 $h=14$

i) $h=2$일 때 ㉠에서 $r=4$

ii) $h=14$일 때 ㉠에서 ~~$r=-20$~~

(∵ (길이)$>0$)

따라서 부피 $V$는

$V=\pi \cdot 4^2 \cdot 2=32\pi$

정답 ⑤

**잎 8-7**

풀이 $\begin{cases} 2x^2+xy+y^2=11 & \cdots ㉠ \\ x-y=1 & \cdots ㉡ \end{cases}$

㉡에서 $y=x-1 \cdots ㉢$

㉢을 ㉠에 대입하면

$2x^2+x(x-1)+(x-1)^2=11$

$4x^2-3x-10=0,\ (4x+5)(x-2)=0$

$\therefore x=\frac{-5}{4}$ 또는 $x=2$

㉢에 $x=-\frac{5}{4}$를 대입하면 $y=-\frac{9}{4}$

㉢에 $x=2$를 대입하면 $y=1$

i) $a^2x-y=-1,\ x^2-y^2=b^2$에 각각

$x=-\frac{5}{4},\ y=-\frac{9}{4}$를 대입하면

$-\frac{5}{4}a^2+\frac{9}{4}=-1,\ \frac{25}{16}-\frac{81}{16}=b^2$

$\therefore a^2=\frac{13}{5},\ b^2=-\frac{56}{16}$

그런데 $b^2=-\frac{56}{16}$을 만족시키는 실수 $b$는

존재하지 않는다.

ii) $a^2x-y=-1,\ x^2-y^2=b^2$에 각각

$x=2,\ y=1$을 대입하면

$2a^2-1=-1,\ 4-1=b^2$

$\therefore a^2=0,\ b^2=3$

따라서 ii)에서 $a^2=0,\ b^2=3$이므로

$a^2+b^2=3$

정답 3

**잎 8-8**

풀이 두 이차방정식의 공통근을 $\alpha$라 하면

$\alpha^2+a^2\alpha+b^2-2a=0$ ⋯㉠

$\alpha^2-2a\alpha+a^2+b^2=0$ ⋯㉡

㉠−㉡을 하면 [최고차항 소거]

$(a^2+2a)\alpha-a^2-2a=0$

$(a^2+2a)\alpha-(a^2+2a)=0$

$(a^2+2a)(\alpha-1)=0,\quad a(a+2)(\alpha-1)=0$

$\therefore a=0$ 또는 $a=-2$ 또는 $\alpha=1$

i) $a=0$일 때, 두 이차방정식이 $x^2+b^2=0$으로 일치하므로 공통근은 2개이다.

ii) $a=-2$일 때, 두 이차방정식이 $x^2+4x+b^2+4=0$으로 일치하므로 공통근은 2개다.

➤ i), ii)는 공통근이 1개라는 조건에 모순이 된다.

iii) $\alpha=1$일 때, 이것을 ㉠에 대입하면

$1+a^2+b^2-2a=0,\ a^2-2a+1+b^2=0$

$(a-1)^2+b^2=0\quad \therefore a=1,\ b=0$

> $a=1,\ b=0$일 때, 두 이차방정식은
> $x^2+x-2=0,\ x^2-2x+1=0$, 즉
> $(x+2)(x-1)=0,\ (x-1)^2=0$
> ∴ 오직 하나의 공통근 $x=1$을 가진다.

따라서 iii)에 의하여 $a=1,\ b=0$이다.

정답 $a=1,\ b=0$

**잎 8-9**

풀이 두 이차방정식의 공통근을 $\alpha$라 하면

$\alpha^2-t\alpha-6=0$ ⋯㉠

$\alpha^2+\alpha-t-1=0$ ⋯㉡

㉡×$\alpha$−㉠을 하면 [문자 $t$를 소거한다.]

$\alpha^3-\alpha+6=0$

$(\alpha+2)(\alpha^2-2\alpha+3)=0$

$\therefore \alpha=-2$ 또는 ~~$\alpha=1\pm\sqrt{2}i$~~ (∵ 근은 실수)

$\alpha=-2$를 ㉠에 대입하면

$4+2t-6=0\quad \therefore t=1$

정답 1

**잎 8-10**

풀이 $x^3+ax^2+bx+c=0$의 계수가 실수이므로 한 근이 $1+2i$이면 켤레근 $1-2i$도 근이다.
나머지 한 실근을 $\alpha$라 하면 근과 계수의 관계에 의하여

$\alpha+(1+2i)+(1-2i)=-a$

$\therefore a=-\alpha-2$ ⋯㉠

$\alpha(1+2i)+(1+2i)(1-2i)+(1-2i)\alpha=b$

$\therefore b=2\alpha+5$ ⋯㉡

$\alpha(1+2i)(1-2i)=-c\quad \therefore c=-5\alpha$ ⋯㉢

이때, $x^2+ax+2=0$과 공통인 실근은 $\alpha$이므로

$\alpha^2+a\alpha+2=0$

이 식에 $a=-\alpha-2$ ⋯㉠을 대입하면

$\alpha^2+(-\alpha-2)\alpha+2=0$

$-2\alpha+2=0\quad \therefore \alpha=1$

따라서 $\alpha=1$을 ㉠, ㉡, ㉢에 대입하면

$a=-3,\ b=7,\ c=-5$

참고 실계수인 삼차방정식에서 두 근이 서로 켤레복소수이면 나머지 한 근은 실수이다. [p.173]

정답 $a=-3,\ b=7,\ c=-5$

**잎 8-11**

풀이 1) $x^2+y^2-2x-6y+10=0$에서

방법 I $A^2+B^2=0$ 꼴로 변형하면

$x^2-2x+1+y^2-6y+9=0$

$(x-1)^2+(y-3)^2=0$

$x,\ y$가 실수이므로 $x-1,\ y-3$도 실수다.

$\therefore x-1=0,\ y-3=0\quad \therefore x=1,\ y=3$

방법 II $x$에 대하여 내림차순으로 정리하면

$x^2-2x+y^2-6y+10=0$ ⋯㉠

$x$에 대한 이차방정식 ㉠을 만족하는 $x$의 값은 실수, 즉 실근이므로 판별식 $D\geq0$

$\frac{D}{4}=(-1)^2-(y^2-6y+10)\geq0$

$-y^2+6y-9\geq0,\quad y^2-6y+9\leq0$

$(y-3)^2\leq0$ ※ (실수)$^2\geq0$

$y-3=0$ (∵ $y$는 실수) $\quad \therefore y=3$

$y=3$을 ㉠에 대입하면 $x^2-2x+1=0$

$(x-1)^2=0\quad \therefore x=1$

2) $x^2+2y^2+2x-12y+19=0$에서

방법 I $A^2+B^2=0$ 꼴로 변형하면

$x^2+2x+1+2y^2-12y+18=0$

$(x^2+2x+1)+2(y^2-6y+9)=0$

$(x+1)^2+2(y-3)^2=0$

$x$, $y$가 실수이므로 $x+1$, $y-3$도 실수다.

$\therefore x+1=0,\ y-3=0$

$\therefore x=-1,\ y=3$

방법 II $x$에 대하여 내림차순으로 정리하면

$x^2+2x+2y^2-12y+19=0 \cdots$ ㉠

$x$에 대한 이차방정식 ㉠을 만족시키는 $x$의 값은 실수, 즉 실근이므로 판별식 $D\geq 0$

$\frac{D}{4}=1^2-(2y^2-12y+19)\geq 0$

$-2y^2+12y-18\geq 0,\quad y^2-6y+9\leq 0$

$(y-3)^2\leq 0$ ※ $(\text{실수})^2\geq 0$

$y-3=0$ ($\because y$는 실수) $\therefore y=3$

$y=3$을 ㉠에 대입하면 $x^2+2x+1=0$

$(x+1)^2=0 \quad \therefore x=-1$

정답 1) $x=1,\ y=3$ 2) $x=-1,\ y=3$

• 잎 8-12

방법 I 「비추」 $x^2y^2-12xy+x^2+9y^2+9=0$에서

$A^2+B^2=0$ 꼴로 변형하면 (쉽지 않다.ㅠㅠ)

$x^2y^2-6xy+9+x^2-6xy+9y^2=0$

$(xy-3)^2+(x-3y)^2=0$

$x$, $y$가 실수이므로 $xy-3$, $x-3y$도 실수이다.

$\therefore xy-3=0,\ x-3y=0$

$\therefore xy=3,\ x=3y$

따라서 $x=3y$를 $xy=3$에 대입하면

$3y^2=3 \quad \therefore y=1$ ($\because y$는 양의 정수) $\therefore x=3$

방법 II 「강추」 $x^2y^2-12xy+x^2+9y^2+9=0$에서

$x$에 대하여 내림차순으로 정리하면

$(y^2+1)x^2-12xy+9y^2+9=0 \cdots$ ㉠

$x$에 대한 이차방정식 ㉠을 만족시키는 $x$의 값은 실수, 즉 실근이므로 판별식 $D\geq 0$

$\frac{D}{4}=(-6y)^2-(y^2+1)(9y^2+9)\geq 0$

$-9y^4+18y^2-9\geq 0,\quad y^4-2y^2+1\leq 0$

$(y^2-1)^2\leq 0$ ※ $(\text{실수})^2\geq 0$

$y^2-1=0$ ($\because y$가 실수이므로 $y^2-1$은 실수)

$y^2=1 \quad \therefore y=1$ ($\because y$는 양의 정수)

$y=1$을 ㉠에 대입하면 $2x^2-12x+18=0$

$x^2-6x+9=0,\quad (x-3)^2=0 \quad \therefore x=3$

정답 $x=3,\ y=1$

CHAPTER 9 여러 가지 부등식 (1)

본문 p.193

## 풀이 줄기 문제

### [줄기 2-1]

풀이 $(1-a)x-b>a$에서 $(1-a)x>a+b \cdots$ ㉠

㉠의 해가 $x<-2$이므로 ㉠은 일차부등식

㉠과 이 부등식의 해인 $x<-2$의 부등호 방향이 다르므로 $1-a<0$

㉠의 양변을 $1-a$로 나누면 $x<\frac{a+b}{1-a} \cdots$ ㉡

이때, ㉡과 $x<-2$가 일치하므로 $\frac{a+b}{1-a}=-2$

$a+b=-2+2a \quad \therefore a-b=2$

이것을 $(a-b)x\geq 8$에 대입하면 $2x\geq 8$

$\therefore x\geq 4$

정답 $x\geq 4$

## [줄기 2-2]

**풀이** $2ax+a-3b<0$에서 $2ax<-a+3b$ ⋯㉠

㉠의 해가 $x<-1$이므로 ㉠은 일차부등식

㉠과 이 부등식의 해인 $x<-1$의 부등호 방향이 같으므로

$2a>0$ ⋯㉡

㉠의 양변을 $2a$로 나누면 $x<\frac{-a+3b}{2a}$ ⋯㉢

㉢과 $x<-1$이 일치하므로 $\frac{-a+3b}{2a}=-1$

$\therefore -a+3b=-2a \quad \therefore a=-3b$ ⋯㉣

㉣을 ㉡에 대입하면 $-6b>0 \quad \therefore b<0$

㉣을 $(a-3b)x+a-2b<0$에 대입하면

$(-3b-3b)x-3b-2b<0$

$-6bx<5b \quad \therefore x<-\frac{5}{6}$ $(\because -6b>0)$

**정답** $x<-\frac{5}{6}$

## [줄기 2-3]

**풀이** $(a-2b)x-a+4b\le 0$에서 $(a-2b)x\le a-4b$

이 부등식을 만족시키는 $x$가 존재하지 않으려면

$a-2b=0,\ a-4b<0$

$a=2b$를 $a-4b<0$에 대입하면 $-2b<0$

$\therefore b>0$

$a=2b$를 $(b-a)x+4a-3b>0$에 대입하면

$(b-2b)x+8b-3b>0, \quad -bx>-5b$

$\therefore x<5$ $(\because -b<0)$

**정답** $x<5$

## [줄기 3-1]

**풀이** 1) $\begin{cases} 3(x+2)>5x+2 & \cdots ㉠ \\ \frac{x}{2}-\frac{1}{3}\le\frac{3}{4}x-\frac{1}{2} & \cdots ㉡ \end{cases}$

㉠에서 $-2x>-4 \quad \therefore x<2$ ⋯㉢

㉡의 양변에 12를 곱하면 $6x-4\le 9x-6$

$-3x\le -2 \quad \therefore x\ge\frac{2}{3}$ ⋯㉣

따라서 ㉢, ㉣의 공통 범위는

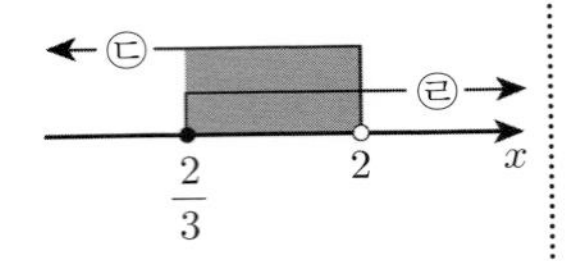


$\frac{2}{3}\le x<2$

2) $\begin{cases} 0.2(3-x)\ge 0.1x+0.3 & \cdots ㉠ \\ 1-\frac{x-2}{2}\le x+\frac{4}{3} & \cdots ㉡ \end{cases}$

㉠의 양변에 10을 곱하면 $2(3-x)\ge x+3$

$-3x\ge -3 \quad \therefore x\le 1$ ⋯㉢

㉡의 양변에 6을 곱하면

$6-3(x-2)\le 6x+8, \quad -9x\le -4$

$x\ge\frac{4}{9}$ ⋯㉣

따라서 ㉢, ㉣의 공통 범위는

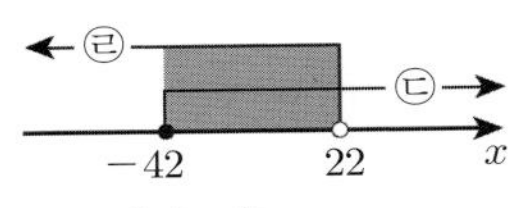


$\frac{4}{9}\le x\le 1$

**정답** 1) $\frac{2}{3}\le x<2$ 2) $\frac{4}{9}\le x\le 1$

## [줄기 3-2]

**풀이** $\frac{x}{3}-2\le 0.4x+\frac{4}{5}<3+0.3x$의 각 변에 30을 곱하면

$10x-60\le 12x+24<90+9x$

i) $10x-60\le 12x+24$에서 $-2x\le 84$

$\therefore x\ge -42$ ⋯㉢

ii) $12x+24<90+9x$에서 $3x<66$

$\therefore x<22$ ⋯㉣

따라서 ㉢, ㉣의 공통 범위는



$-42\le x<22$

따라서 주어진 연립부등식의 해는

$-42\le x<22$이므로 만족하는 정수 $x$는

$\underbrace{-42,\cdots,-1}_{42개}$, 0, $\underbrace{1,\cdots,21}_{21개}$의 64개이다.

**정답** 64

## [줄기 3-3]

**풀이** $\begin{cases} 0.7(2x-3)\ge 1.6x-2.3 & \cdots ㉠ \\ \frac{2}{3}\le x-\frac{9x-k}{6} & \cdots ㉡ \end{cases}$

㉠에서 $7(2x-3)\ge 16x-23$

$-2x\ge -2 \quad \therefore x\le 1$ ⋯㉢

㉡에서 $4\le 6x-(9x-k)$

$3x\le k-4 \quad \therefore x\le\frac{k-4}{3}$ ⋯㉣

주어진 연립부등식의 해가 $x\le -\frac{1}{9}$이므로

㉢, ㉣의 공통 범위는 $x \le \frac{k-4}{3}$이다.

**풀이** 따라서 $\frac{k-4}{3}=-\frac{1}{9}$, $k-4=-\frac{1}{3}$ $\therefore k=\frac{11}{3}$

**정답** $\frac{11}{3}$

## 줄기 3-4

**풀이** $\frac{x-a}{5} \le -0.3x+1.5 \le 0.1(bx+17)$의 각 변에 10을 곱하면

$2(x-a) \le -3x+15 \le bx+17$

i) $2(x-a) \le -3x+15$에서 $5x \le 2a+15$

$\therefore x \le \frac{2a+15}{5}$ …㉠

ii) $-3x+15 \le bx+17$에서 $(-3-b)x \le 2$

주어진 부등식의 해가 $-2 \le x \le 1$이므로

*$-3-b<0$이다. $\therefore x \ge \frac{2}{-3-b}$ …㉡

주어진 부등식의 해가 $-2 \le x \le 1$이므로

㉠, ㉡의 공통 범위는 $\frac{2}{-3-b} \le x \le \frac{2a+15}{5}$

따라서 $\frac{2}{-3-b}=-2$, $\frac{2a+15}{5}=1$

$\therefore a=-5$, $b=-2$

**정답** $a=-5$, $b=-2$

## 줄기 3-5

**풀이** $x-\frac{1}{2}<-x+1 \le x+\frac{a}{2}$의 각 변에 2를 곱하면

$2x-1<-2x+2 \le 2x+a$

i) $2x-1<-2x+2$에서 $4x<3$ $\therefore x<\frac{3}{4}$

ii) $-2x+2 \le 2x+a$에서 $-4x \le a-2$

$\therefore x \ge \frac{a-2}{-4}$

※ 고정된 i)의 해를 수직선 위에 먼저 그린다.

주어진 연립부등식이 해를 가지려면 우측 그림과 같아야 하므로

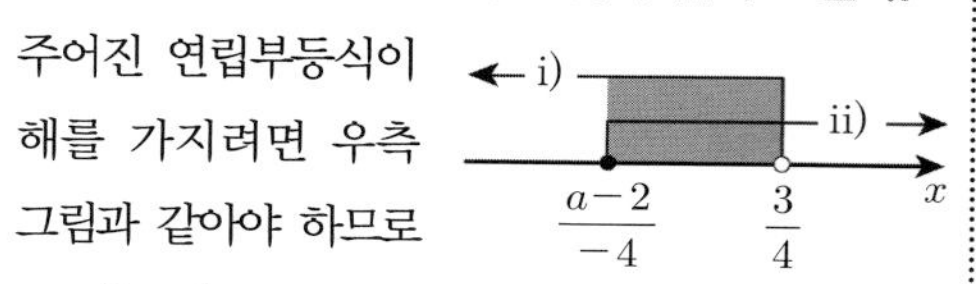


$\frac{a-2}{-4}<\frac{3}{4}$, $a-2>-3$ $\therefore a>-1$

**정답** $a>-1$

## 줄기 3-6

**풀이** $\frac{x}{3}-a \le 1+\frac{x}{2}<\frac{x+7}{6}$의 각 변에 6을 곱하면

$2x-6a \le 6+3x<x+7$

i) $2x-6a \le 6+3x$에서 $-x \le 6a+6$

$\therefore x \ge -6a-6$

ii) $6+3x<x+7$에서 $2x<1$ $\therefore x<\frac{1}{2}$

※ 고정된 ii)의 해를 수직선 위에 먼저 그린다.

주어진 연립부등식을 만족시키는 정수인 해가 3개이므로 오른쪽 그림에서

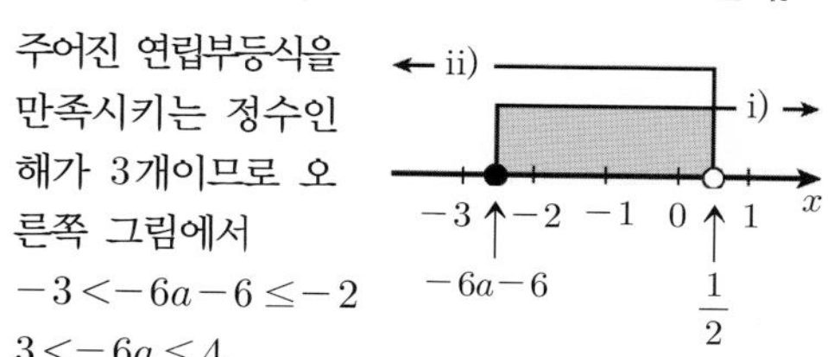


$-3<-6a-6 \le -2$

$3<-6a \le 4$

$-\frac{1}{2}>a \ge -\frac{2}{3}$ $\therefore -\frac{2}{3} \le a<-\frac{1}{2}$

**정답** $-\frac{2}{3} \le a<-\frac{1}{2}$

## 줄기 3-7

**풀이** $2k-1<x \le 3k$를 만족시키는 정수 $x$가 0과 1뿐이려면 $-1 \le 2k-1<0$, $1 \le 3k<2$를 동시에 만족시켜야 한다.

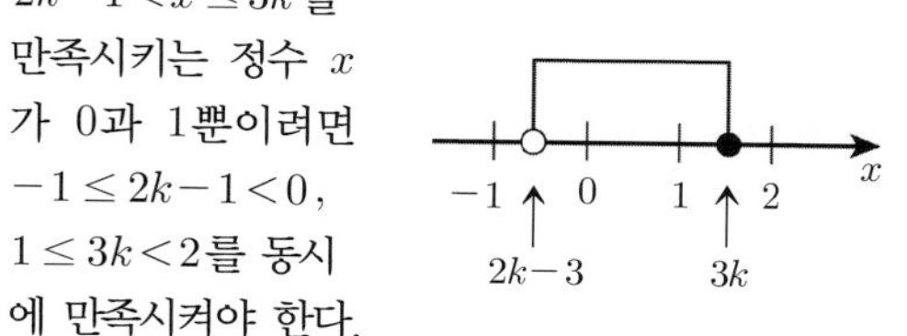


즉, $0 \le k<\frac{1}{2}$, $\frac{1}{3} \le k<\frac{2}{3}$이므로

오른쪽 그림에서 공통 범위는

$\frac{1}{3} \le k<\frac{1}{2}$

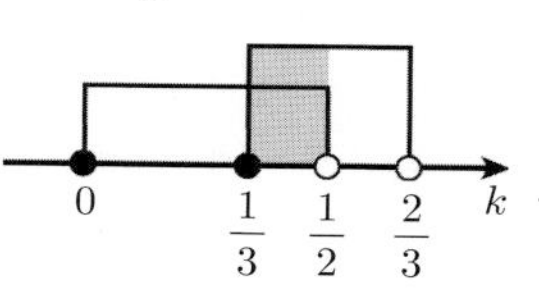


**정답** $\frac{1}{3} \le k<\frac{1}{2}$

### [줄기 3-8]

풀이 과자를 $x$개 산다고 하면 껌은 $(10-x)$개 살 수 있으므로

$7500 \le 700(10-x)+900x \le 8300$

$75 \le 7(10-x)+9x \le 83$

$75 \le 70+2x \le 83$

$5 \le 2x \le 13 \quad \therefore 2.5 \le x \le 6.5$

이때 $x$는 자연수이므로 과자는 최대한 6개 살 수 있다.

정답 6개

### [줄기 3-9]

풀이 이 소설의 전체 쪽수를 $x$라 하면

$$\begin{cases} \dfrac{x}{5} \ge 30 & \cdots ㉠ \\ 7\cdot 20 > x-7\cdot 20 & \cdots ㉡ \end{cases}$$

㉠에서 $x \ge 150 \cdots$㉢

㉡에서 $x < 280 \cdots$㉣

㉢, ㉣의 공통부분을 구하면 $150 \le x < 280$

따라서 소설책은 150쪽 이상 280쪽 미만이다.

정답 150쪽 이상 280쪽 미만

### [줄기 3-10]

방법Ⅰ 귤의 개수를 $x$라 하면 문제가 풀리지 않는다.
⇨ 학생 수로 귤의 개수를 나타낸다.

방법Ⅱ 학생 수를 $x$명이라 하면 귤은 $(6x+5)$개이다.
귤을 7개씩 나누어 주면 1개 이상 3개 미만의 귤이 남으므로

$7x+1 \le 6x+5 < 7x+3$

i) $7x+1 \le 6x+5$에서 $x \le 4 \cdots$㉠

ii) $6x+5 < 7x+3$에서 $-x < -2 \quad \therefore x > 2 \cdots$㉡

$\therefore$ ㉠, ㉡의 공통부분을 구하면 $2 < x \le 4$

이때, $x$는 자연수이므로 $x=3$ 또는 $x=4$

따라서 귤의 개수는 23개 또는 29개이다.

정답 23개 또는 29개

### [줄기 3-11]

핵심 설탕물에 관한 문제는 설탕이 key이다.
($\because$ 물을 더 넣거나 증발시켜도 설탕의 양은 변하지 않는다.)

풀이 8%의 설탕물 300g에서 들어있는 설탕의 양은 $\frac{8}{100}\times 300 = 24$ (g)이고, 증발시켜야 하는 물의 양을 $x$ (g)라 하면 설탕물의 양은 $300-x$ (g)이고, 농도는 10% 이상 12% 이하이므로

$10 \le \dfrac{24}{300-x}\times 100 \le 12$

$10 \le \dfrac{2400}{300-x} \le 12$

i) $10 \le \dfrac{2400}{300-x}$에서 $3000-10x \le 2400$

$-10x \le -600 \quad \therefore x \ge 60 \cdots$㉠

ii) $\dfrac{2400}{300-x} \le 12$에서 $2400 \le 3600-12x$

$12x \le 1200 \quad \therefore x \le 100 \cdots$㉡

$\therefore$ ㉠, ㉡의 공통부분을 구하면 $60 \le x \le 100$

따라서 증발시켜야 하는 물의 양은 60g 이상 100g 이하이다.

정답 60g 이상 100g 이하

### [줄기 4-1]

풀이 1) $|1-2x| < 3$ (어렵다.)

$|2x-1| < 3$ (쉽다.)

$|2x-1| < 3$에서 $2x-1$을 ☆이라 하면 절댓값(|☆|)이 작으면 $(<3)$ 해가 맺힌다.

⇨ $-3 <$ ☆ $< 3$

$\therefore -3 < 2x-1 < 3$

$\therefore -2 < 2x < 4$

$\therefore -1 < x < 2$

2) $|-x-1| \ge 3$ (어렵다.)

$|x+1| \ge 3$ (쉽다.)

$|x+1| \ge 3$에서 $x+1$을 ☆이라 하면 절댓값(|☆|)이 크면 $(\ge 3)$ 해가 퍼진다.

⇨ ☆ $\le -3$ 또는 ☆ $\ge 3$

$\therefore x+1 \le -3$ 또는 $x+1 \ge 3$

$\therefore x \le -4$ 또는 $x \ge 2$

정답 1) $-1 < x < 2$ 2) $x \le -4$ 또는 $x \ge 2$

## [줄기 4-2]

**핵심** 계수가 분수이면 계산이 쉽지 않으므로 양변에 분모의 최소공배수를 곱하여 계수를 정수로 고친다.

**풀이** 1) $\begin{cases} \left|\dfrac{x}{12}-\dfrac{1}{2}\right| \le 1 & \cdots ㉠ \\ \left|\dfrac{x}{3}+2\right| > \dfrac{1}{6} & \cdots ㉡ \end{cases}$

㉠의 양변에 12를 곱하면 $|x-6| \le 12$

$-12 \le x-6 \le 12$

$\therefore -6 \le x \le 18 \cdots ㉢$

㉡의 양변에 6을 곱하면 $|2x+12|>1$

$2x+12<-1$ 또는 $2x+12>1$

$\therefore x<-\dfrac{13}{2}$ 또는 $x>-\dfrac{11}{2} \cdots ㉣$

따라서 ㉢, ㉣의 공통 범위는

$-\dfrac{11}{2}<x \le 18$

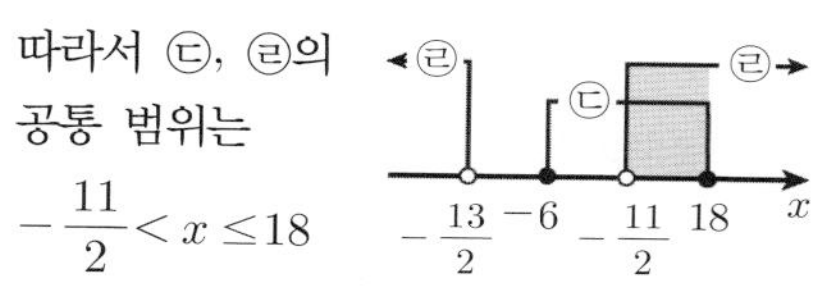


2) $1<\left|3-\dfrac{2}{3}x\right| \le 3$ (어렵다.)

$1<\left|\dfrac{2}{3}x-3\right| \le 3$ (쉽다.)

$1<\left|\dfrac{2}{3}x-3\right| \le 3$의 각 변에 3을 곱하면

$3<|2x-9| \le 9$

$3<|2x-9|$ 그리고 $|2x-9| \le 9$

i) $|2x-9|>3$

$\therefore 2x-9<-3$ 또는 $2x-9>3$

$\therefore x<3$ 또는 $x>6 \cdots ㉠$

ii) $|2x-9| \le 9$

$\therefore -9 \le 2x-9 \le 9$

$\therefore 0 \le 2x \le 18$

$\therefore 0 \le x \le 9 \cdots ㉡$

따라서 ㉠, ㉡의 공통 범위는

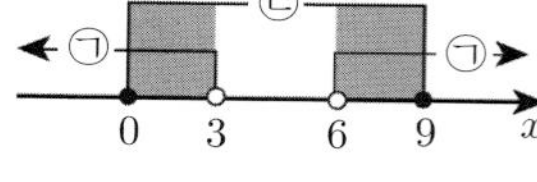


$0 \le x<3$ 또는 $6<x \le 9$

**정답** 1) $-\dfrac{11}{2}<x \le 18$
2) $0 \le x<3$ 또는 $6<x \le 9$

## [줄기 4-3]

**풀이** 절댓값 기호 안의 $x$의 계수가 음수이면 어렵다.

1) $2 \le |-x+2|<5$ (어렵다.)

$2 \le |x-2|<5$ (쉽다.)

$2 \le |x-2|<5 \Rightarrow 2 \le \pm(x-2)<5$

$\therefore 2 \le x-2<5$ 또는 $2 \le -(x-2)<5$

$\therefore 2 \le x-2<5$ 또는 $-5<x-2 \le -2$

$\therefore 4 \le x<7$ 또는 $-3<x \le 0$

2) $1<\left|3-\dfrac{2}{3}x\right| \le 3$ (어렵다.)

$1<\left|\dfrac{2}{3}x-3\right| \le 3$ (쉽다.)

$1<\left|\dfrac{2}{3}x-3\right| \le 3$의 각 변에 3을 곱하면

$3<|2x-9| \le 9 \Rightarrow 3<\pm(2x-9) \le 9$

$\therefore 3<2x-9 \le 9$ or $3<-(2x-9) \le 9$

$\therefore 3<2x-9 \le 9$ or $-9 \le 2x-9<-3$

$\therefore 12<2x \le 18$ 또는 $0 \le 2x<6$

$\therefore 6<x \le 9$ 또는 $0 \le x<3$

※ 2)번은 줄기 4-2)의 2)번과 동일한 문제이다. [p.210]

**정답** 1) $-3<x \le 0$ 또는 $4 \le x<7$
2) $0 \le x<3$ 또는 $6<x \le 9$

## [줄기 5-1]

**풀이** $ax^2+(b-m)x+c-n>0$에서

$ax^2+bx+c>mx+n$

이 부등식의 해는 이차함수 $y=ax^2+bx+c$의 그래프가 직선 $y=mx+n$보다 위쪽에 있는 부분의 $x$의 값의 범위이므로

$-1<x<2$

**정답** $-1<x<2$

## [줄기 5-2]

풀이 $(a-a')x^2+(b-b')x+(c-c')\le 0$에서

$ax^2+bx+c\le a'x^2+b'x+c'$ …㉠

이 부등식의 해는 이차함수 $y=ax^2+bx+c$의 그래프가 이차함수 $y=a'x^2+b'x+c'$의 그래프와 만나거나 아래쪽에 있는 부분의 $x$의 값의 범위이므로

$x\le\alpha$ 또는 $x\ge\beta$

정답 $x\le\alpha$ 또는 $x\ge\beta$

## [줄기 5-3]

풀이 1) $f(x)-g(x)>0$에서 $f(x)>g(x)$ …㉠

㉠의 해는 $y=f(x)$의 그래프가 $y=g(x)$의 그래프보다 위쪽에 있는 부분의 $x$의 값의 범위이므로

$x<-4$ 또는 $x>2$

2) $f(x)g(x)<0$에서

i) $f(x)>0$, $g(x)<0$인 경우

$f(x)>0$일 때, $x<-3$ 또는 $x>1$ …㉠

$g(x)<0$일 때, $x<-5$ 또는 $x>3$ …㉡

㉠, ㉡의 공통부분은 $x<-5$ 또는 $x>3$

ii) $f(x)<0$, $g(x)>0$인 경우

$f(x)<0$일 때, $-3<x<1$ …㉢

$g(x)>0$일 때, $-5<x<3$ …㉣

㉢, ㉣의 공통부분은 $-3<x<1$

i), ii)에서 부등식 $f(x)g(x)<0$의 해는

$x<-5$ 또는 $x>3$ 또는 $-3<x<1$

정답 1) $x<-4$ 또는 $x>2$

2) $x<-5$ 또는 $-3<x<1$ 또는 $x>3$

## [줄기 5-4]

핵심 주어진 이차부등식의 모든 항을 좌변으로 이항하여 우변을 0으로 만든다.
(∵ 이차함수의 $x$절편 (이차방정식의 실근)에서 개념을 잡았다.)

풀이 1) $x^2\ge 2x+8$에서 $x^2-2x-8\ge 0$

$(x+2)(x-4)\ge 0$ ⇨ 크면 $(\ge 0)$ 해가 퍼진다.

$(x+2)(x-4)=0$의 작은 근이 $-2$, 큰 근이 4이다.

즉, 해가 퍼지므로 작은 근 $(-2)$보다 더 작거나 큰 근 $(4)$보다 더 크다.

$\therefore x\le -2$ 또는 $x\ge 4$

2) $3x<2x^2-1$에서 $-2x^2+3x+1<0$

$x^2$의 계수가 음수이면 양변에 $-1$을 곱하여 $x^2$의 계수를 양수로 고친다.

$2x^2-3x-1>0$ …㉠

$2x^2-3x-1=0$의 근은

$x=\dfrac{3\pm\sqrt{17}}{4}$

㉠에서 크면 $(>0)$ 해가 퍼지므로 작은 근 $\left(\dfrac{3-\sqrt{17}}{4}\right)$보다 더 작거나 큰 근 $\left(\dfrac{3+\sqrt{17}}{4}\right)$보다 더 크다.

$\therefore x<\dfrac{3-\sqrt{17}}{4}$ 또는 $x>\dfrac{3+\sqrt{17}}{4}$

정답 1) $x\le -2$ 또는 $x\ge 4$

2) $x<\dfrac{3-\sqrt{17}}{4}$ 또는 $x>\dfrac{3+\sqrt{17}}{4}$

## [줄기 5-5]

풀이 1) $ax^2-3ax-4a>0$에서 $a(x^2-3x-4)>0$

$\therefore a(x+1)(x-4)>0$ …㉠

i) $a=0$인 경우

$0\cdot(x+1)(x-4)>0$, 즉 $x$에 어떤 값을 대입해도 $0>0$이므로 성립하지 않는다.

따라서 해는 없다.

ii) $a\neq 0$인 경우

ㄱ. $a>0$일 때, ㉠의 양변을 $a$로 나누면

$(x+1)(x-4)>0$

$\therefore x<-1$ 또는 $x>4$

ㄴ. $a<0$일 때, ㉠의 양변을 $a$로 나누면

$(x+1)(x-4)<0$

$\therefore -1<x<4$

2) 이차부등식 $ax^2-3ax-4a>0$이므로 *$a\neq 0$

$ax^2-3ax-4a>0$에서 $a(x^2-3x-4)>0$

$\therefore a(x+1)(x-4)>0$ …㉠

i) $a>0$일 때, ㉠의 양변을 $a$로 나누면

$(x+1)(x-4)>0$

$\therefore x<-1$ 또는 $x>4$

ii) $a<0$일 때, ㉠의 양변을 $a$로 나누면
$(x+1)(x-4)<0$
$\therefore -1<x<4$

정답 1) $a=0$일 때, 해는 없다.
$a>0$일 때, $x<-1$ 또는 $x>4$
$a<0$일 때, $-1<x<4$
2) $a>0$일 때, $x<-1$ 또는 $x>4$
$a<0$일 때, $-1<x<4$

## [줄기 5-6]

풀이 1) $x^2-5|x|+6<0$에서 ★$|x|^2-5|x|+6<0$
$(|x|-2)(|x|-3)<0$ ⇨ 작으면$(<0)$ 해가 맺힌다.
$(|x|-2)(|x|-3)=0$에서
작은 근 $|x|=2$, 큰 근 $|x|=3$이다.
$\therefore 2<|x|<3$ ⇨ $2<\pm x<3$
$\therefore 2<x<3$ 또는 $2<-x<3$
$\therefore 2<x<3$ 또는 $-3<x<-2$
$\therefore$ **$-3<x<-2$ 또는 $2<x<3$**

방법 I 2) $x^2-3|x|-4\le 0$에서 ★$|x|^2-3|x|-4\le 0$
$(|x|+1)(|x|-4)\le 0$ ⇨ 작으면$(\le 0)$ 해가 맺힌다.
$(|x|+1)(|x|-4)=0$에서
작은 근 $|x|=-1$, 큰 근 $|x|=4$이다.
$\therefore -1\le|x|\le 4$
$\therefore 0\le|x|\le 4$ ($\because$ ★$|x|\ge 0$)
$\therefore |x|\le 4$ ($\because$ p.211 참고)
$\therefore$ **$-4\le x\le 4$**

방법 II 「강추」 2) $x^2-3|x|-4\le 0$에서 ★$|x|^2-3|x|-4\le 0$
$(|x|+1)(|x|-4)\le 0$
$|x|-4\le 0$ ($\because |x|+1>0$)
$\therefore |x|\le 4$
$\therefore$ **$-4\le x\le 4$**

방법 I 3) $x^2-2\sqrt{x^2}-3<0$에서 $|x|^2-2|x|-3<0$
$(|x|+1)(|x|-3)<0$
$\therefore -1<|x|<3$
$\therefore 0\le|x|<3$ ($\because$ ★$|x|\ge 0$)
$\therefore |x|<3$ ($\because$ p.211 참고)
$\therefore$ **$-3<x<3$**

방법 II 「강추」 3) $x^2-2\sqrt{x^2}-3<0$에서 $|x|^2-2|x|-3<0$
$(|x|+1)(|x|-3)<0$
$|x|-3<0$ ($\because |x|+1>0$)
$\therefore |x|<3$
$\therefore$ **$-3<x<3$**

4) $(|x|+3)(x-5)>0$
$x-5>0$ ($\because |x|+3>0$)
$\therefore$ **$x>5$**

5) 절댓값 기호 안의 식의 값이 0이 되게 하는 $x$의 값을 경계로 범위를 나누면

| $x<0$ | $x\ge 0$ |
|---|---|
| $\{-(x)-3\}(x-5)>0$ | $\{(x)-3\}(x-5)>0$ |
| $-(x+3)(x-5)>0$ | $(x-3)(x-5)>0$ |
| $(x+3)(x-5)<0$ | $\therefore x<3$ 또는 $x>5$ |
| $\therefore -3<x<5$ | 그런데 $x\ge 0$이므로 |
| 그런데 $x<0$이므로 | $0\le x<3$ 또는 $x>5$ …㉡ |
| $-3<x<0$ …㉠ | |

따라서 ㉠, ㉡에서 부등식의 해는
**$-3<x<3$ 또는 $x>5$**

정답 풀이 참조

## [줄기 5-7]

풀이 1) $-1<x^2+2x<1$
⇨ $-1<x^2+2x$ 그리고 $x^2+2x<1$
i) $-1<x^2+2x$에서 $x^2+2x+1>0$
$(x+1)^2>0$
$\therefore$ 해는 $x\ne -1$인 모든 실수 …㉠
ii) $x^2+2x<1$에서 $x^2+2x-1<0$
⇨ 작으면$(<0)$ 해가 맺힌다.
$x^2+2x-1=0$의 두 실근은
$x=-1\pm\sqrt{2}$이다.
즉, 해가 맺히므로 작은 근$(-1-\sqrt{2})$보다 크고 큰 근$(-1+\sqrt{2})$보다 작다.
$\therefore -1-\sqrt{2}<x<-1+\sqrt{2}$ …㉡
따라서 ㉠, ㉡의 공통 범위는
**$-1-\sqrt{2}<x<-1$ 또는 $-1<x<-1+\sqrt{2}$**

2) i) $x^2-4\ge0$, 즉 $(x-2)(x+2)\ge0$일 때

$\Leftrightarrow$ *$x\le-2$ 또는 $x\ge2$일 때

$x^2-4<3x$, $x^2-3x-4<0$,

$(x+1)(x-4)<0$

$\therefore -1<x<4$

그런데 *$x\le-2$ 또는 $x\ge2$이므로

$2\le x<4$ …㉠

ii) $x^2-4<0$, 즉 $(x-2)(x+2)<0$일 때

$\Leftrightarrow$ *$-2<x<2$일 때

$-(x^2-4)<3x$, $x^2+3x-4>0$,

$(x+4)(x-1)>0$

$\therefore x<-4$ 또는 $x>1$

그런데 *$-2<x<2$이므로

$1<x<2$ …㉡

따라서 ㉠, ㉡에서 부등식의 해는

**$1<x<4$**

정답 풀이 참조

## [줄기 5-8]

풀이 1) $-9x^2+6x-1\ge0$의 양변에 $-1$을 곱하면

$9x^2-6x+1\le0$

$9x^2-6x+1\le0$에서 $(3x-1)^2\le0$

모든 실수 $x$에 대하여 $(3x-1)^2\ge0$이므로

주어진 부등식의 해는 $x=\frac{1}{3}$

2) $-4x^2+4x-1\le0$의 양변에 $-1$을 곱하면

$4x^2-4x+1\ge0$

$4x^2-4x+1\ge0$에서 $(2x-1)^2\ge0$

모든 실수 $x$에 대하여 $(2x-1)^2\ge0$이므로

주어진 부등식의 해는 모든 실수이다.

정답 1) $x=\frac{1}{3}$ 2) 해는 모든 실수

## [줄기 5-9]

풀이 1) $-x^2+2x-4>0$의 양변에 $-1$을 곱하면

$x^2-2x+4<0$, $(x^2-2x)+4<0$

$(x-1)^2-1+4<0$, $(x-1)^2+3<0$

모든 실수 $x$에 대하여 $(x-1)^2+3\ge3$ 이므로

주어진 부등식의 해는 없다.

2) $-3x^2-2\le2x$의 우변을 0이 되게 만든다.

$3x^2+2x+2\ge0$, $3\left(x^2+\frac{2}{3}x\right)+2\ge0$

$3\left(x+\frac{1}{3}\right)^2-\frac{1}{3}+2\ge0$

$3\left(x+\frac{1}{3}\right)^2+\frac{5}{3}\ge0$

모든 실수 $x$에 대하여 $3\left(x+\frac{1}{3}\right)^2+\frac{5}{3}\ge\frac{5}{3}$ 이므로

주어진 부등식의 해는 모든 실수이다.

정답 1) 해는 없다. 2) 해는 모든 실수

## [줄기6-1]

방법 I 해가 $-2\le x\le3$이고 $x^2$의 계수가 1인 이차부등식은

$(x+2)(x-3)\le0$ $\therefore x^2-x-6\le0$ …㉠

㉠과 주어진 이차부등식 $ax^2+bx+c\ge0$의 부등호의 방향이 다르므로 $a<0$

㉠의 양변에 $a$를 곱하면 $ax^2-ax-6a\ge0$

이 부등식이 $ax^2+bx+c\ge0$과 일치하므로

$b=-a$, $c=-6a$ …㉡

㉡을 $bx^2-ax-c\ge0$에 대입하면

$-ax^2-ax+6a\ge0$

양변을 $-a$ (*$-a>0$)로 나누면

$x^2+x-6\ge0$, $(x+3)(x-2)\ge0$

$\therefore x\le-3$ 또는 $x\ge2$

방법 II 이차방정식 $ax^2+bx+c=0$의 두 근이 $-2$, 3이므로 근과 계수의 관계에 의하여

$-2+3=\frac{-b}{a}$, $(-2)\cdot3=\frac{c}{a}$

$\therefore b=-a$, $c=-6a$ …㉡

정답 $x\le-3$ 또는 $x\ge2$

## [줄기 6-2]

풀이 해가 $-\frac{1}{2}<x<\frac{2}{3}$이고 $x^2$의 계수가 1인 이차 부등식은

$\left(x+\frac{1}{2}\right)\left(x-\frac{2}{3}\right)<0 \quad \therefore x^2-\frac{1}{6}x-\frac{1}{3}<0 \cdots ㉠$

㉠과 주어진 이차부등식 $ax^2+bx+c>0$의 부등호의 방향이 다르므로 $a<0$

주어진 이차부등식의 계수가 가장 간단한 정수의 값이 되도록 ㉠의 양변에 $-6\,(\because a<0)$을 곱하면 $-6x^2+x+2>0$

이 부등식이 $ax^2+bx+c>0$과 일치하므로

$a=-6,\ b=1,\ c=2$

정답 $a=-6,\ b=1,\ c=2$

## [줄기 6-3]

핵심 이차부등식 $bx^2+(a-b)x-b^2<0$이므로 $^{*}b\neq0$이다.

방법 I 해가 $x<3-\sqrt{5}$ 또는 $x>3+\sqrt{5}$이고 $x^2$의 계수가 1인 부등식은

$\{x-(3-\sqrt{5})\}\{x-(3+\sqrt{5})\}>0$

$\therefore x^2-6x+4>0 \cdots ㉠$

㉠과 주어진 이차부등식 $bx^2+(a-b)x-b^2<0$의 부등호의 방향이 다르므로 $b<0$

㉠의 양변에 $b\,(b<0)$를 곱하면

$bx^2-6bx+4b<0$

이 부등식이 $bx^2+(a-b)x-b^2<0$과 일치하므로 $a-b=-6b \cdots ㉡,\ -b^2=4b \cdots ㉢$

㉢에서 $b^2+4b=0,\ b(b+4)=0$

$\therefore \mathbf{b=-4}\ (\because {}^{*}b\neq0)$

$b=-4$를 ㉡에 대입하면 $\mathbf{a=20}$

방법 II 이차방정식 $bx^2+(a-b)x-b^2=0$의 두 근은 $x=3\pm\sqrt{5}$이므로 근과 계수의 관계에 의하여

$(3-\sqrt{5})+(3+\sqrt{5})=\frac{-(a-b)}{b}$,

$(3-\sqrt{5})(3+\sqrt{5})=\frac{-b^2}{b}$

$-a+b=6b,\ -b=4\,(\because {}^{*}b\neq0)$

$\therefore a=20,\ b=-4$

정답 $a=20,\ b=-4$

## [줄기 6-4]

방법 I 해가 $2-\sqrt{5}<x<2+\sqrt{5}$이고 $x^2$의 계수가 1인 이차부등식은

$\{x-(2-\sqrt{5})\}\{x-(2+\sqrt{5})\}<0$

$\therefore x^2-4x-1<0 \cdots ㉠$

㉠과 주어진 이차부등식 $ax^2+12x-b>0$의 부등호의 방향이 다르므로 $a<0$

㉠의 양변에 $a$를 곱하면 $ax^2-4ax-a>0$

이 부등식이 $ax^2+12x-b>0$과 일치하므로

$-4a=12,\ -a=-b$

$\therefore a=-3,\ b=-3$

방법 II 이차방정식 $ax^2+12x-b=0$의 두 근이 $x=2\pm\sqrt{5}$이므로 근과 계수의 관계에서

$(2+\sqrt{5})+(2-\sqrt{5})=\frac{-12}{a}$

$(2+\sqrt{5})(2-\sqrt{5})=\frac{-b}{a}$

$\therefore 4a=-12,\ -a=-b$

$\therefore a=-3,\ b=-3$

정답 $a=-3,\ b=-3$

## [줄기 6-5]

풀이 $f(x)\geq0$의 해가 $2\leq x\leq3$이므로

$f(x)>0$의 해가 $2<x<3$이고

$f(x)<0$의 해는 $x<2$ 또는 $x>3$이다.

$\therefore f(-x)<0$은 $-x<2$ 또는 $-x>3$

$\therefore f(-x)<0$의 해는 $x>-2$ 또는 $x<-3$

정답 $x<-3$ 또는 $x>-2$

## [줄기 6-6]

풀이 $f(x)\geq0$의 해가 $x\leq-1$ 또는 $x\geq2$이므로

$f(x)\leq0$의 해가 $-1\leq x\leq2$이다.

$\therefore f(5-3x)\leq0$은 $-1\leq5-3x\leq2$

$-6\leq-3x\leq-3$

$\therefore f(5-3x)\leq0$의 해는 $1\leq x\leq2$

정답 $1\leq x\leq2$

## [줄기 6-7]

핵심 모든 실수 $x$에 대하여 성립하는 이차부등식 (단, *우변이 0일 때)
⇨ 모든 실수 $x$에 대하여 성립하는 이차함수의 그래프를 그린다.

풀이 $x^2+(k-1)x+1\geq 0$이 모든 실수 $x$에 대하여 성립해야 하므로
$y=x^2+(k-1)x+1$의 그래프를 그리면 아래 그림과 같아야 한다.

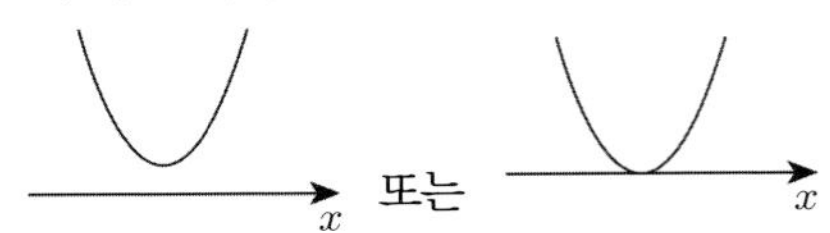


$x^2+(k-1)x+1=0$의 판별식을 $D$라 하면
$D=(k-1)^2-4\leq 0$
$k^2-2k-3\leq 0,\quad (k+1)(k-3)\leq 0$
$\therefore -1\leq k\leq 3$

정답 $-1\leq k\leq 3$

## [줄기 6-8]

핵심 부등식 $(a-1)x^2+2ax+2\geq 2x+1$이라고 했으므로 $x^2$의 계수가 0일 수 있다.

참고 모든 실수 $x$에 대하여 성립하는 이차부등식 (단, *우변이 0일 때)
⇨ 모든 실수 $x$에 대하여 성립하는 이차함수의 그래프를 그린다.

풀이 부등식 $(a-1)x^2+2ax+2\geq 2x+1$에서
*$(a-1)x^2+2(a-1)x+1\geq 0$
i) $a-1=0$ $(a=1)$인 경우
$0\cdot x^2+0\cdot x+1\geq 0$에서 $x$에 어떤 값을 대입해도 $1\geq 0$이므로 항상 성립한다.
$\therefore a=1$
ii) $a-1\neq 0$ $(a\neq 1)$인 경우
$(a-1)x^2+2(a-1)x+1\geq 0$이 모든 실수 $x$에 대하여 성립하므로
$y=(a-1)x^2+2(a-1)x+1$의 그래프를 그리면 아래 그림과 같아야 한다.

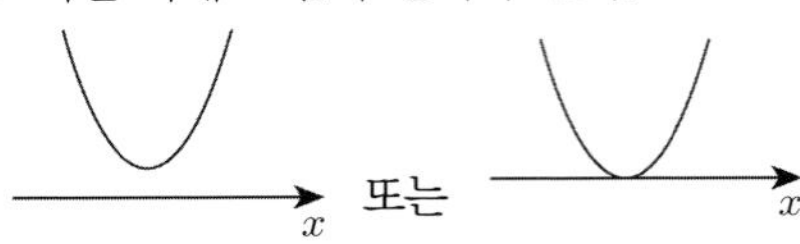


따라서 $a-1>0$ $\quad\therefore a>1$ ⋯㉠
$(a-1)x^2+2(a-1)x+1=0$의 판별식을 $D$라 하면
$\frac{D}{4}=(a-1)^2-(a-1)\leq 0$
$(a-1)\{(a-1)-1\}\leq 0,\ (a-1)(a-2)\leq 0$
$\therefore 1\leq a\leq 2$ ⋯㉡
㉠, ㉡의 공통 범위는 $1<a\leq 2$
따라서 i) $a=1$, ii) $1<a\leq 2$에 의하여 구하는 $a$의 값의 범위는 $1\leq a\leq 2$

정답 $1\leq a\leq 2$

## [줄기 6-9]

핵심 이차부등식 $(a-1)x^2+2ax+2\geq 2x+1$이라고 했으므로 $x^2$의 계수는 0이 아니다.
따라서 $a-1\neq 0$ $(a\neq 1)$이다.

참고 모든 실수 $x$에 대하여 성립하는 이차부등식 (단, *우변이 0일 때)
⇨ 모든 실수 $x$에 대하여 성립하는 이차함수의 그래프를 그린다.

풀이 이차부등식 $(a-1)x^2+2ax+2\geq 2x+1$에서
*$(a-1)x^2+2(a-1)x+1\geq 0$이고 모든 실수 $x$에 대하여 성립해야 하므로
$y=(a-1)x^2+2(a-1)x+1$의 그래프를 그리면 아래 그림과 같아야 한다.

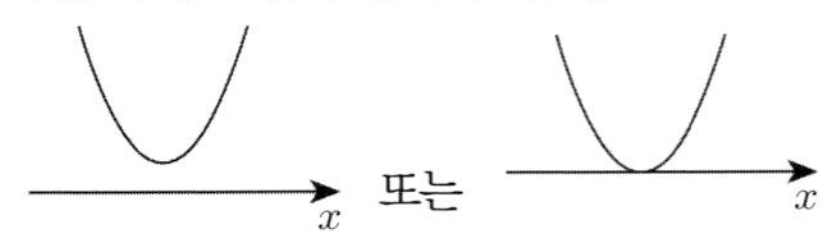


따라서 $a-1>0$ $\quad\therefore a>1$ ⋯㉠
$(a-1)x^2+2(a-1)x+1=0$의 판별식을 $D$라 하면
$\frac{D}{4}=(a-1)^2-(a-1)\leq 0$
$(a-1)\{(a-1)-1\}\leq 0,\ (a-1)(a-2)\leq 0$
$\therefore 1\leq a\leq 2$ ⋯㉡
㉠, ㉡의 공통 범위는 $1<a\leq 2$

주의 '이차부등식 $ax^2+bx+c>0$의 해'와 '부등식 $ax^2+bx+c>0$의 해'는 다를 수 있다.
※ 줄기6-8)과 같은 듯 다른 문제이다.

정답 $1<a\leq 2$

## 줄기 6-10

**핵심** 모든 실수 $x$에 대하여 성립하는 이차부등식 (단, *우변이 0일 때)
⇨ 모든 실수 $x$에 대하여 성립하는 이차함수의 그래프를 그린다.

**풀이** $x^2+2(k-1)x+k+5\geq 0$이 모든 실수 $x$에 대하여 성립하므로
$y=x^2+2(k-1)x+k+5$의 그래프를 그리면 아래 그림과 같아야 한다.

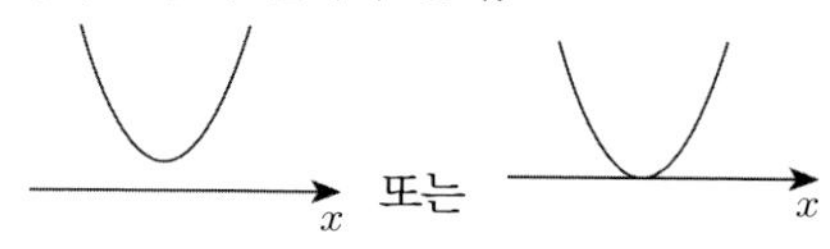


$x^2+2(k-1)x+k+5=0$의 판별식을 $D$라 하면

$\frac{D}{4}=(k-1)^2-(k+5)\leq 0$

$k^2-3k-4\leq 0,\quad (k+1)(k-4)\leq 0$

$\therefore -1\leq k\leq 4$

**정답** $-1\leq k\leq 4$

## 줄기 6-11

**핵심** 모든 실수 $x$에 대하여 성립하는 이차부등식 (단, *우변이 0일 때)
⇨ 모든 실수 $x$에 대하여 성립하는 이차함수의 그래프를 그린다.

**풀이** $x^2+2(k-1)x+k+5>0$이 모든 실수 $x$에 대하여 성립하므로
$y=x^2+2(k-1)x+k+5$의 그래프를 그리면 오른쪽 그림과 같아야 한다. 따라서
$x^2+2(k-1)x+k+5=0$의 판별식을 $D$라 하면

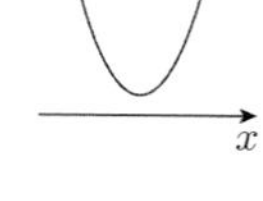


$\frac{D}{4}=(k-1)^2-(k+5)<0$

$k^2-3k-4<0,\quad (k+1)(k-4)<0$

$\therefore -1<k<4$

**정답** $-1<k<4$

## 줄기 6-12

**핵심** 이차부등식의 해가 없을 조건은 반대로 모든 실수 $x$에 대하여 항상 성립할 조건으로 바꾼다.

**풀이** $-x^2-2(a+3)x+5(a+3)>0$에서 해가 존재하지 않으려면
$-x^2-2(a+3)x+5(a+3)\leq 0$이 모든 실수 $x$에 대하여 성립해야 하므로
$y=-x^2-2(a+3)x+5(a+3)$의 그래프를 그리면 아래 그림과 같아야 한다.

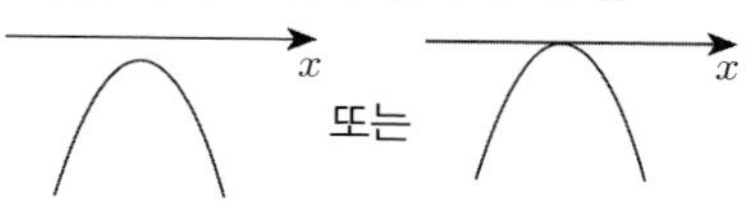


$-x^2-2(a+3)x+5(a+3)=0$의 판별식을 $D$라 하면

$\frac{D}{4}=(a+3)^2+5(a+3)\leq 0$

$(a+3)\{(a+3)+5\}\leq 0,\ (a+3)(a+8)\leq 0$

$\therefore -8\leq a\leq -3$

**정답** $-8\leq a\leq -3$

## 줄기 6-13

**핵심** 이차부등식의 해가 없을 조건은 반대로 모든 실수 $x$에 대하여 항상 성립할 조건으로 바꾼다.

**주의** 부등식 $(a-1)x^2+2(a-1)x+1<0$이라고 했으므로 $x^2$의 계수가 0일 수 있다.

**풀이** 부등식 $(a-1)x^2+2(a-1)x+1<0$의 해가 존재하지 않으려면 모든 실수 $x$에 대하여 $(a-1)x^2+2(a-1)x+1\geq 0$이 성립해야 하므로

i) $a-1=0\ (a=1)$인 경우
$0\cdot x^2+0\cdot x+1\geq 0$에서 $x$에 어떤 값을 대입해도 $1\geq 0$이므로 항상 성립한다.
$\therefore a=1$

ii) $a-1\neq 0\ (a\neq 1)$인 경우
$(a-1)x^2+2(a-1)x+1\geq 0$이 모든 실수 $x$에 대하여 성립하므로
$y=(a-1)x^2+2(a-1)x+1$의 그래프를 그리면 아래 그림과 같아야 한다.

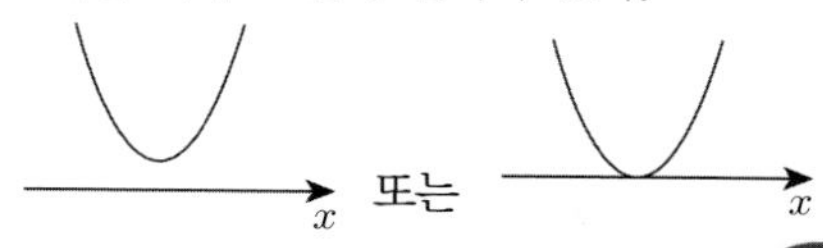

따라서 $a-1>0$ $\quad\therefore a>1 \cdots ㉠$

$(a-1)x^2+2(a-1)x+1=0$의 판별식을 $D$라 하면

$\frac{D}{4}=(a-1)^2-(a-1)\le 0$

$(a-1)\{(a-1)-1\}\le 0$

$(a-1)(a-2)\le 0$

$\therefore 1\le a\le 2 \cdots ㉡$

㉠, ㉡의 공통 범위는 $1<a\le 2$

따라서 i) $a=1$, ii) $1<a\le 2$에 의하여 구하는 $a$의 값의 범위는 $1\le a\le 2$

**팁** 줄기 6-8)과 질문 방식만 다른 같은 문제다. [p.222]

**정답** $1\le a\le 2$

## 줄기 6-14

**핵심** 이차부등식의 해가 한 개일 때
⇨ 주어진 이차부등식의 조건에 맞게 $x$축에 접하는 이차함수의 그래프를 그린다.

**풀이** $x^2-(a-5)x+4a\le 0$의 해가 한 개이므로 $y=x^2-(a-5)x+4a$의 그래프를 그리면 오른쪽 그림과 같다.

따라서 $x^2-(a-5)x+4a=0$의 판별식을 $D$라 하면

$D=(a-5)^2-16a=0$

$a^2-26a+25=0,\quad (a-1)(a-25)=0$

$\therefore a=1$ 또는 $a=25$

**정답** $a=1$ 또는 $a=25$

## 줄기 6-15

**핵심** 이차부등식의 해가 한 개일 때
⇨ 주어진 이차부등식의 조건에 맞게 $x$축에 접하는 이차함수의 그래프를 그린다.

**풀이** 주어진 부등식이 이차부등식이므로 $k-3\ne 0$

$(k-3)x^2+2(k-3)x-1\ge 0$의 해가 한 개이므로

$y=(k-3)x^2+2(k-3)x-1$의 그래프를 그리면 다음 그림과 같다.

따라서

i) $k-3<0$ ($\because$ 위로 볼록)

$\therefore k<3$

ii) $(k-3)x^2+2(k-3)x-1=0$의 판별식을 $D$라 하면

$\frac{D}{4}=(k-3)^2+(k-3)=0$

$(k-3)\{(k-3)+1\}=0$

$\therefore k=3$ 또는 $k=2$

따라서 i), ii)에서 $k=2$

**정답** 2

## 줄기 6-16

**핵심** 이차부등식을 만족시키지 않는 $x$의 값이 한 개일 조건은 반대로 이차부등식의 해가 한 개일 조건으로 바꾼다.

**풀이** $-x^2+2ax-4<0$을 만족시키지 않는 $x$의 값이 하나뿐이면

$-x^2+2ax-4\ge 0$의 해가 한 개이므로

$y=-x^2+2ax-4$의 그래프를 그리면 오른쪽 그림과 같다.

따라서 $-x^2+2ax-4=0$의 판별식을 $D$라 하면

$\frac{D}{4}=a^2-4=0,\quad (a-2)(a+2)=0$

$\therefore a=2$ 또는 $a=-2$

**정답** $-2$ 또는 $2$

## 줄기 6-17

**풀이** 이차부등식 $3x^2+kx-k<0$이 해를 가지려면 이차함수 $y=3x^2+kx-k$는 아래로 볼록하므로 이차방정식 $3x^2+kx-k=0$이 서로 다른 두 실근을 가져야 한다.

따라서 이 이차방정식의 판별식을 $D$라 하면

$D=k^2+12k>0,\quad k(k+12)>0$

$\therefore k<-12$ 또는 $k>0$

**정답** $k<-12$ 또는 $k>0$

**줄기 6-18**

풀이 부등식 $(a-3)x^2-2(a-3)x-1>0$이라고 했으므로 $x^2$의 계수가 0일 수 있다.

i) $a-3=0$ $(a=3)$일 때
$0\cdot x^2-0\cdot x-1>0$에서 $x$에 어떤 값을 대입해도 $-1<0$이므로 해는 없다.

ii) $a-3>0$ $(a>3)$일 때
이차함수 $y=(a-3)x^2-2(a-3)x-1$의 그래프는 아래로 볼록하므로 주어진 부등식은 항상 해를 갖는다.

iii) $a-3<0$ $(a<3)$일 때
이차함수 $y=(a-3)x^2-2(a-3)x-1$의 그래프는 위로 볼록하므로 주어진 부등식이 해를 가지려면 이차방정식 $(a-3)x^2-2(a-3)x-1=0$이 서로 다른 두 실근을 가져야 한다.
이 이차방정식의 판별식을 $D$라 하면

$\frac{D}{4}=(a-3)^2+(a-3)>0$

$(a-3)\{(a-3)+1\}>0$, $(a-2)(a-3)>0$

$\therefore a<2$ 또는 $a>3$

그런데 $a<3$이므로 $a<2$

따라서 ii) $a>3$, iii) $a<2$에서 구하는 $a$의 값의 범위는 $a<2$ 또는 $a>3$

정답 $a<2$ 또는 $a>3$

**줄기 6-19**

핵심 제한된 범위에서 항상 성립하는 이차부등식 (단, *우변이 0일 때)
⇨ 제한된 범위에서 항상 성립하는 이차함수의 그래프를 그린다.

풀이 $x^2-ax+a^2<9$에서 *$x^2-ax+a^2-9<0$

$f(x)=x^2-ax+a^2-9$라 하면

$0\le x<3$에서 $f(x)<0$이어야 하므로 $y=f(x)$의 그래프는 오른쪽 그림과 같아야 한다.

y=f(x)
0
3
x

i) $f(0)<0$이므로 $a^2-9<0$
$(a-3)(a+3)<0$ $\quad\therefore -3<a<3 \cdots$ ㉠

ii) $f(3)\le 0$이므로 $9-3a+a^2-9\le 0$
$a(a-3)\le 0$ $\quad\therefore 0\le a\le 3 \cdots$ ㉡

㉠, ㉡의 공통 범위는 $0\le a<3$

정답 $0\le a<3$

**줄기 6-20**

핵심 이차함수의 대칭축이 고정되어 있으면 대칭축을 고려하여 이차함수의 그래프를 그린다.

풀이 $-2x^2+8x+3a<0$에서 $2x^2-8x-3a>0$

$f(x)=2x^2-8x-3a$라 하면

$=2(x^2-4x)-3a$

$=2(x-2)^2-8-3a$

$1<x<4$에서 $f(x)>0$이어야 하므로 $y=f(x)$의 그래프는 오른쪽 그림과 같아야 한다.

y=f(x)
1
4
x
x=2

즉 $f(2)>0$에서 $-8-3a>0$

$\therefore a<-\frac{8}{3}$

정답 $a<-\frac{8}{3}$

## 줄기 6-21

**풀이** $f(x)=x^2-2(a+1)x-a+1$이라 하면

$f(x)=\{x-(a+1)\}^2-a^2-3a$

i) $-1<a+1\le 3\ (-2<a\le 2)$일 때

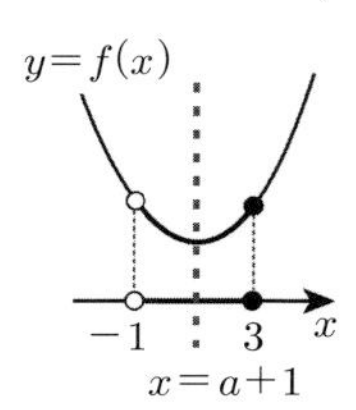


$f(a+1)\ge 0$에서 $-a^2-3a\ge 0$

$a(a+3)\le 0 \quad \therefore -3\le a\le 0$

이때 $-2<a\le 2$이므로 $-2<a\le 0$

ii) $a+1\le -1\ (a\le -2)$일 때

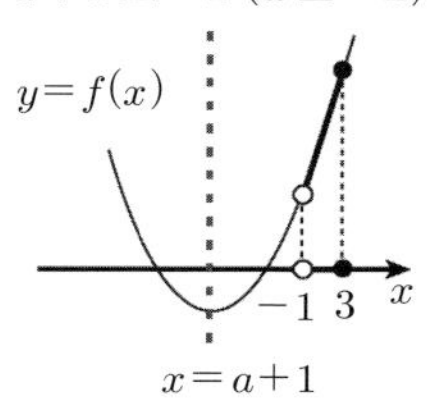


$f(-1)\ge 0$에서 $1+2(a+1)-a+1\ge 0$

$a+4\ge 0 \quad \therefore a\ge -4$

이때 $a\le -2$이므로 $-4\le a\le -2$

iii) $a+1>3\ (a>2)$일 때

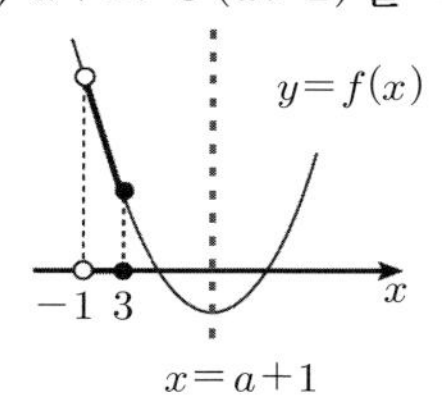


$f(3)\ge 0$에서 $9-6(a+1)-a+1\ge 0$

$-7a+4\ge 0 \quad \therefore a\le \dfrac{4}{7}$

이때 $a>2$이므로 성립하지 않는다.

i) $-2<a\le 0$, ii) $-4\le a\le -2$에서 $a$의 값의 범위는 $-4\le a\le 0$

**정답** $-4\le a\le 0$

## 줄기 6-22

**핵심** 이차함수의 $y$절편의 부호가 고정되어 있으면 $y$절편의 부호를 고려하여 이차함수의 그래프를 그린다.

**풀이** $x^2-2ax>a^2+1$에서 $x^2-2ax-a^2-1>0$

$f(x)=x^2-2ax-a^2-1$이라 하면

$f(0)=-a^2-1<0$ ⇨ ⋆$y$절편이 음수이다.

$2<x<4$에서 $f(x)>0$이어야 하므로

$y=f(x)$의 그래프는 오른쪽 그림과 같아야 한다.

$f(2)\ge 0$에서

$4-4a-a^2-1\ge 0$

$a^2+4a-3\le 0$

$a^2+4a-3=0$의 근은

$a=-2\pm\sqrt{7}$

$\therefore -2-\sqrt{7}\le a\le -2+\sqrt{7}$

**정답** $-2-\sqrt{7}\le a\le -2+\sqrt{7}$

## 줄기 6-23

**핵심** 이차함수 $y=ax^2-ax$이므로 $a\ne 0$이다.

**풀이** 곡선 $y=2x^2-2x+3$이 곡선 $y=ax^2-ax$보다 항상 위쪽에 있으므로 모든 실수 $x$에 대하여 $2x^2-2x+3>ax^2-ax$가 성립하므로

즉, $(2-a)x^2-(2-a)x+3>0$

i) $2-a=0\ (a=2)$인 경우

$0\cdot x^2-0\cdot x+3>0$에서 $x$에 어떤 값을 대입해도 $3>0$이므로 항상 성립한다.

$\therefore a=2$

ii) $2-a\ne 0\ (a\ne 2)$인 경우

$(2-a)x^2-(2-a)x+3>0$이 모든 실수 $x$에 대하여 성립해야 하므로

$y=(2-a)x^2-(2-a)x+3$의 그래프를 그리면 우측 그림과 같아야 한다. 따라서

$2-a>0$

$\therefore a<2 \cdots ㉠$

$(2-a)x^2-(2-a)x+3=0$의 판별식을 $D$라 하면

$D=(2-a)^2-12(2-a)<0$

$(2-a)\{(2-a)-12\}<0$

$(2-a)(-a-10)<0$

$(a-2)(a+10)<0$

$\therefore -10<a<2 \cdots$ ㉡

㉠, ㉡의 공통 범위는 $-10<a<2$

i) $a=2$, ii) $-10<a<2$에서 $a$의 값의 범위는 $-10<a\le 2$ (×)

**주의** 이차함수 $y=ax^2-ax$이므로 $a\neq 0$이다.

$\therefore -10<a<0$ 또는 $0<a\le 2$

**팁** 조건을 철저히 따지는 습관을 갖자!
이게 안 되면 문제는 잘 푼 것 같은 데 자꾸 답이 틀린다. ㅠㅠ

**정답** $-10<a<0$ 또는 $0<a\le 2$

### [줄기 6-24]

**풀이** $y=-x^2+ax+3$의 그래프가 직선 $y=x-2$보다 위쪽에 있는 부분의 $x$의 값의 범위는

$-x^2+ax+3>x-2$, 즉

$x^2+(1-a)x-5<0 \cdots$ ㉠의 해이다.

이때, 해가 $1<x<b$이고 $x^2$의 계수가 1인 이차부등식은

$(x-1)(x-b)<0 \quad \therefore x^2-(1+b)x+b<0$

이 부등식이 ㉠과 일치하므로

$-(1+b)=1-a$, $b=-5$

$\therefore a=-3$, $b=-5$

**정답** $a=-3$, $b=-5$

## 풀이 잎 문제

### 잎 9-1

**핵심** 계수가 분수이면 계산이 쉽지 않으므로 각 변에 분모의 최소공배수를 곱하여 계수를 정수로 고친다.

**풀이** $-2<-\frac{1}{2}x+3<x$ ⇨ 각 변에 2을 곱하면

$-4<-x+6<2x$

$-4<-x+6$ 그리고 $-x+6<2x$

i) $-4<-x+6$에서 $x<10 \cdots$ ㉠

ii) $-x+6<2x$에서 $-3x<-6 \quad \therefore x>2 \cdots$ ㉡

따라서 ㉠, ㉡의 공통 범위는 $2<x<10$

∴ 만족하는 정수 $x$는 3, 4, 5, 6, 7, 8, 9

**팁** 부등식의 각 변에 음수를 곱하면 부등호의 방향을 바꿔줘야 하므로 분모를 없애기 위해 각 변에 곱하는 수는 보통 양수를 이용한다.

**정답** 3, 4, 5, 6, 7, 8, 9

### 잎 9-2

**핵심** $|☆|<k\ (k>0)$ ⇨ $-k<☆<k$ [p.206]

**풀이** $|2x-a|<6$ ⇨ $-6<2x-a<6 \cdots$ ㉠

㉠의 각 변에 $a$를 더하면 $a-6<2x<a+6$

$\frac{a-6}{2}<x<\frac{a+6}{2}$

이 부등식이 $-2<x<b$와 일치하므로

$\frac{a-6}{2}=-2$, $\frac{a+6}{2}=b$

$a-6=-4$, $a+6=2b$

이 두 식을 연립하여 풀면 $a=2$, $b=4$

**정답** $a=2$, $b=4$

**잎 9-3**

핵심 $|☆| \le k\ (k \ge 0) \Rightarrow -k \le ☆ \le k$

풀이 $\left|\frac{1}{3}x-4\right|+\frac{1}{2}a \le 1$에서

$\left|\frac{1}{3}x-4\right| \le 1-\frac{1}{2}a$

이 부등식이 해를 가지려면

$\star 1-\frac{1}{2}a \ge 0 \quad \therefore a \le 2$

정답 $a \le 2$

**잎 9-4**

풀이 $|2x-3| \le k-1$에서 $k-1 \ge 0\ (k \ge 1)$일 때

$-(k-1) \le 2x-3 \le k-1$

$-k+4 \le 2x \le k+2$

$\therefore \frac{-k+4}{2} \le x \le \frac{k+2}{2}$

이 부등식이 $-2 \le x \le 5$와 일치하므로

$\frac{-k+4}{2}=-2,\ \frac{k+2}{2}=5 \quad \therefore k=8$

정답 8

**잎 9-5**

풀이 $ab>0$이면 $a>0,\ b>0$ 또는 $a<0,\ b<0$

i) $a>0,\ b>0$일 때

$|ax-4| \ge b$에서 $b>0$이면

$ax-4 \le -b$ 또는 $ax-4 \ge b$

$\therefore x \le \frac{-b+4}{a}$ 또는 $x \ge \frac{b+4}{a}$ ⋯㉠

㉠이 $x \le -2$ 또는 $x \ge 10$과 일치하므로

$\frac{-b+4}{a}=-2,\ \frac{b+4}{a}=10$

$-b+4=-2a$ ⋯㉡, $b+4=10a$ ⋯㉢

㉡, ㉢을 연립하여 풀면 $a=1,\ b=6$

ii) $a<0,\ b<0$일 때

$|ax-4| \ge b$에서 $b<0$이면 '해는 모든 실수'이므로 해가 $x \le -2$ 또는 $x \ge 10$인 것에 맞지 않는다.

따라서 i)에 의하여 $a=1,\ b=6$

정답 $a=1,\ b=6$

**잎 9-6**

풀이 1) $|2x-1|-3>a$에서 $|2x-1|>a+3$

이 부등식의 해가 모든 실수이려면

$a+3<0$ ($\because |2x-1|$의 최솟값이 0)

$\therefore a<-3$

2) $|x+3|+k \le -2$에서 $|x+3| \le -k-2$

이 부등식의 해가 존재하지 않으려면

$-k-2<0$ ($\because |x+3|$의 최솟값이 0)

$-k<2 \quad \therefore k>-2$

정답 1) $a<-3$ 2) $k>-2$

**잎 9-7**

풀이 $|2x-4| \le x+1$

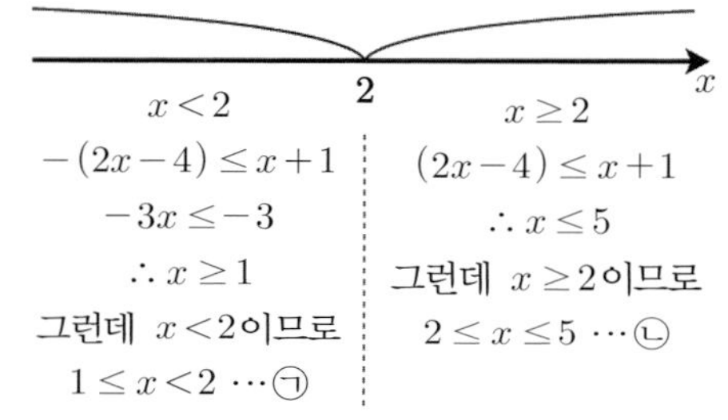

2
x
$x<2$
$-(2x-4) \le x+1$
$-3x \le -3$
$\therefore x \ge 1$
그런데 $x<2$이므로
$1 \le x < 2$ ⋯㉠
$x \ge 2$
$(2x-4) \le x+1$
$\therefore x \le 5$
그런데 $x \ge 2$이므로
$2 \le x \le 5$ ⋯㉡


따라서 ㉠, ㉡에서 $1 \le x \le 5$이므로 만족하는 정수 $x$의 값은 1, 2, 3, 4, 5이다.

따라서 만족하는 정수 $x$의 개수는 5이다.

정답 ①

**잎 9-8**

풀이 $||x-4|-2| \le 3$에서 $-3 \le |x-4|-2 \le 3$

$\therefore -1 \le |x-4| \le 5$

그런데 $|x-4| \ge 0$이므로

$0 \le |x-4| \le 5 \Rightarrow 0 \le \pm(x-4) \le 5$

$0 \le x-4 \le 5$ 또는 $0 \le -(x-4) \le 5$

$0 \le x-4 \le 5$ 또는 $-5 \le x-4 \le 0$

$4 \le x \le 9$ 또는 $-1 \le x \le 4$

$\therefore -1 \le x \le 9$

따라서 주어진 부등식을 만족시키는 정수 $x$는 $-1, 0, \underbrace{1, 2, 3, \cdots, 9}_{9\text{개}}$의 11개이다.

정답 11개

## • 잎 9-9

**풀이** 빵 A를 $x$개 만든다고 하면 빵 B는 $(10-x)$개 만들 수 있으므로

| 빵 | 밀가루(g) | 설탕(g) | |
|---|---|---|---|
| A | 70 | 40 | ⇨ $x$개 |
| B | 90 | 35 | ⇨ $(10-x)$개 |

$\begin{cases} 70x+90(10-x) \le 820 & \cdots ㉠ \text{ 밀가루 } 820\text{g} \\ 40x+35(10-x) \le 380 & \cdots ㉡ \text{ 설탕 } 380\text{g} \end{cases}$

㉠에서 $70x+900-90x \le 820$

$-20x \le -80 \quad \therefore x \ge 4 \cdots ㉢$

㉡에서 $40x+350-35x \le 380$

$5x \le 30 \quad \therefore x \le 6 \cdots ㉣$

㉢, ㉣의 공통부분을 구하면 $4 \le x \le 6$

따라서 빵 A는 최대 6개까지 만들 수 있다.

**정답** 6개

## • 잎 9-10

**풀이** 텐트의 개수를 $x$라 하면 학생은 $(5x+7)$명이다.

그리고 한 텐트에 6명씩 잘 때, 텐트가 4개 남으므로 텐트는 $(x-4)$개가 사용된다. 이때, $(x-5)$개의 텐트에 6명씩 자고 맨 마지막 텐트에는 최소 1명, 최대 6명이 자게 되므로

$6(x-5)+1 \le 5x+7 \le 6(x-5)+6$

i) $6(x-5)+1 \le 5x+7$에서 $x \le 36 \cdots ㉠$

ii) $5x+7 \le 6(x-5)+6$에서 $x \ge 31 \cdots ㉡$

㉠, ㉡의 공통부분을 구하면 $31 \le x \le 36$

이때, $x$는 자연수이므로 텐트의 개수는 31, 32, 33, 34, 35, 36이다.

**정답** 31, 32, 33, 34, 35, 36

## • 잎 9-11

**핵심** 이차부등식의 해가 주어진 경우는 그 해를 이용하여 $x^2$의 계수가 1인 이차부등식을 만든다. (∵ 만들기가 가장 쉬우므로)

**풀이** 해가 $x=3$이고 $x^2$의 계수가 1인 이차부등식은

$(x-3)^2 \le 0 \quad \therefore x^2-6x+9 \le 0 \cdots ㉠$

주어진 부등식 $ax^2+bx+c \ge 0$과 ㉠의 부등호 방향이 다르므로 $a<0$

㉠의 양변에 $a(a<0)$를 곱하면

$ax^2-6ax+9a \ge 0$

이 부등식이 $ax^2+bx+c \ge 0$과 일치하므로

$b=-6a>0,\ c=9a<0\ (\because a<0)$

$\therefore a<0,\ b>0,\ c<0$

**정답** ①

## • 잎 9-12

**핵심** 이차부등식의 해가 주어진 경우는 그 해를 이용하여 $x^2$의 계수가 1인 이차부등식을 만든다.

**풀이** 해가 $x=3$이고 $x^2$의 계수가 1인 이차부등식은

$(x-3)^2 \le 0 \quad \therefore x^2-6x+9 \le 0 \cdots ㉠$

주어진 부등식 $ax^2+bx+c \le 0$과 ㉠의 부등호 방향이 같으므로 $a>0$

㉠의 양변에 $a(a>0)$를 곱하면

$ax^2-6ax+9a \le 0$

이 부등식이 $ax^2+bx+c \le 0$과 일치하므로

$b=-6a,\ c=9a$

이것을 $bx^2+3ax+c>0$에 대입하면

$-6ax^2+3ax+9a>0$

$-3a\,(-3a<0)$로 양변을 나누면

$2x^2-x-3<0$

$(x+1)(2x-3)<0 \quad \therefore -1<x<\dfrac{3}{2}$

따라서 만족하는 정수 $x$의 값은 0, 1

**정답** 0, 1

**잎 9-13**

**핵심** 이차부등식의 해가 주어진 경우는 그 해를 이용하여 $x^2$의 계수가 1인 이차부등식을 만든다.

**풀이** 해가 $\frac{1}{8}<x<\frac{1}{2}$이고 $x^2$의 계수가 1인 이차부등식은

$\left(x-\frac{1}{8}\right)\left(x-\frac{1}{2}\right)<0$

$\therefore x^2-\frac{5}{8}x+\frac{1}{16}<0 \cdots$ ㉠

주어진 부등식 $ax^2+bx+c>0$과 ㉠의 부등호 방향이 다르므로 $a<0$

㉠의 양변에 $a(a<0)$를 곱하면

$ax^2-\frac{5}{8}ax+\frac{1}{16}a>0$

이 부등식이 $ax^2+bx+c>0$과 일치하므로

$b=-\frac{5}{8}a,\ c=\frac{1}{16}a$

이것을 $cx^2+bx+a\geq 0$에 대입하면

$\frac{1}{16}ax^2-\frac{5}{8}ax+a\geq 0$

⇨ 분모의 최소공배수 16을 양변에 곱하면

$ax^2-10ax+16a\geq 0$

⇨ $a(a<0)$로 양변을 나누면

$x^2-10x+16\leq 0$

$(x-2)(x-8)\leq 0 \qquad \therefore 2\leq x\leq 8$

따라서 구하는 정수 $x$의 개수는

2, 3, 4, 5, 6, 7, 8의 7이다.

**정답** ②

**잎 9-14**

**방법 I** $x^2-ax+7\leq 0$의 해가 $\alpha\leq x\leq\beta$이므로

$(x-\alpha)(x-\beta)\leq 0,\ x^2-(\alpha+\beta)x+\alpha\beta\leq 0$

$\therefore \alpha+\beta=a,\ \alpha\beta=7 \cdots$ ㉠

$x^2-3x+b>0$의 해가

$x<\alpha-1$ 또는 $x>\beta-1$이므로

$\{x-(\alpha-1)\}\{x-(\beta-1)\}>0$

$x^2-(\alpha+\beta-2)x+(\alpha-1)(\beta-1)>0$

$\therefore \alpha+\beta-2=3,\ (\alpha-1)(\beta-1)=b$

$\therefore \alpha+\beta=5,\ \alpha\beta-(\alpha+\beta)+1=b \cdots$ ㉡

㉠을 ㉡에 대입하면

$a=5,\ 7-a+1=b \qquad \therefore a=5,\ b=3$

**방법 II** $x^2-ax+7\leq 0$의 해가 $\alpha\leq x\leq\beta$이므로

$x^2-ax+7=0$의 근은 $x=\alpha$ 또는 $x=\beta$

$x^2-ax+7=0$의 근과 계수의 관계에 의하여

$\alpha+\beta=a,\ \alpha\beta=7 \cdots$ ㉠

$x^2-3x+b>0$의 해가

$x<\alpha-1$ 또는 $x>\beta-1$이므로

$x^2-3x+b=0$의 근은

$x=\alpha-1$ 또는 $x=\beta-1$

$x^2-3x+b=0$의 근과 계수의 관계에 의하여

$(\alpha-1)+(\beta-1)=3,\ (\alpha-1)(\beta-1)=b$

$\therefore \alpha+\beta-2=3,\ \alpha\beta-(\alpha+\beta)+1=b \cdots$ ㉡

㉠을 ㉡에 대입하면

$a-2=3,\ 7-a+1=b \qquad \therefore a=5,\ b=3$

**정답** $a=5,\ b=3$

**잎 9-15**

**핵심** $cf\begin{cases}\text{실수}:(\text{근호 안의 값})\geq 0\\ \text{허수}:(\text{근호 안의 값})<0\end{cases}$

**풀이** 모든 실수 $x$에 대하여 $\sqrt{(k+1)x^2-(k+1)x+5}$의 값이 실수가 되려면 모든 실수 $x$에 대하여 $(k+1)x^2-(k+1)x+5\geq 0$이어야 한다.

i) $k+1=0\ (k=-1)$일 때

$0\cdot x^2-0\cdot x+5\geq 0$에서 $x$에 어떤 값을 대입해도 $5\geq 0$이므로 항상 성립한다.

$\therefore k=-1$

ii) $k+1\neq 0\ (k\neq -1)$일 때

$(k+1)x^2-(k+1)x+5\geq 0$이 모든 실수 $x$에 대하여 성립하므로

$y=(k+1)x^2-(k+1)x+5$의 그래프를 그리면 다음과 같아야 한다.

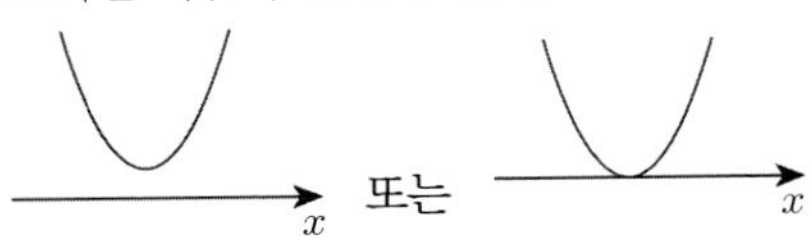


따라서 $k+1>0 \qquad \therefore k>-1 \cdots$ ㉠

$(k+1)x^2-(k+1)x+5=0$의 판별식을 $D$라 하면

$D=(k+1)^2-20(k+1)\leq 0$

$(k+1)\{(k+1)-20\}\leq 0$

$(k+1)(k-19)\leq 0$

$\therefore -1\leq k\leq 19 \cdots$ ㉡

㉠, ㉡의 공통 범위는 $-1<k\leq 19$

따라서 i) $k=-1$, ii) $-1<k\le 19$에서
$k$의 값의 범위는 $-1\le k\le 19$
이때, 주어진 부등식을 만족하는 정수 $k$는
$-1,\ 0,\ \underbrace{1,\ 2,\cdots,\ 19}_{19개}$의 21개이다.

정답 21개

## 잎 9-16

**핵심** 이차부등식을 만족시키지 않는 $x$의 값이 한 개일 조건은 반대로 이차부등식의 해가 한 개일 조건으로 바꾼다.

**풀이** 주어진 부등식은 이차부등식이므로 $k+3\neq 0$
$(k+3)x^2-2(k+3)x-1<0$을 만족시키지 않는 $x$의 값이 하나뿐이면
$(k+3)x^2-2(k+3)x-1\ge 0$의 해가 한 개이므로
$y=(k+3)x^2-2(k+3)x-1$의 그래프를 그리면 오른쪽 그림과 같다.
따라서
i) $k+3<0$ ($\because$ 위로 볼록)
$\therefore k<-3$
ii) $(k+3)x^2-2(k+3)x-1=0$의 판별식을 $D$라 하면
$\frac{D}{4}=(k+3)^2+(k+3)=0$
$(k+3)\{(k+3)+1\}=0$
$\therefore k=-3$ 또는 $k=-4$
i), ii)에서 $k=-4$
따라서 $-x^2+2x-1=-(x-1)^2<0$을 만족시키지 않는 $x$의 값은 1뿐이므로 $t=1$

정답 $t=1,\ k=-4$

## 잎 9-17

**핵심** 이차부등식의 해가 주어진 경우는 그 해를 이용하여 $x^2$의 계수가 1인 이차부등식을 만든다. ($\because$ 만들기가 가장 쉬우므로)

**풀이** 해가 $x=2$이고 $x^2$의 계수가 1인 이차부등식은
$(x-2)^2\le 0$
$\therefore x^2-4x+4\le 0\ \cdots$ ㉠
㉠과 주어진 부등식 $ax^2+bx+c\ge 0$의 부등호 방향이 다르므로 $a<0$
㉠의 양변에 $a(a<0)$를 곱하면
$ax^2-4ax+4a\ge 0$
이 부등식이 $ax^2+bx+c\ge 0$과 일치하므로
$b=-4a,\ c=4a$
ㄱ. $a<0$ (참)
ㄴ. 이차부등식 $ax^2+bx+c\ge 0$의 해가 $x=2$뿐이므로 이차방정식 $ax^2+bx+c=0$은 중근을 갖는다.
이 이차방정식의 판별식을 $D$라 하면
$D=b^2-4ac=0$ (참)
ㄷ. $b=-4a,\ c=4a$이므로
$a+b+c=a+(-4a)+4a=a<0$ (참)

정답 ㄱ. 참 ㄴ. 참 ㄷ. 참

## 잎 9-18

**풀이** 부등식 $ax^2+2x+a>0$이라고 했으므로 $x^2$의 계수가 0일 수 있다.
i) $a=0$인 경우
$2x>0\quad \therefore x>0$
따라서 $a=0$일 때, $x>0$인 해를 갖는다.
$\therefore a=0$
ii) $a\neq 0$인 경우
ㄱ. $a>0$일 때, $f(x)=ax^2+2x+a$라 하면 이차함수 $y=f(x)$의 그래프는 아래로 볼록하므로 주어진 부등식 $f(x)>0$은 항상 해를 갖는다.
$\therefore a>0$
ㄴ. $a<0$일 때, $f(x)=ax^2+2x+a$라 하면 이차함수 $y=f(x)$의 그래프는 위로 볼록하므로 주어진 부등식 $f(x)>0$이 해를 가지려면 이차방정식 $ax^2+2x+a=0$이 서로 다른 두 실근을 가져야 한다.
이 이차방정식의 판별식을 $D$라 하면
$\frac{D}{4}=1-a^2>0,\quad a^2-1<0$
$(a-1)(a+1)<0\quad \therefore -1<a<1$
그런데 $a<0$이므로 $-1<a<0$

i) $a=0$, ii) $-1<a<0$ 또는 $a>0$에서
$ax^2+2x+a>0$이 해를 가지므로 구하는
$a$의 값의 범위는 $a>-1$

정답 $a>-1$

## 잎 9-19

풀이 $f(x)<0$의 해가 $x<-4$ 또는 $x>1$이므로
$f(x)\le 0$의 해는 $x\le -4$ 또는 $x\ge 1$이고
$f(x)\ge 0$의 해는 $-4\le x\le 1$이다.
$\therefore f(2x-3)\ge 0$은 $-4\le 2x-3\le 1$
$-1\le 2x\le 4$
$\therefore f(2x-3)\ge 0$의 해는 $-\frac{1}{2}\le x\le 2$

정답 $-\frac{1}{2}\le x\le 2$

## 잎 9-20

방법 I $f(x)>0$의 해가 $-4<x<1$이다.
$\therefore f(2-x)>f(0)$은 $-4<2-x<1$ (×)
↳ 우변이 0이 아니므로 이렇게 풀면 안된다.

방법 II 이차부등식 $f(x)>0$의 해가 $-4<x<1$이므로
$f(x)=a(x+4)(x-1)$ ($\star a<0$)로 놓으면
$f(2-x)=a(2-x+4)(2-x-1)$
$=a(x-6)(x-1)$
이 식에 $x=2$를 대입하면 $f(0)=-4a$이므로
$f(2-x)>f(0)$에서
$a(x-6)(x-1)>-4a$
$(x-6)(x-1)<-4$ ($\because \star a<0$)
$x^2-7x+10<0$, $(x-2)(x-5)<0$
$\therefore 2<x<5$

정답 $2<x<5$

## 잎 9-21

풀이 $f(x)\le 0$의 해가 $-1\le x\le 2$이므로
$f\left(\frac{x+k}{2}\right)\le 0$은 $-1\le \frac{x+k}{2}\le 2$이다.
$\therefore f\left(\frac{x+k}{2}\right)\le 0$의 해는 $-2-k\le x\le 4-k$
이때, $f\left(\frac{x+k}{2}\right)\le 0$의 해가 $-3\le x\le 3$이므로
$-2-k=-3$, $4-k=3$ $\quad\therefore k=1$

정답 1

## 잎 9-22

풀이 이차함수 $y=kx^2+(k-2)x+1$이므로 $\star k\ne 0$

※ 위 $k\ne 0$인 조건은 쓰든 안 쓰든 항상 따지는 습관을 갖자!

$y=kx^2+(k-2)x+1$ ($\star k\ne 0$)의 그래프가 직선 $y=2x-1$보다 항상 위쪽에 있으므로 모든 실수 $x$에 대하여
$kx^2+(k-2)x+1>2x-1$이 성립한다. 즉, $kx^2+(k-4)x+2>0$이 모든 실수 $x$에 대하여 성립하므로 이차함수
$y=kx^2+(k-4)x+2$의 그래프를 그리면 오른쪽 그림과 같아야 한다.

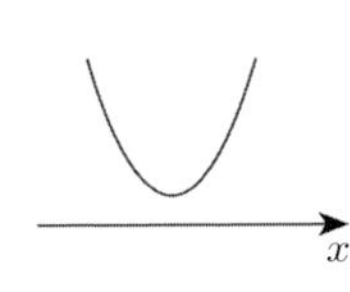


따라서 $k>0$ ⋯ ㉠
$kx^2+(k-4)x+2=0$의 판별식을 $D$라 하면
$D=(k-4)^2-8k<0$, $\quad k^2-16k+16<0$
$k^2-16k+16=0$의 근은 $k=8\pm\sqrt{48}$
$\therefore 8-4\sqrt{3}<k<8+4\sqrt{3}$ ⋯ ㉡
㉠, ㉡의 공통 범위는
$8-4\sqrt{3}<k<8+4\sqrt{3}$

정답 $8-4\sqrt{3}<k<8+4\sqrt{3}$

## 잎 9-23

풀이 $-2x^2+1\le 2x+a<x^2+3$
$-2x^2+1\le 2x+a$ 그리고 $2x+a<x^2+3$
i) $-2x^2+1\le 2x+a$에서
$2x^2+2x+a-1\ge 0$
이 부등식이 모든 실수 $x$에 대하여 성립하므로 $y=2x^2+2x+a-1$의 그래프를 그리면 다음 그림과 같아야 한다.

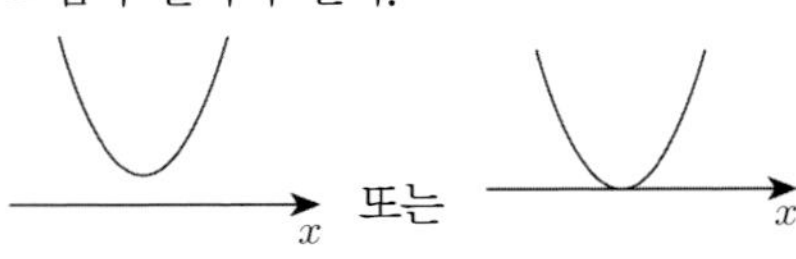


$2x^2+2x+a-1=0$의 판별식을 $D_1$이라 하면
$\frac{D_1}{4}=1-2(a-1)\le 0$
$3-2a\le 0 \quad\therefore a\ge \frac{3}{2}$ ⋯ ㉠

ii) $2x+a<x^2+3$에서

$x^2-2x+3-a>0$

이 부등식이 모든 실수 $x$에 대하여 성립하므로

$y=x^2-2x+3-a$의

그래프를 그리면 우측

그림과 같아야 한다.

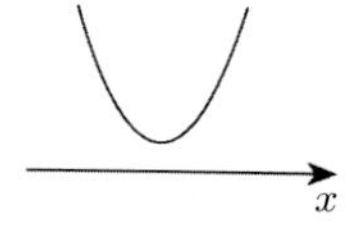


$x^2-2x+3-a=0$의

판별식을 $D_2$라 하면

$\frac{D_2}{4}=1-(3-a)<0$

$a-2<0$ $\quad\therefore a<2 \cdots ㉡$

㉠, ㉡의 공통 범위는 $\frac{3}{2}\le a<2$

정답 $\frac{3}{2}\le a<2$

## 잎 9-24

풀이 부등식 $(m+1)x^2-(m+1)x-2<0$이라고 했으므로 $x^2$의 계수가 0일 수 있다.

i) $m+1=0$ $(m=-1)$일 때

$0\cdot x^2-0\cdot x-2<0$에서 $x$에 어떤 값을 대입해도 $-2<0$이므로 항상 성립한다.

$\therefore m=-1$

ii) $m+1\ne0$ $(m\ne-1)$일 때

$(m+1)x^2-(m+1)x-2<0$이 모든 실수 $x$에 대하여 성립하므로

$y=(m+1)x^2-(m+1)x-2$의 그래프를

그리면 오른쪽 그림

과 같아야 한다.

따라서 $m+1<0$

$\therefore m<-1 \cdots ㉠$

$(m+1)x^2-(m+1)x-2=0$의 판별식을 $D$라 하면

$D=(m+1)^2+8(m+1)<0$

$(m+1)\{(m+1)+8\}<0$

$(m+1)(m+9)<0$

$\therefore -9<m<-1 \cdots ㉡$

㉠, ㉡의 공통 범위는 $-9<m<-1$

i) $m=-1$, ii) $-9<m<-1$에서 $m$의 값의 범위는 $-9<m\le-1$

따라서 만족하는 정수 $m$의 값은

$-8,\ -7,\ -6, \cdots,\ -1$

정답 $-8,\ -7,\ -6, \cdots,\ -1$

## 잎 9-25

핵심 $x$에 대한 부등식의 해가 실수 전체이다.
⇔ 모든 실수 $x$에 대하여 부등식이 성립한다.

주의 이차함수 $y=ax^2-ax$이므로 $^\star a\ne0$이다.

풀이 $f(x)>g(x)$, 즉 $2x^2-2x+3>ax^2-ax$의 해가 실수 전체이면 모든 실수 $x$에 대하여 부등식이 성립한다.

$(2-a)x^2-(2-a)x+3>0$

i) $2-a=0$ $(a=2)$일 때

$0\cdot x^2-0\cdot x+3>0$에서 $x$에 어떤 값을 대입해도 $3>0$이므로 항상 성립한다.

$\therefore a=2$

ii) $2-a\ne0$ $(a\ne2)$일 때

$(2-a)x^2-(2-a)x+3>0$이 모든 실수 $x$에 대하여 성립하므로

$y=(2-a)x^2-(2-a)x+3$

의 그래프를 그리면 오른쪽

그림과 같아야 한다. 따라서

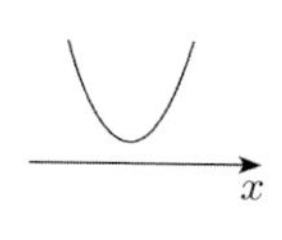


$2-a>0$ $\quad\therefore a<2 \cdots ㉠$

$(2-a)x^2-(2-a)x+3=0$의 판별식을 $D$라 하면

$D=(2-a)^2-12(2-a)<0$

$(2-a)\{(2-a)-12\}<0$

$(2-a)(-a-10)<0$, $(a-2)(a+10)<0$

$\therefore -10<a<2 \cdots ㉡$

㉠, ㉡의 공통 범위는 $-10<a<2$

i) $a=2$, ii) $-10<a<2$에서 $a$의 값의 범위는 $-10<a\le2$ (×)

이차함수 $y=ax^2-ax$에서 $^\star a\ne0$이므로

$-10<a<0$ 또는 $0<a\le2$ (○)

팁 조건을 철저히 따지는 습관을 갖자!
이게 안 되면 문제는 잘 푼 것 같은 데 자꾸 답이 틀린다. ㅠㅠ;

정답 $-10<a<0$ 또는 $0<a\le2$

**잎 9-26**

**풀이** $2x^2-2x-a>x^2+2ax-1$에서

$x^2-2(a+1)x-a+1>0$

$f(x)=x^2-2(a+1)x-a+1$이라 하면

$f(x)=\{x-(a+1)\}^2-a^2-3a$

i) $-1<a+1\le3$ $(-2<a\le2)$일 때

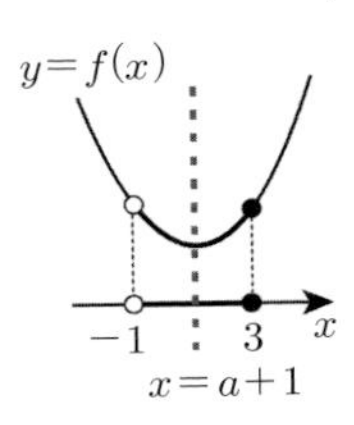


$f(a+1)>0$에서 $-a^2-3a>0$

$a^2+3a<0$, $a(a+3)<0$ $\therefore -3<a<0$

이때 $-2<a\le2$이므로 $-2<a<0$

ii) $a+1\le-1$ $(a\le-2)$일 때

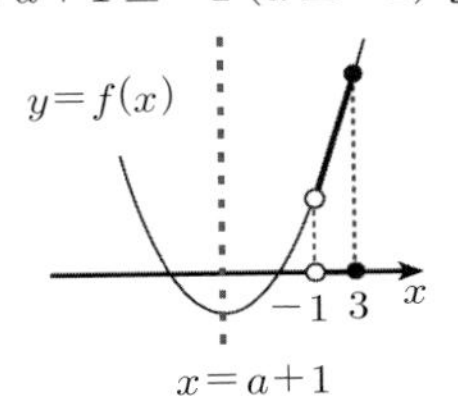


$f(-1)\ge0$에서 $1+2(a+1)-a+1\ge0$

$a+4\ge0$ $\therefore a\ge-4$

이때 $a\le-2$이므로 $-4\le a\le-2$

iii) $a+1>3$ $(a>2)$일 때

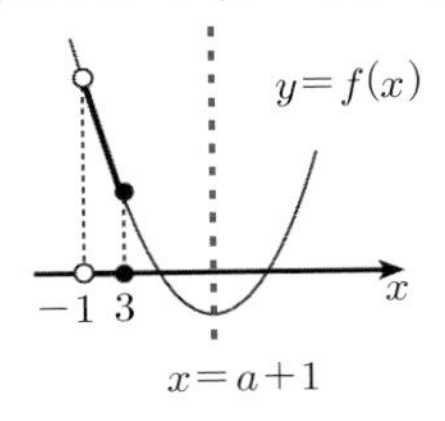


$f(3)>0$에서 $9-6(a+1)-a+1>0$

$-7a+4>0$ $\therefore a<\frac{4}{7}$

이때 $a>2$이므로 성립하지 않는다.

i) $-2<a<0$, ii) $-4\le a\le-2$에서 $a$의 값의 범위는 $-4\le a<0$

따라서 실수 $a$의 최솟값은 $-4$이다.

**정답** $-4$

CHAPTER **9** 여러 가지 부등식 (2)

본문 p.233

## 풀이 줄기 문제

### [줄기 7-1]

**핵심** 고정된 해를 먼저 수직선 위에 그려 놓은 후, 움직이는 해를 이동시켜본다.

**풀이** $\begin{cases} x^2-(1+a)x+a\le0 & \cdots ㉠ \\ x^2-x-6<0 & \cdots ㉡ \end{cases}$

* ㉡의 해가 고정되었으므로 ㉡의 해를 구해 수직선 위에 먼저 그려 놓는다.

㉡ : $x^2-x-6<0$, $(x+2)(x-3)<0$

$\therefore -2<x<3 \cdots$ ㉡

㉠ : $x^2-(1+a)x+a\le0$, $(x-1)(x-a)\le0$

$\therefore 1\le x\le a \cdots$ ㉠ $(\because a>1)$

㉠의 해에서 1은 고정되었으므로 수직선 위에 그려 놓고 움직이는 $a$를 이동시켜본다.

㉠, ㉡의 해의 공통부분이 $1\le x\le a$가 되도록 수직선 위에 나타내면 오른쪽 그림과 같다.

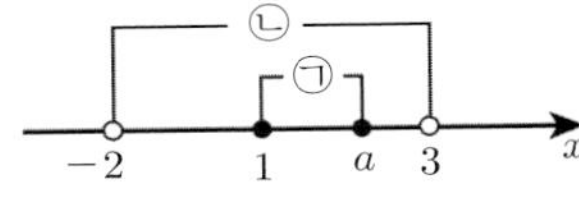


$\therefore 1\le a<3$ (×)

$\therefore 1<a<3$ $(\because a>1)$

**정답** $1<a<3$

### [줄기 7-2]

**핵심** 고정된 해를 먼저 수직선 위에 그려 놓은 후, 움직이는 해를 이동시켜본다.

**풀이** $\begin{cases} x^2-5x-6\le0 & \cdots ㉠ \\ x^2+(a+1)x+a>0 & \cdots ㉡ \end{cases}$

* ㉠의 해가 고정되었으므로 ㉠의 해를 구하여 수직선 위에 먼저 그려 놓는다.

㉠ : $x^2-5x-6\le0$, $(x+1)(x-6)\le0$

$\therefore -1\le x\le6 \cdots$ ㉠

㉡ : $x^2+(a+1)x+a>0$

$(x+1)(x+a)>0$ ⇨ 해가 퍼진다.

$\therefore x<$ 작은 근 또는 $x>$ 큰 근 [p.212]

㉡은 해가

i) $\boxed{-a}>-1$일 때, $x<-1$ 또는 $x>\boxed{-a}$

ii) $-a=-1$일 때, $(x+1)^2>0$이므로 해는

$x\neq-1$인 모든 실수

iii) $-a<\boxed{-1}$일 때, $x<-a$ 또는 $x>\boxed{-1}$

㉡의 해에서 $-1$은 고정되었으므로 수직선 위에 그려 놓고 움직이는 $-a$를 이동시켜본다.

㉠, ㉡의 해의 공통부분이 $4<x\le6$이기 위한 ㉡의 해는 i) $x<-1$ 또는 $x>-a$이다.

따라서 ㉠, ㉡의 해를 수직선 위에 나타내면 오른쪽 그림과 같다.

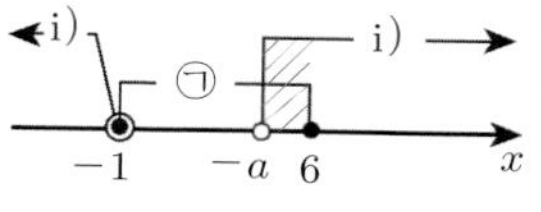


따라서 $-a=4$ $\quad\therefore a=-4$

정답 $-4$

## [줄기 7–3]

핵심 고정된 해를 먼저 수직선 위에 그려 놓은 후, 움직이는 해를 이동시켜본다.

풀이 $\begin{cases} x^2-9>0 & \cdots ㉠ \\ 2x^2+(9+2a)x+9a<0 & \cdots ㉡ \end{cases}$

*㉠의 해가 고정되었으므로 ㉠의 해를 구하여 수직선 위에 먼저 그려 놓는다.

㉠ : $x^2-9>0$, $\quad(x-3)(x+3)>0$

$\therefore x<-3$ 또는 $x>3$ $\cdots$ ㉠

㉡ : $2x^2+(9+2a)x+9a<0$

$\therefore (2x+9)(x+a)<0$ $\cdots$ ㉡

㉡의 해에서 $-\dfrac{9}{2}$는 고정되었으므로 수직선 위에 그려 놓고 움직이는 $-a$를 이동시켜본다.

㉠, ㉡을 동시에 만족시키는 정수 $x$의 값이 $-4$뿐이려면 다음 그림에서

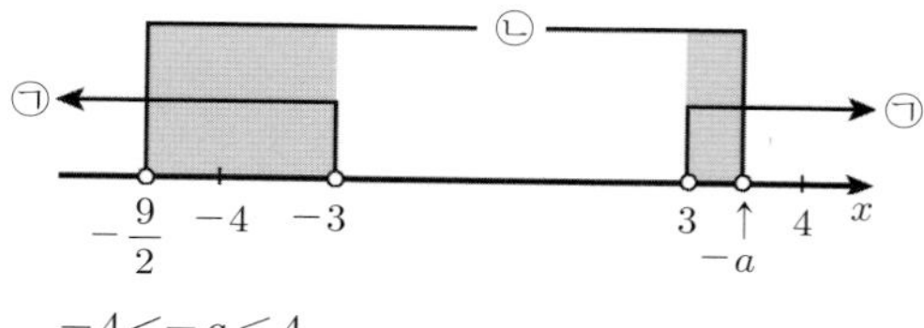


$-4<-a\le4$

$\therefore -4\le a<4$

정답 $-4\le a<4$

## [줄기 7–4]

핵심 고정된 해를 먼저 수직선 위에 그려 놓은 후, 움직이는 해를 이동시켜본다.

풀이 $\begin{cases} x^2-x-12\le0 & \cdots ㉠ \\ x^2-(a+2)x+2a>0 & \cdots ㉡ \end{cases}$

*㉠의 해가 고정되었으므로 ㉠의 해를 구하여 수직선 위에 먼저 그려 놓는다.

㉠ : $x^2-x-12\le0$, $\quad(x+3)(x-4)\le0$

$\therefore -3\le x\le4$ $\cdots$ ㉠

㉡ : $x^2-(a+2)x+2a>0$

$\therefore (x-2)(x-a)>0$ $\cdots$ ㉡

㉡의 해에서 2는 고정되었으므로 수직선 위에 그려 놓고 움직이는 $a$를 이동시켜본다.

㉠, ㉡을 동시에 만족시키는 정수 $x$가 3개이므로 다음 그림에서

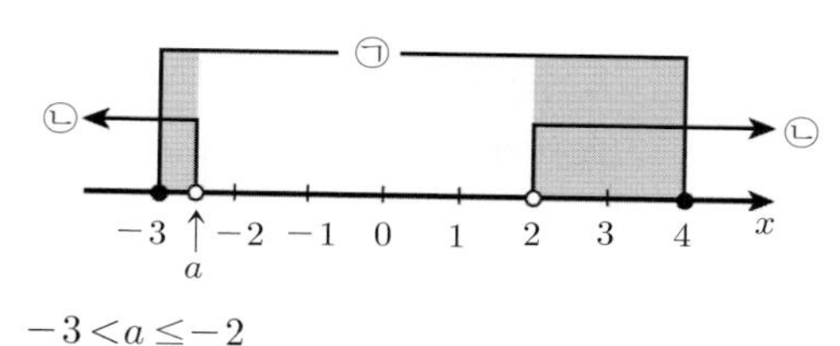


$-3<a\le-2$

정답 $-3<a\le-2$

## [줄기 7–5]

풀이 $x^2+kx+2k-3=0$의 판별식을 $D_1$이라 하면 이 이차방정식이 허근을 가지므로

$D_1=k^2-4(2k-3)<0$

$k^2-8k+12<0$, $\quad(k-2)(k-6)<0$

$\therefore 2<k<6$ $\cdots$ ㉠

$x^2-2kx+9=0$의 판별식을 $D_2$라 하면 이 이차방정식이 허근을 가지므로

$\dfrac{D_2}{4}=k^2-9<0$, $\quad(k-3)(k+3)<0$

$\therefore -3<k<3$ $\cdots$ ㉡

㉠, ㉡의 공통부분을 구하면 $2<k<3$

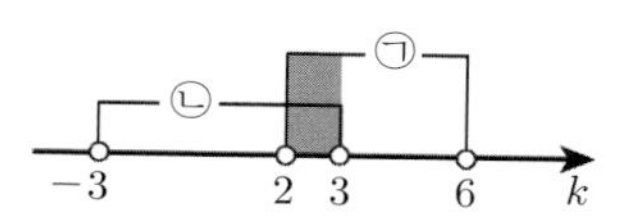


정답 $2<k<3$

## [줄기 7-6]

풀이 길이는 양수이므로 ※ (길이)>0

$x-2>0,\ x>0,\ x+2>0 \quad \therefore x>2 \cdots ㉠$

삼각형의 가장 긴 변의 길이는 나머지 두 변의 길이의 합보다 작으므로

$x+2<(x-2)+x \quad \therefore x>4 \cdots ㉡$

예각삼각형이 되려면

$(x+2)^2<(x-2)^2+x^2,\quad x^2-8x>0$

$x(x-8)>0 \quad \therefore x<0$ 또는 $x>8 \cdots ㉢$

따라서 ㉠, ㉡, ㉢의 공통부분을 구하면

$x>8$

정답 $x>8$

## [줄기 7-7]

풀이 도로의 폭을 $x$ m ($x>0$)라고 하면 도로를 제외한 넓이는 $(50^2-50\cdot x\cdot 2+x^2)\,\mathrm{m}^2$ 이다.

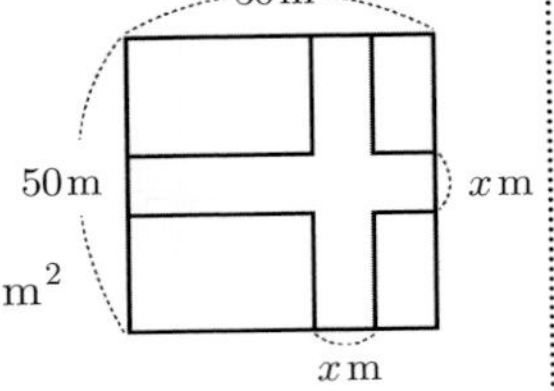


넓이가 $1600\,\mathrm{m}^2$ 이상이 되어야 하므로

$2500-100x+x^2\ge 1600$

$x^2-100x+900\ge 0,\ (x-10)(x-90)\ge 0$

$\therefore x\le 10$ 또는 $x\ge 90$

그런데 $0<x<50$이므로 $0<x\le 10$

$\therefore$ 도로의 폭은 0m 초과 10m 이하이다.

정답 0m 초과 10m 이하

## [줄기 8-1]

풀이 $(k^2+1)x^2-4(k-1)x+4=0$의 두 근을 $\alpha,\beta$, 판별식을 $D$라 하면

i) $\dfrac{D}{4}=4(k-1)^2-4(k^2+1)\ge 0$

$-8k\ge 0 \quad \therefore k\le 0$

ii) $\alpha+\beta=\dfrac{4(k-1)}{k^2+1}<0$

$4(k-1)<0\ (\because k^2+1>0)$

$\therefore k<1$

iii) $\alpha\beta=\dfrac{4}{k^2+1}>0$

$4>0\ (\because k^2+1>0)$

$\therefore k$는 모든 실수

i), ii), iii)의 공통 범위를 구하면 $k\le 0$

정답 $k\le 0$

## [줄기 8-2]

핵심 두 근이 서로 다른 부호일 조건 (*제일 쉽다.)
⇨ $\alpha\beta<0$

풀이 $3x^2-2(k-1)x+k+4=0$의 두 근을 $\alpha,\beta$라 하면

$\alpha\beta=\dfrac{k+4}{3}<0,\quad k+4<0 \quad \therefore k<-4$

정답 $k<-4$

## [줄기 8-3]

핵심 i) 두 근이 서로 다른 부호 (*제일 쉽다. ^^)
⇨ $\alpha\beta<0$
ii) 양의 근이 음의 근의 절댓값보다 크다.
⇨ $\alpha+\beta>0$

풀이 $x^2+(k-2)x-k-6=0$의 두 근을 $\alpha,\beta$라 하면

i) $\alpha\beta=-k-6<0 \quad \therefore k>-6 \cdots ㉠$

ii) $\alpha+\beta=-(k-2)>0 \quad \therefore k<2 \cdots ㉡$

따라서 ㉠, ㉡의 공통 범위를 구하면

$-6<k<2$

정답 $-6<k<2$

## [줄기 8-4]

핵심 i) 두 근이 서로 다른 부호 (*제일 쉽다. ^^)
⇨ $\alpha\beta<0$
ii) 두 근이 서로 다른 부호이면서 절댓값이 같다. ⇨ $\alpha+\beta=0$

풀이 $x^2-2(m^2+2m-8)x+m=1$에서

$x^2-2(m^2+2m-8)x+m-1=0$

이 이차방정식의 두 근을 $\alpha,\beta$라 하면

i) $\alpha\beta=m-1<0 \quad \therefore m<1 \cdots ㉠$

ii) $\alpha+\beta=2(m^2+2m-8)=0$

$m^2+2m-8=0,\quad (m+4)(m-2)=0$

$\therefore m=-4$ 또는 $m=2$ ⋯㉡

따라서 ㉠, ㉡을 동시에 만족시키는 $m$의 값은 $-4$이다.

정답 $-4$

## [줄기 8-5]

핵심 이차방정식의 $x^2$의 계수가 음수이면 양변에 $-1$을 곱하여 $x^2$의 계수를 양수로 바꾼다.
($\because$ 아래로 볼록한 이차함수의 그래프에서 개념을 잡았다.)

풀이 $-x^2+kx-2k=0$에서 $x^2-kx+2k=0$

$f(x)=x^2-kx+2k$라 하면 이차방정식 $f(x)=0$의 두 근이 모두 $-2$보다 크므로 이차함수 $y=f(x)$의 그래프는 오른쪽 그림과 같다.

i) 두 근이 $-2$보다 크다. ⇨ 두 근은 실근이다.

$D=k^2-8k\geq 0,\quad k(k-8)\geq 0$

$\therefore k\leq 0$ 또는 $k\geq 8$ ⋯㉠

ii) $f(-2)=4+2k+2k>0 \quad \therefore k>-1$ ⋯㉡

iii) 대칭축 $x=\dfrac{k}{2}$이므로 $\dfrac{k}{2}>-2$

$\therefore k>-4$ ⋯㉢

따라서 ㉠, ㉡, ㉢을 만족하는 $k$의 공통 범위는

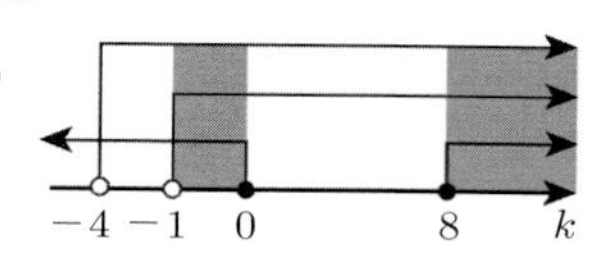


$-1<k\leq 0$ 또는 $k\geq 8$

정답 $-1<k\leq 0$ 또는 $k\geq 8$

## [줄기 8-6]

풀이 $f(x)=x^2-2(m+2)x+m^2$이라 하면 이차방정식 $f(x)=0$의 두 근 사이에 1이 있으므로 이차함수 $y=f(x)$의 그래프는 오른쪽 그림과 같다.

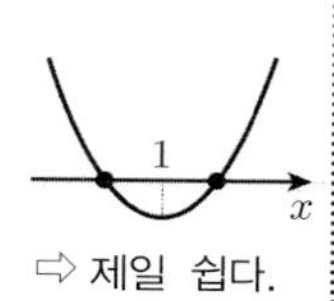


⇨ 제일 쉽다.

따라서 $f(1)<0$이어야 하므로

$1-2(m+2)+m^2<0$

$m^2-2m-3<0,\quad (m+1)(m-3)<0$

$\therefore -1<m<3$

정답 $-1<m<3$

## [줄기 8-7]

풀이 $f(x)=x^2-2mx-3m+4$라 하면 이차방정식 $f(x)=0$의 두 근이 모두 0과 3 사이에 있으므로 이차함수 $y=f(x)$의 그래프는 오른쪽 그림과 같다.

i) 두 근이 0과 3 사이에 있다. ⇨ 두 근은 실근이다.

$\dfrac{D}{4}=m^2+3m-4\geq 0$

$(m+4)(m-1)\geq 0$

$\therefore m\leq -4$ 또는 $m\geq 1$ ⋯㉠

ii) $\begin{cases} f(0)=-3m+4>0\text{이므로 } m<\dfrac{4}{3} \\ f(3)=-9m+13>0\text{이므로 } m<\dfrac{13}{9} \end{cases}$

$\therefore m<\dfrac{4}{3}$ ⋯㉡

iii) 대칭축 $x=m$이므로 $0<m<3$ ⋯㉢

따라서 ㉠, ㉡, ㉢을 만족하는 $m$의 공통 범위는

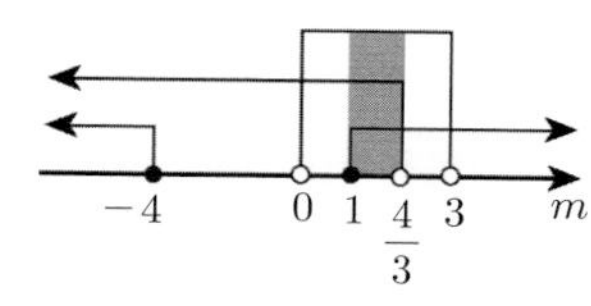


$1\leq m<\dfrac{4}{3}$

팁 ㉠, ㉡, ㉢, 즉 3개의 공통 범위이므로 각 부등식의 해 3개가 겹쳐진 부분을 찾는다.

정답 $1\leq m<\dfrac{4}{3}$

**[줄기 8-8]**

**핵심** 이차함수의 $y$절편이 고정되어 있으면 $y$절편을 고려하여 이차함수의 그래프를 그린다.

**풀이** 1) $f(x)=x^2+2(a-1)x+4$라 하면 $y$절편 4이므로 주어진 조건을 만족시키는 이차함수 $y=f(x)$의 그래프는 다음 그림과 같다.

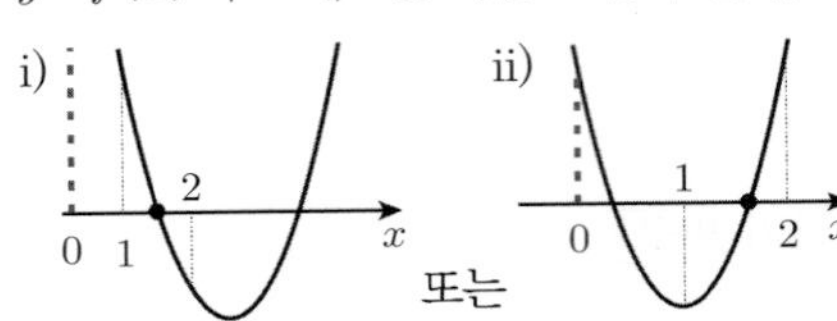


$f(1)f(2)<0$이므로 $(2a+3)(4a+4)<0$

$4(2a+3)(a+1)<0 \quad \therefore -\dfrac{3}{2}<a<-1$

2) $f(x)=x^2+2(a-1)x-4$라 하면 $y$절편 $-4$이므로 주어진 조건을 만족시키는 이차함수 $y=f(x)$의 그래프는 다음 그림과 같다.

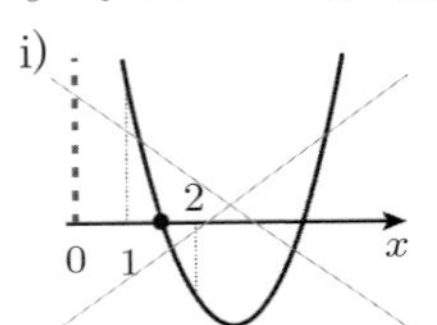


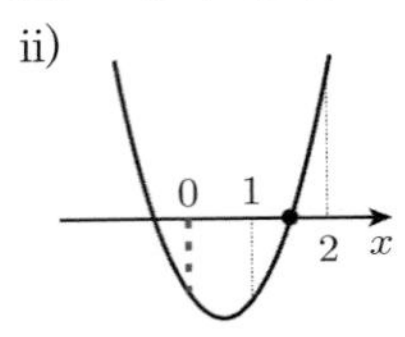


$y$절편 $-4$, 즉 $f(0)=-4$이므로 i)의 그래프는 오류이다.

따라서 ii)의 그래프에서

$f(1)<0$이므로 $2a-5<0 \quad \therefore a<\dfrac{5}{2} \cdots$ ㉠

$f(2)>0$이므로 $4a-4>0 \quad \therefore a>1 \cdots$ ㉡

㉠, ㉡에서 $a$의 공통 범위는 $1<a<\dfrac{5}{2}$

**참고** **이차방정식의 근의 위치는 실근인 경우에만 해당이 되므로 판별식 $D\geq 0$임을 따져야 하는 데 줄기 8-8)의 1), 2)번에서 판별식 $D$를 따지지 않은 이유**

$y=f(x)$의 그래프가 아래로 볼록할 때, $f(k)<0$이면 $k$의 좌우에서 $x$축과 만나게 되므로 $D>0$이 된다. 따라서 $f(k)<0$인 $k$가 있으면 판별식 $D$를 따져주지 않아도 된다.

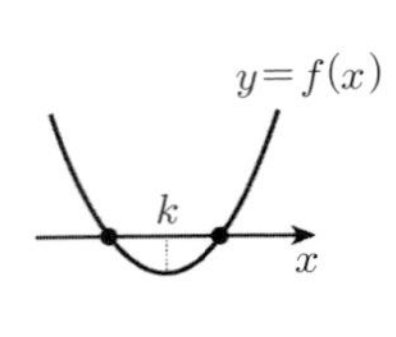


**정답** 1) $-\dfrac{3}{2}<a<-1$ 2) $1<a<\dfrac{5}{2}$

**[줄기 8-9]**

**핵심** 이차함수의 대칭축이 고정되어 있으면 대칭축을 고려하여 이차함수의 그래프를 그린다.

**풀이** $f(x)=x^2-2x+a$라 하면 대칭축이 $x=1$이므로 주어진 조건을 만족시키는 이차함수 $y=f(x)$의 그래프는 다음 그림과 같다.

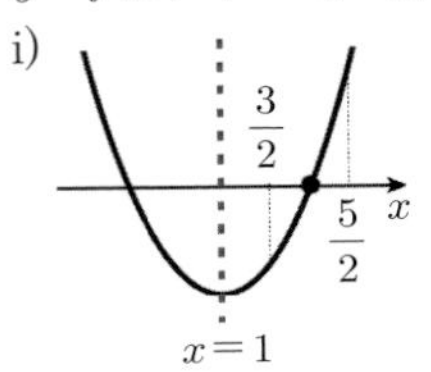


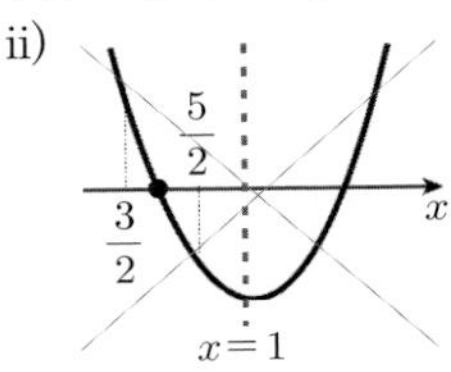


대칭축이 $x=1$이므로 ii)의 그래프는 오류이다.

i)의 그래프에서

$f\left(\dfrac{3}{2}\right)\leq 0$이므로 $\dfrac{9}{4}-3+a\leq 0 \quad \therefore a\leq \dfrac{3}{4} \cdots$ ㉠

$f\left(\dfrac{5}{2}\right)\geq 0$이므로 $\dfrac{25}{4}-5+a\geq 0 \quad \therefore a\geq -\dfrac{5}{4} \cdots$ ㉡

㉠, ㉡에서 $a$의 공통범위는 $-\dfrac{5}{4}\leq a\leq \dfrac{3}{4}$

**정답** $-\dfrac{5}{4}\leq a\leq \dfrac{3}{4}$

**[줄기 8-10]**

**핵심** 이차함수의 $y$절편이 고정되어 있으면 $y$절편을 고려하여 이차함수의 그래프를 그린다.

**풀이** 주어진 식은 이차방정식이므로 $a\neq 0$이다.

$f(x)=ax^2-(a+3)x-5$라 하면 $y$절편 $-5$이므로 주어진 조건을 만족시키는 이차함수 $y=f(x)$의 그래프는 다음 그림과 같다.

i) $a>0 \cdots$ ㉠일 때 ii) $a<0$일 때

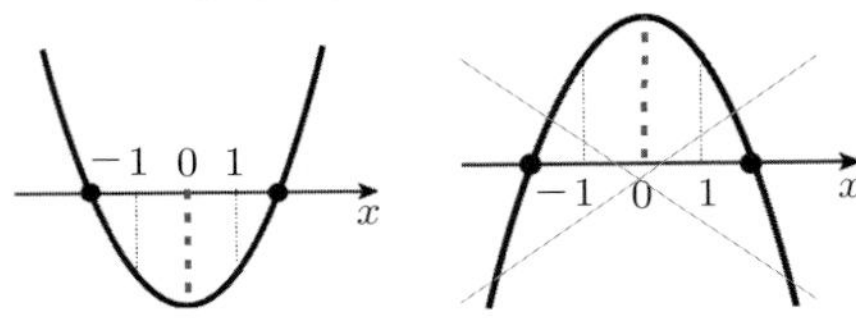


$y$절편 $-5$, 즉 $f(0)=-5$이므로 ii)의 그래프는 오류이다.

i)의 그래프에서

$f(-1)<0$이므로 $2a-2<0 \quad \therefore a<1 \cdots$ ㉡

$f(1)<0$이므로 $-8<0$ (항상 성립)

㉠, ㉡에서 $a$의 공통범위는 $0<a<1$

**정답** $0<a<1$

## 풀이 잎 문제

### 잎 9-1

풀이 $\begin{cases} x^2-2x-3>0 & \cdots ㉠ \\ x^2-(a+5)x+5a\le 0 & \cdots ㉡ \end{cases}$

* ㉠의 해가 고정되었으므로 ㉠의 해를 구하여 수직선 위에 먼저 그려 놓는다.

㉠ : $x^2-2x-3>0$, $(x+1)(x-3)>0$

$\therefore x<-1$ 또는 $x>3$ ⋯ ㉠

㉡ : $x^2-(a+5)x+5a\le 0$

$\therefore (x-5)(x-a)\le 0$ ⋯ ㉡

㉡의 해에서 5는 고정되었으므로 수직선 위에 그려 놓은 후 움직이는 $a$를 이동시켜본다.

㉠, ㉡의 해의 공통부분이 $3<x\le 5$이려면 오른쪽 그림과 같다. 따라서 $a$의 값의 범위는 $-1\le a\le 3$

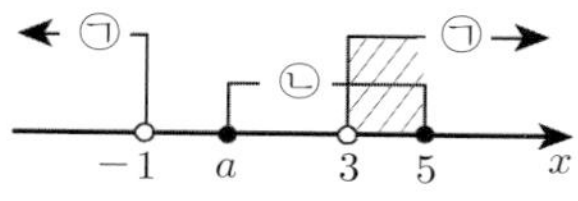


정답 $-1\le a\le 3$

### 잎 9-2

풀이 $\begin{cases} x^2-3x+a\le 0 & \cdots ㉠ \\ x^2-x+b>0 & \cdots ㉡ \end{cases}$

㉠의 해를 $\alpha\le x\le\beta$ $(\alpha<\beta)$라 하고, ㉡의 해를 $x<p$ 또는 $x>q$ $(p<q)$라 하자.

㉠, ㉡의 해의 공통부분이 $2<x\le 3$이 되도록 수직선 위에 나타내면 오른쪽 그림과 같아야 한다.

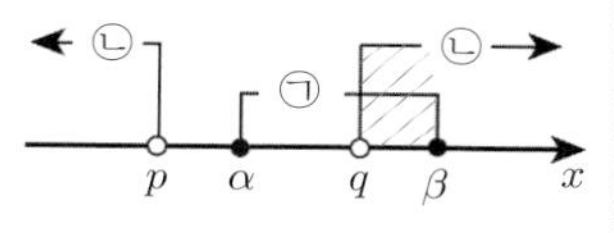


$\therefore q=2,\ \beta=3$

$\beta=3$은 $x^2-3x+a=0$의 근이므로

$9-9+a=0 \qquad \therefore a=0$

$q=2$는 $x^2-x+b=0$의 근이므로

$4-2+b=0 \qquad \therefore b=-2$

정답 $a=0,\ b=-2$

### 잎 9-3

풀이 $\begin{cases} x^2-2x-a\ge 0 & \cdots ㉠ \\ x^2-4x+b<0 & \cdots ㉡ \end{cases}$

㉠의 해를 $x\le\alpha$ 또는 $x\ge\beta$ $(\alpha<\beta)$라 하고, ㉡의 해를 $p<x<q$ $(p<q)$라 하자.

㉠, ㉡의 해의 공통부분이 $-2<x\le -1$ 또는 $3\le x<6$이 되도록 수직선 위에 나타내면 오른쪽 그림과 같아야 한다.

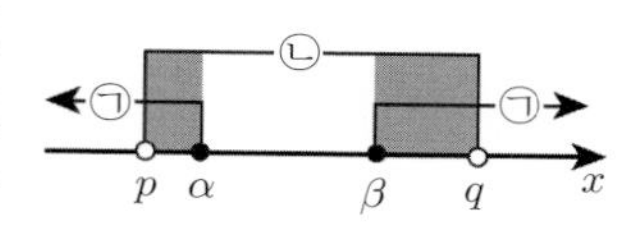


$\therefore p=-2,\ \alpha=-1,\ \beta=3,\ q=6$

$\alpha=-1,\ \beta=3$은 $x^2-2x-a=0$의 근이므로 근과 계수의 관계에 의하여

$(-1)\cdot 3=-a \qquad \therefore a=3$

$p=-2,\ q=6$은 $x^2-4x+b=0$의 근이므로 근과 계수의 관계에 의하여

$(-2)\cdot 6=b \qquad \therefore b=-12$

정답 $a=3,\ b=-12$

### 잎 9-4

풀이 $\begin{cases} (x-a)(x-b)\ge 0 & \cdots ㉠ \\ (x-b)(x-c)\ge 0 & \cdots ㉡ \end{cases}$

$a<b<c$이므로

㉠에서 $x\le a$ 또는 $x\ge b$

㉡에서 $x\le b$ 또는 $x\ge c$

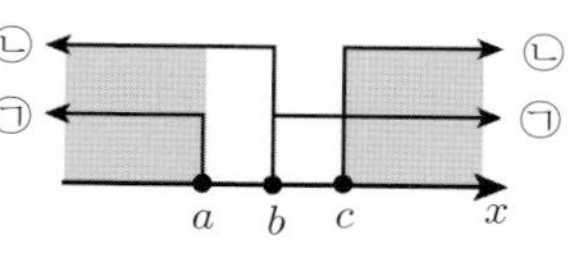


㉠, ㉡의 공통 범위는 $x\le a$ 또는 $x\ge c$

$\therefore a=-2,\ c=3$

정답 $a=-2,\ c=3$

## 잎 9-5

**핵심** '잘못 보고 푼 것'에서 해를 구하는 방법
⇨ ★정확하게 본 것만을 이용한다.
($\because$ 잘못 본 것을 통해 구한 답은 오류이므로)

**풀이** 잘못 본 것은 ☆, △로 나타내었다.
갑은 일차항의 계수를 잘못 보았으므로 $g_1$에서
$x^2+☆x+b=0$의 두 근이 $-3$, $8$이므로
근과 계수의 관계에 의하여 두 근의 곱은
$(-3)\cdot 8=b \quad \therefore b=-24$
을은 상수항을 잘못 보았으므로 $g_2$에서
$x^2+ax+△=0$의 두 근이 $-7$, $-3$이므로
근과 계수의 관계에 의하여 두 근의 합은
$(-7)+(-3)=-a \quad \therefore a=10$
$x^2+ax+b<0$에서 $x^2+10x-24<0$
$(x+12)(x-2)<0 \quad \therefore -12<x<2$
이 부등식을 만족하는 정수 $x$는
$\underbrace{-11,\ -10, \cdots,\ -1}_{11\text{개}}$, $0$, $1$의 $13$개이다.

**정답** 13개

## 잎 9-6

**풀이** $\begin{cases} |x-2|<k & \cdots ㉠ \\ x^2-2x-3\le 0 & \cdots ㉡ \end{cases}$ (단, $k$는 양의 정수)
㉠에서 $-k<x-2<k \quad \therefore 2-k<x<2+k$
㉡에서 $(x+1)(x-3)\le 0 \quad \therefore -1\le x\le 3$
연립부등식을 만족하는 정수 $x$의 개수가 5일 때, 즉 $x=-1, 0, 1, 2, 3$이 되기 위해서는

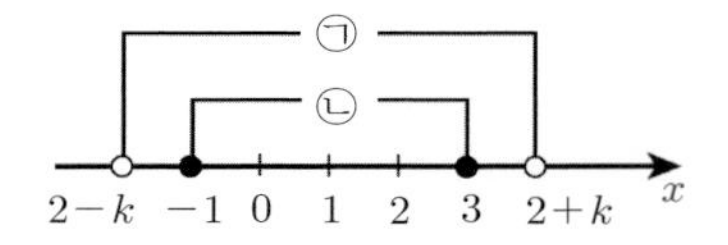


$2-k<-1$이고 $2+k>3$이어야 한다.
$\therefore k>3$이고 $k>1$
$\therefore k>3$
따라서 양의 정수 $k$의 최솟값은 4이다.

**정답** 4

## 잎 9-7

**풀이** $[x]=n$ ($n$은 정수)이면 $n\le x<n+1$

**방법 I** $2[x]^2-[x]-6<0$에서
$(2[x]+3)([x]-2)<0$
$\therefore -\frac{3}{2}<[x]<2$
$\therefore [x]=-1, 0, 1$ ($\because [x]$의 값은 정수)
$\therefore -1\le x<0,\ 0\le x<1,\ 1\le x<2$
$\therefore -1\le x<2$

**방법 II** 「강추」 $2[x]^2-[x]-6<0$에서
$[x]$를 정수 $n$이라 하면
$2n^2-n-6<0,\quad (2n+3)(n-2)<0$
$\therefore -\frac{3}{2}<n<2$
$\therefore n=-1, 0, 1$ ($\because n$은 정수)
$\therefore [x]=-1, 0, 1$
$\therefore -1\le x<0,\ 0\le x<1,\ 1\le x<2$
$\therefore -1\le x<2$

**정답** $-1\le x<2$

## 잎 9-8

**풀이** $f(x)=x^2+2ax-4a-3$이라 하면 이차방정식 $f(x)=0$의 두 근이 모두 1보다 크므로 이차함수 $y=f(x)$의 그래프는 오른쪽 그림과 같다.

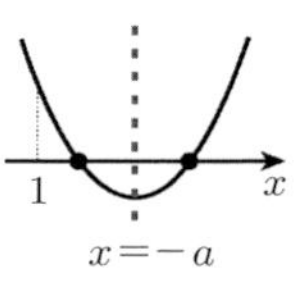


i) 두 근이 1보다 크다. ⇨ 두 근은 실근이다.
$\frac{D}{4}=a^2-(-4a-3)\ge 0$
$a^2+4a+3\ge 0,\ (a+3)(a+1)\ge 0$
$\therefore a\le -3$ 또는 $a\ge -1 \cdots ㉠$
ii) $f(1)=1+2a-4a-3>0$
$\therefore a<-1 \cdots ㉡$
iii) 대칭축 $x=-a$이므로 $-a>1$
$\therefore a<-1 \cdots ㉢$

따라서 ㉠, ㉡, ㉢을 만족하는 $a$의 공통 범위는
$a\le -3$

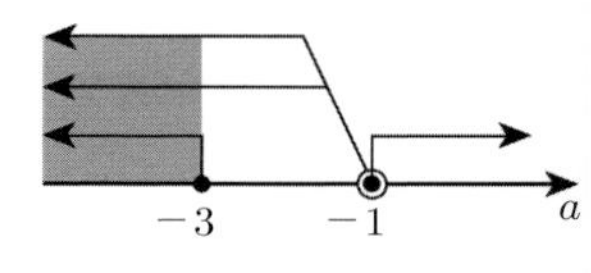


**정답** $a\le -3$

## 잎 9-9

**풀이** $f(x)=x^2-2mx-3m+4$라 하면 이차방정식 $f(x)=0$의 두 근이 0과 3 사이에 있으므로 이차함수 $y=f(x)$의 그래프는 다음 그림과 같다.

i) 두 근이 모두 0과 3 사이에 있다.
⇨ 두 근은 실근이다.

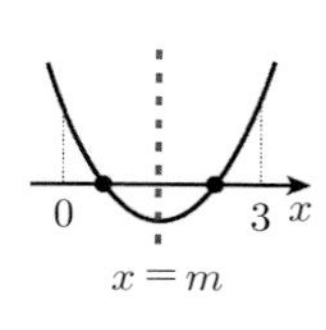


$\frac{D}{4}=m^2+3m-4\geq 0$

$(m+4)(m-1)\geq 0$

$\therefore m\leq -4$ 또는 $m\geq 1$ ⋯㉠

ii) $\begin{cases} f(0)=-3m+4>0\text{이므로 } m<\frac{4}{3} \\ f(3)=-9m+13>0\text{이므로 } m<\frac{13}{9} \end{cases}$

$\therefore m<\frac{4}{3}$ ⋯㉡

iii) 대칭축 $x=m$이므로 $0<m<3$ ⋯㉢

따라서 ㉠, ㉡, ㉢을 만족하는 $m$의 공통 범위는

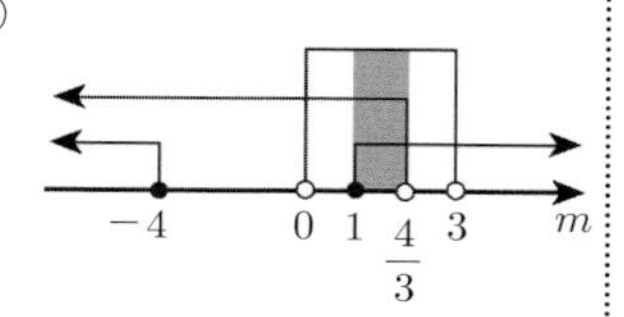


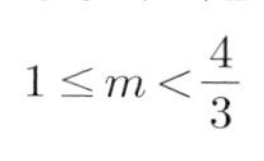

$1\leq m<\frac{4}{3}$

**정답** $1\leq m<\frac{4}{3}$

## 잎 9-10

**핵심** 이차함수의 대칭축이 고정되어 있으면 대칭축을 고려하여 이차함수의 그래프를 그린다.

**풀이** $f(x)=x^2-4x+k$라 하면 대칭축은 $x=2$이므로 주어진 조건을 만족하는 이차함수 $y=f(x)$의 그래프는 오른쪽 그림과 같다.

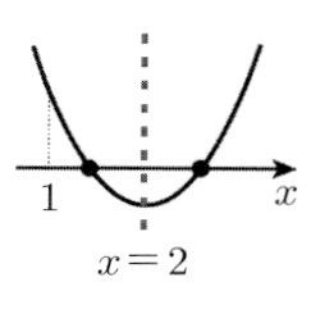


i) <u>서로 다른 두 실근</u>이 1보다 크다. ⇨ $D>0$

$\frac{D}{4}=4-k>0$ $\therefore k<4$ ⋯㉠

ii) $f(1)=1-4+k>0$ $\therefore k>3$ ⋯㉡

iii) 대칭축 $x=2$이므로 $2>1$ (항상 성립)

㉠, ㉡을 만족하는 $k$의 공통 범위는

$3<k<4$

**정답** $3<k<4$

## 잎 9-11

**핵심** 이차함수의 $y$절편이 고정되어 있으면 $y$절편을 고려하여 그래프를 그린다.

**풀이** $f(x)=x^2+2(a-1)x+4$라 하면 $y$절편 4 즉, $f(0)=4$이므로 주어진 조건을 만족시키는 이차함수 $y=f(x)$의 그래프는 다음과 같다.

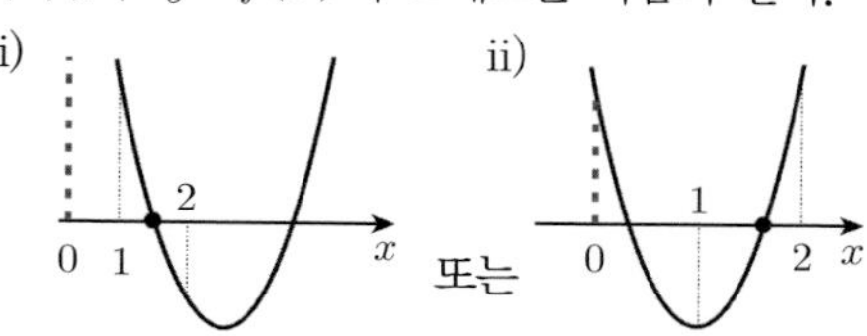


$f(1)f(2)<0$이므로 $(2a+3)(4a+4)<0$

$4(2a+3)(a+1)<0$

$\therefore -\frac{3}{2}<a<-1$

**정답** $-\frac{3}{2}<a<-1$

## 잎 9-12

**주의** 이차방정식 $ax^2-(a+3)x-2=0$이라고 했으므로 $a\neq 0$이다.
따라서 $a>0$일 때와 $a<0$일 때로 나누어 이차함수 $y=ax^2-(a+3)x-2$의 그래프를 생각한다.

**풀이** $f(x)=ax^2-(a+3)x-2$라 하면 $y$절편 $-2$이므로 주어진 조건을 만족시키는 이차함수 $y=f(x)$의 그래프는 다음 그림과 같다.

i) $a>0$일 때

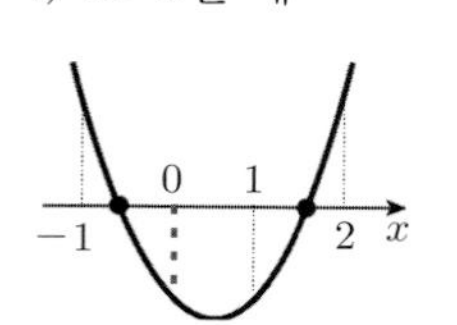


ii) $a<0$일 때

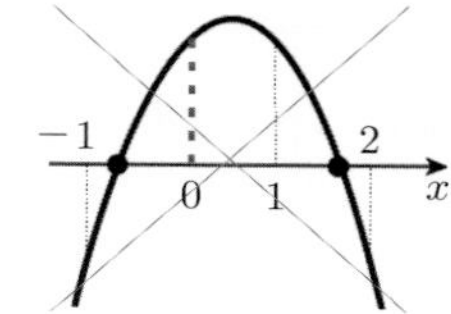


> $y$절편 $-2$, 즉 $f(0)=-2$이므로 ii)의 그래프는 오류이다.

따라서 i)의 그래프에서

$f(-1)>0$이므로 $2a+1>0$ $\therefore a>-\frac{1}{2}$ ⋯㉠

$f(0)<0$이므로 $-2<0$ (항상 성립)

$f(1)<0$이므로 $-5<0$ (항상 성립)

$f(2)>0$이므로 $2a-8>0$ $\therefore a>4$ ⋯㉡

㉠, ㉡에서 $a$의 공통 범위는 $a>4$

**정답** $a>4$

## 잎 9-13

**핵심** 이차함수의 대칭축이 고정되어 있으면 대칭축을 고려하여 이차함수의 그래프를 그린다.

**풀이** 한 근 $\alpha$를 반올림한 값이 2이므로

$1.5 \le \alpha < 2.5$, 즉 $\frac{3}{2} \le \alpha < \frac{5}{2}$

$f(x)=x^2-2x+a$라 하면 대칭축이 $x=1$이므로 주어진 조건을 만족시키는 이차함수 $y=f(x)$의 그래프는 다음 그림과 같다.

i) 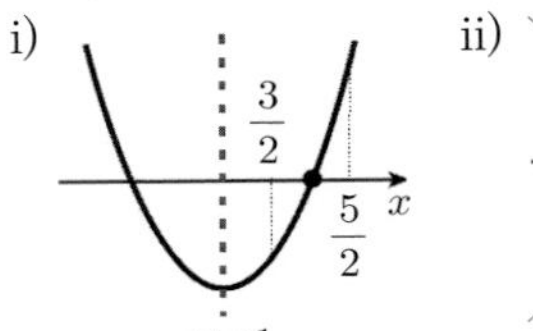


ii) 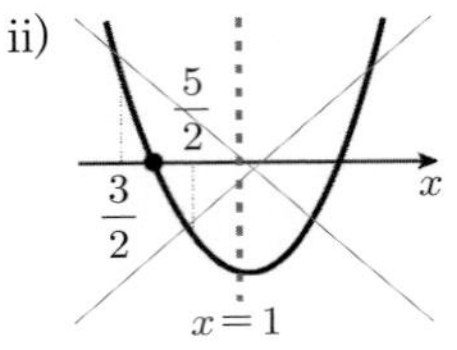


대칭축이 $x=1$이므로 ii)의 그림은 오류이다.

i)의 그래프에서

$f\left(\frac{3}{2}\right) \le 0$이므로 $-\frac{3}{4}+a \le 0 \quad \therefore a \le \frac{3}{4} \cdots$ ㉠

$f\left(\frac{5}{2}\right) > 0$이므로 $\frac{5}{4}+a>0 \quad \therefore a>-\frac{5}{4} \cdots$ ㉡

㉠, ㉡에서 $a$의 공통 범위는 $-\frac{5}{4}<a\le\frac{3}{4}$

**팁** 줄기 8-9)와 질문 방식만 다른 같은 문제이다. [p.245]

**정답** $-\frac{5}{4}<a\le\frac{3}{4}$

## 잎 9-14

**풀이** $f(x)=x^2-2ax+b$라 하면 이차방정식 $f(x)=0$의 서로 다른 두 근이 $x\le1$에 있으므로 이차함수 $y=f(x)$의 그래프는 오른쪽 그림과 같아야 한다.

i) 서로 다른 두 실근이 $x\le1$에 있다.

⇨ 판별식 $D>0$

$\frac{D}{4}=a^2-b>0 \quad \therefore b<a^2 \cdots$ ㉠

ii) $f(1)=1-2a+b\ge0 \quad \therefore b\ge 2a-1 \cdots$ ㉡

iii) 대칭축 $x=a$이므로 $a<1 \cdots$ ㉢

따라서 ㉠, ㉡, ㉢에 의하여

$a<1,\ 2a-1\le b<a^2$

**정답** ③

## 잎 9-15

**풀이** $f(x)=x^2+(a+1)x+2a+4$라 하면 주어진 조건을 만족시키는 이차함수 $y=f(x)$의 그래프는 오른쪽 그림과 같다.

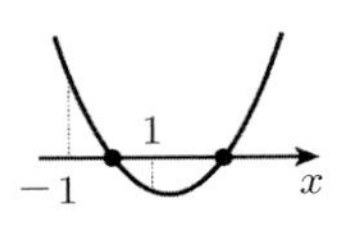


$f(-1)>0$이므로 $a+4>0 \quad \therefore a>-4 \cdots$ ㉠

$f(1)<0$이므로 $3a+6<0 \quad \therefore a<-2 \cdots$ ㉡

㉠, ㉡에서 $a$의 공통 범위는 $-4<a<-2$

**팁** 뿌리 8-7)과 질문 방식만 다른 같은 문제이다. [p.243]

**정답** $-4<a<-2$

## 잎 9-16

**핵심** 이차항의 계수가 음수인 이차함수 $y=f(x)$의 그래프는 위로 볼록한 포물선이다.

**풀이** 이차함수 $y=f(x)$와 직선 $y=x+1$의 교점의 $y$좌표가 각각 3과 8이므로 직선 $y=x+1$에서 $y=3$일 때 $x=2$, $y=8$일 때 $x=7$이다.

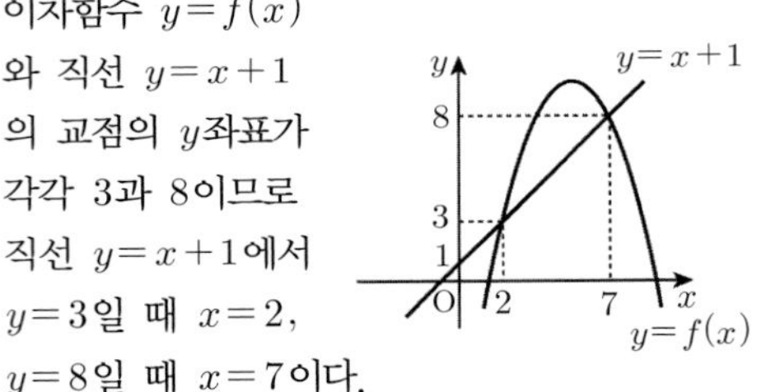


따라서 직선 $y=x+1$과 이차함수 $y=f(x)$의 그래프의 교점의 좌표는 $(2, 3)$, $(7, 8)$이다.

이때, $f(x)-x-1>0$, 즉 $f(x)>x+1$의 해는 $y=f(x)$의 그래프가 직선 $y=x+1$보다 위쪽에 있는 부분의 $x$의 값의 범위이므로

$2<x<7$

**정답** $2<x<7$

## 잎 9-17

**핵심** 제한된 범위에서 항상 성립하는 이차부등식
⇨ 제한된 범위에서 항상 성립하는 이차함수의 그래프를 그린다. (단, *우변이 0일 때)

**풀이** $x^2-2x+3 \le -x^2+k$에서

*$2x^2-2x+3-k \le 0$

$f(x)=2x^2-2x+3-k$라 하면 $-1 \le x \le 1$에서 $f(x) \le 0$이 항상 성립하기 위해서는 오른쪽 그림과 같아야 한다.

$f(-1) \le 0$이므로 $7-k \le 0$ $\quad \therefore k \ge 7 \cdots$ ㉠

$f(1) \le 0$이므로 $3-k \le 0$ $\quad \therefore k \ge 3 \cdots$ ㉡

㉠, ㉡에서 $k$의 공통 범위는 $k \ge 7$

따라서 $k$의 최솟값은 7

**주의** 이차함수의 대칭축이 고정되어 있으면 대칭축을 쓰던 안 쓰던 항상 따지는 습관을 갖자.

**정답** 7

## 잎 9-18

**풀이** $f(x)=x^2-2kx+4$라 하면 $f(x)=0$의 근 중 적어도 한 개가 $-2$와 4 사이에 있는 경우는 다음과 같다.

i) 한 근 만이 $-2$와 4 사이에 있는 경우

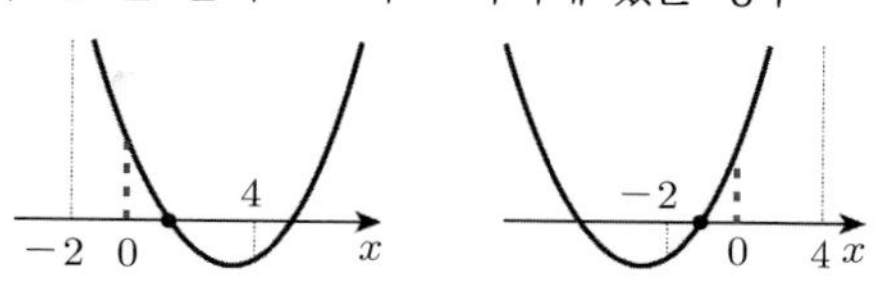


$y$절편이 4 $(f(0)=4)$이므로 $y$절편을 고려하여 이차함수의 그래프를 그린다.

위의 그림에서 $f(-2)f(4)<0$이므로

$(4+4k+4)(16-8k+4)<0$

$(4k+8)(8k-20)>0$

$\therefore k<-2$ 또는 $k>\frac{5}{2}$

ii) 두 근이 모두 $-2$와 4 사이에 있는 경우

⇨ 두 근은 실근이다.

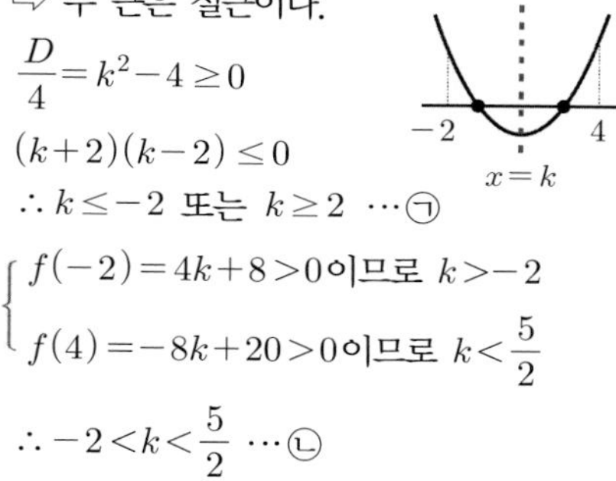


$\frac{D}{4}=k^2-4 \ge 0$

$(k+2)(k-2) \le 0$

$\therefore k \le -2$ 또는 $k \ge 2 \cdots$ ㉠

$\begin{cases} f(-2)=4k+8>0\text{이므로 } k>-2 \\ f(4)=-8k+20>0\text{이므로 } k<\frac{5}{2} \end{cases}$

$\therefore -2<k<\frac{5}{2} \cdots$ ㉡

대칭축 $x=k$이므로 $-2<k<4 \cdots$ ㉢

㉠, ㉡, ㉢을 만족하는 $k$의 공통 범위는

$2 \le k < \frac{5}{2}$

i) $k<-2$ 또는 $k>\frac{5}{2}$, ii) $2 \le k<\frac{5}{2}$에서

$k<-2$ 또는 $2 \le k<\frac{5}{2}$ 또는 $k>\frac{5}{2}$

**정답** $k<-2$ 또는 $2 \le k<\frac{5}{2}$ 또는 $k>\frac{5}{2}$

CHAPTER 10 순열과 조합

본문 p.249

## 줄기 문제

### [줄기 1-1]

풀이 1) 눈의 수의 합이 3의 배수가 되는 것은 눈의 수의 합이 3 또는 6 또는 9 또는 12인 경우이다.

눈의 수의 합이 3이 되는 사건을 $A$, 6이 되는 사건을 $B$, 9가 되는 사건을 $C$, 12가 되는 사건을 $D$라 하면

$n(A)=2$ ($\because 3-1=2$)

$n(B)=5$ ($\because 6-1=5$)

$n(C)=4$ ($\because 9+4=13$)

$n(D)=1$ ($\because 12+1=13$)

이때, 어느 두 사건도 동시에 일어나지 않으므로

$n(A\cup B\cup C\cup D)$
$=n(A)+n(B)+n(C)+n(D)$
$=2+5+4+1=12$

2) 눈의 수의 차가 3 이상이 되는 것은 눈의 수의 차가 3 또는 4 또는 5인 경우이다.

눈의 수의 차가 3이 되는 사건을 $A$, 4가 되는 사건을 $B$, 5가 되는 사건을 $C$라 하면

$A=\{(1,\ 4),\ (2,\ 5),\ (3,\ 6),\ (4,\ 1),\ (5,\ 2),\ (6,\ 3)\}$에서

$n(A)=6$

$B=\{(1,\ 5),\ (2,\ 6),\ (5,\ 1),\ (6,\ 2)\}$에서

$n(B)=4$

$C=\{(1,\ 6),\ (6,\ 1)\}$에서 $n(C)=2$

이때, 어느 두 사건도 동시에 일어나지 않으므로

$n(A\cup B\cup C)=n(A)+n(B)+n(C)$
$=6+4+2=12$

정답 1) 12  2) 12

### [줄기 1-2]

풀이 1) $x,\ y,\ z$는 음이 아닌 정수이므로 $x\ge0,\ y\ge0,\ z\ge0$인 정수이다.

계수의 절댓값이 가장 큰 $y$항을 기준

i) $y=0$일 때, $x+2z=10$이므로 순서쌍 $(x,\ z)$는
$(0,\ 5),\ (2,\ 4),\ (4,\ 3),\ (6,\ 2),\ (8,\ 1),\ (10,\ 0)$의 6개

ii) $y=1$일 때, $x+2z=7$이므로 순서쌍 $(x,\ z)$는
$(1,\ 3),\ (3,\ 2),\ (5,\ 1),\ (7,\ 0)$의 4개

iii) $y=2$일 때, $x+2z=4$이므로 순서쌍 $(x,\ z)$는
$(0,\ 2),\ (2,\ 1),\ (4,\ 0)$의 3개

iv) $y=3$일 때, $x+2z=1$이므로 순서쌍 $(x,\ z)$는
$(1,\ 0)$의 1개

이상에서 구하는 순서쌍의 개수는
$6+4+3+1=14$

2) $x,\ y$는 양의 정수이므로 $x\ge1,\ y\ge1$인 자연수이다.

계수의 절댓값이 가장 큰 $y$항이 기준

i) $y=1$일 때, $x\le6$을 만족시키는 자연수 $x$는 $1,\ 2,\ 3,\cdots,\ 6$의 6개

ii) $y=2$일 때, $x\le\frac{7}{2}$을 만족시키는 자연수 $x$는 $1,\ 2,\ 3$의 3개

iii) $y=3$일 때, $x\le1$을 만족시키는 자연수 $x$는 1의 1개

이상에서 구하는 순서쌍의 개수는
$6+3+1=10$

3) 50원, 100원, 200원짜리 우표를 각각 $x$개, $y$개, $z$개 산다고 하면

$50x+100y+200z=600$

$\therefore x+2y+4z=12$ …㉠

이때, 적어도 한 장씩은 포함되어야 하므로 $x\ge1,\ y\ge1,\ z\ge1$인 자연수이다.

계수의 절댓값이 가장 큰 $z$항이 기준

i) $z=1$일 때, $x+2y=8$이므로 순서쌍 $(x,\ y)$는 $(6,\ 1),\ (4,\ 2),\ (2,\ 3)$의 3개

ii) $z=2$일 때, $x+2y=4$이므로 순서쌍 $(x,\ y)$는 $(2,\ 1)$의 1개

이상에서 구하는 방법의 수는
$3+1=4$

정답 1) 14  2) 10  3) 4

## 줄기 1-3

풀이 1) $(a+b-c)(x-y+z)(p-q)$를 전개하면 $a, b, -c$에 $x, -y, z$를 각각 곱하여 항이 만들어지고, 그것에 다시 $p, -q$를 각각 곱하여 항이 만들어지므로 구하는 항의 개수는
$3\times3\times2=18$

2) 천의 자리의 숫자는 8의 양의 약수이므로 천의 자리의 숫자가 될 수 있는 것은
1, 2, 4, 8의 4개
백의 자리의 숫자는 소수이므로 백의 자리의 숫자가 될 수 있는 것은
2, 3, 5, 7의 4개
십의 자리의 숫자는 3의 배수이므로 십의 자리의 숫자가 될 수 있는 것은
3, 6, 9의 3개
이 숫자가 짝수이므로 일의 자리의 숫자가 될 수 있는 것은
0, 2, 4, 6, 8의 5개
따라서 구하는 자연수의 개수는
$4\times4\times3\times5=240$

정답 1) 18  2) 240

## 줄기 1-4

풀이 $(a+b)^3(x+y+z)$
$=(a^3+3a^2b+3ab^2+b^3)(x+y+z)$를 전개하면
$a^3$, $3a^2b$, $3ab^2$, $b^3$에 $x$, $y$, $z$를 각각 곱하여 항이 만들어지므로 항의 개수는
$4\times3=12$
$(p+q-r)(m+n)$을 전개하면 $p, q, -r$에 $m, n$을 각각 곱하여 항이 만들어지므로 항의 개수는
$3\times2=6$
이때 동류항이 없으므로 구하는 항의 개수는 전개한 항의 개수의 합과 같다.
$\therefore 12+6=18$

정답 18

## 줄기 1-5

방법 I 세 주사위 A, B, C를 동시에 던질 때 나오는 눈의 수의 곱이 짝수이려면 오른쪽 문자와 같다.

| A | B | C |
|---|---|---|
| 짝 | 짝 | 짝 |
| 짝 | 짝 | 홀 |
| 짝 | 홀 | 짝 |
| 홀 | 짝 | 짝 |
| 짝 | 홀 | 홀 |
| 홀 | 짝 | 홀 |
| 홀 | 홀 | 짝 |

주사위에서 짝수인 눈의 수는 2, 4, 6의 3개이고 홀수인 눈의 수는 1, 3, 5의 3개이므로 각 경우의 수는
$3\times3\times3=27$
따라서 구하는 경우의 수는
$27\times7=189$

방법 II 세 주사위 A, B, C를 동시에 던질 때 나오는 눈의 수의 곱이 짝수인 경우의 수는 전체 경우의 수에서 눈의 수의 곱이 홀수인 경우의 수를 뺀 것과 같다.
전체 경우의 수는
$6\times6\times6=216$
세 주사위의 눈의 수의 곱이 홀수이려면 세 눈의 수가 모두 홀수이어야 한다.
주사위에서 홀수인 눈의 수는 1, 3, 5의 3개이므로 세 주사위의 눈의 곱이 홀수인 경우의 수는
$3\times3\times3=27$
따라서 구하는 경우의 수는
$216-27=189$

정답 189

## 줄기 1-6

풀이 1) 540을 소인수분해하면 $540=2^2\cdot3^3\cdot5$
짝수는 2를 소인수로 가지므로 540의 양의 약수 중 2의 배수의 개수는 $2^1\cdot3^3\cdot5$의 양의 약수의 개수와 같다.
$\therefore (1+1)(3+1)(1+1)=16$

2) 540을 소인수분해하면 $540=2^2\cdot3^3\cdot5$
홀수는 $2^2$을 인수로 가지면 안되므로 540의 양의 약수 중 홀수의 개수는 $3^3\cdot5$의 양의 약수의 개수와 같다.
$\therefore (3+1)(1+1)=8$

3) 540과 810의 최대공약수는 270이고 공약수는 최대공약수의 약수이므로
$270=2^1\times3^3\times5^1$에서 양의 공약수의 개수는
$(1+1)(3+1)(1+1)=16$

정답 1) 16  2) 8  3) 개수 : 16

**[줄기 1-7]**

**풀이** i) $A \to B \to C \to A$

의 경우의 수는

$3 \times 4 \times 2 = 24$

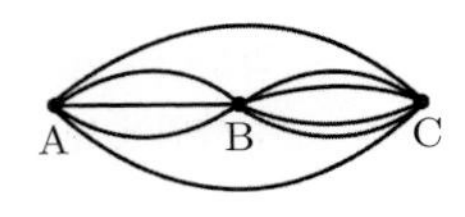


ii) $A \to C \to B \to A$

의 경우의 수는

$2 \times 4 \times 3 = 24$

i), ii)는 동시에 일어날 수 없으므로 구하는 경우의 수는 합의 법칙에 의하여

$24 + 24 = 48$

**정답** 48

**[줄기 1-8]**

**풀이** i) $A \to B \to D$의

경우의 수는

$2 \times 3 = 6$

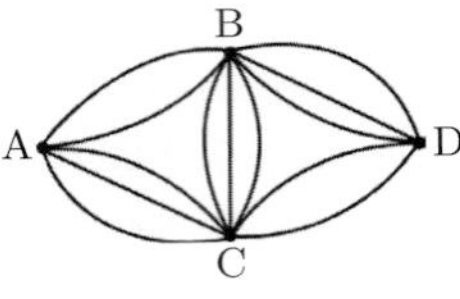


ii) $A \to C \to D$의

경우의 수는

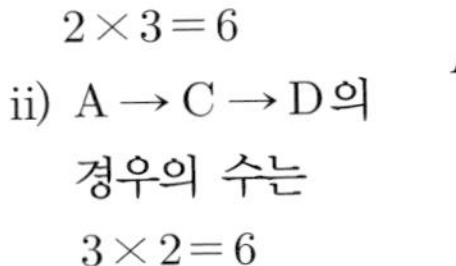

$3 \times 2 = 6$

iii) $A \to B \to C \to D$의 경우의 수는

$2 \times 3 \times 2 = 12$

iv) $A \to C \to B \to D$의 경우의 수는

$3 \times 3 \times 3 = 27$

i), ii), iii), iv)는 동시에 일어날 수 없으므로 구하는 경우의 수는 합의 법칙에 의하여

$6 + 6 + 12 + 27 = 51$

**정답** 51

**[줄기 1-9]**

**풀이** 가장 바깥 테두리선과 만나는 영역은 A, B, C이다. 이 중에서 모든 영역에 인접한 영역이 B이므로 B영역부터 칠한다.

B에 칠할 수 있는 색은 3가지, A에 칠할 수 있는 색은 B에 칠한 색을 제외한 2가지, C에 칠할 수 있는 색은 B에 칠한 색을 제외한 2가지이다.

따라서 구하는 방법의 수는 $3 \cdot 2 \cdot 2 = 12$

**정답** 12

**[줄기 1-10]**

**풀이** 가장 바깥 테두리선과 만나는 영역은 A, B, C, D, E이다. 이 중에서 모든 영역에 인접한 영역이 D이므로 D영역부터 칠한다.

D에 칠할 수 있는 색은 5가지, A에 칠할 수 있는 색은 D에 칠한 색을 제외한 4가지, B에 칠할 수 있는 색은 A와 D에 칠한 색을 제외한 3가지, C에 칠할 수 있는 색은 B와 D에 칠한 색을 제외한 3가지, E에 칠할 수 있는 색은 C와 D에 칠한 색을 제외한 3가지이다.

따라서 구하는 방법의 수는

$5 \cdot 4 \cdot 3 \cdot 3 \cdot 3 = 540$

**정답** 540

**[줄기 1-11]**

**주의** 점만 접해있는 영역은 인접한 영역이 아니다.

$\therefore$ A와 C, B와 D는 인접한 영역이 아니다.

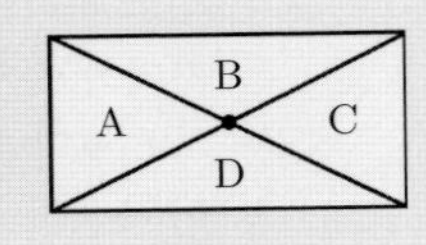


**풀이** 가장 바깥 테두리선과 만나는 영역은 A, B, C, D이다. 이 중에서 모든 영역에 인접한 영역이 없으므로 서로 떨어진 두 영역 A, C를 잡고 A, B, C, D의 순으로 칠할 때,

i) **A와 C에 같은 색을 칠하는 방법의 수**

A에 칠할 수 있는 색은 4가지, B에 칠할 수 있는 색은 A에 칠한 색을 제외한 3가지, C에 칠할 수 있는 색은 A에 칠한 색과 같은 1가지, D에 칠할 수 있는 색은 A(C)에 칠한 색을 제외한 3가지이므로 방법의 수는

$4 \cdot 3 \cdot 1 \cdot 3 = 36$

ii) **A와 C에 다른 색을 칠하는 방법의 수**

A에 칠할 수 있는 색은 4가지, B에 칠할 수 있는 색은 A에 칠한 색을 제외한 3가지, C에 칠할 수 있는 색은 A와 B에 칠한 색을 제외한 2가지, D에 칠할 수 있는 색은 A와 C에 칠한 색을 제외한 2가지이므로 방법의 수는

$4 \cdot 3 \cdot 2 \cdot 2 = 48$

i), ii)에서 구하는 방법의 수는

$36 + 48 = 84$

**정답** 84

## 줄기 1-12

주의 점만 접해있는 영역은 인접한 영역이 아니다.
∴ A와 D, C와 E는 인접한 영역이 아니다.

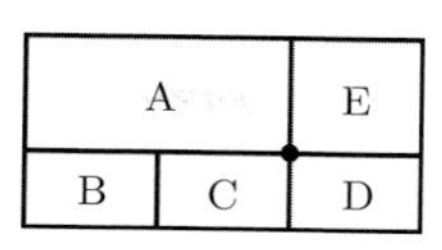


핵심 떨어진 두 영역 A, D를 잡고 가장 많이 인접한 영역 A부터 (반) 시계방향의 순으로 칠한다.

풀이 가장 바깥 테두리선과 만나는 영역은 A, B, C, D, E이다. 이 중에서 모든 영역에 인접한 영역이 없으므로 떨어진 두 영역 A, D를 잡고 A, B, C, D, E의 순으로 칠할 때,

i) **A와 D에 같은 색을 칠하는 방법의 수**
A에 칠할 수 있는 색은 3가지, B에 칠할 수 있는 색은 A에 칠한 색을 제외한 2가지, C에 칠할 수 있는 색은 A와 B에 칠한 색을 제외한 1가지, D에 칠할 수 있는 색은 A에 칠한 색과 같은 1가지, E에 칠할 수 있는 색은 A(D)에 칠한 색을 제외한 2가지이므로 방법의 수는
$3\cdot2\cdot1\cdot1\cdot2=12$

ii) **A와 D에 다른 색을 칠하는 방법의 수**
A에 칠할 수 있는 색은 3가지, B에 칠할 수 있는 색은 A에 칠한 색을 제외한 2가지, C에 칠할 수 있는 색은 A와 B에 칠한 색을 제외한 1가지, D에 칠할 수 있는 색은 A와 C에 칠한 색을 제외한 1가지, E에 칠할 수 있는 색은 A와 D에 칠한 색을 제외한 1가지이므로 방법의 수는
$3\cdot2\cdot1\cdot1\cdot1=6$

i), ii)에서 구하는 방법의 수는
$12+6=18$

정답 18

## 줄기 1-13

주의 점만 접해있는 영역은 인접한 영역이 아니다.
∴ B와 D, C와 E는 인접한 영역이 아니다.

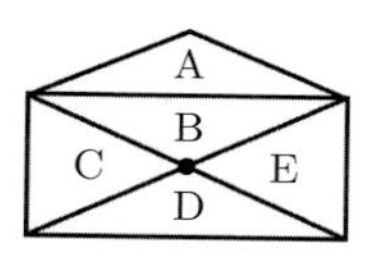


핵심 떨어진 두 영역 B, D를 잡고 가장 많이 인접한 영역 B부터 (반) 시계방향의 순으로 칠한다.

풀이 가장 바깥 테두리선과 만나는 영역은 *A, C, D, E이다. 이 중에서 모든 영역에 인접한 영역이 없으므로 떨어진 두 영역 B, D를 잡고 B, A, C, D, E의 순으로 칠할 때,

i) **B와 D에 같은 색을 칠하는 방법의 수**
B에 칠할 수 있는 색은 3가지, A에 칠할 수 있는 색은 B에 칠한 색을 제외한 2가지, C에 칠할 수 있는 색은 B에 칠한 색을 제외한 2가지, D에 칠할 수 있는 색은 B에 칠한 색과 같은 1가지, E에 칠할 수 있는 색은 B(D)에 칠한 색을 제외한 2가지이므로 방법의 수는
$3\cdot2\cdot2\cdot1\cdot2=24$

ii) **B와 D에 다른 색을 칠하는 방법의 수**
B에 칠할 수 있는 색은 3가지, A에 칠할 수 있는 색은 B에 칠한 색을 제외한 2가지, C에 칠할 수 있는 색은 B에 칠한 색을 제외한 2가지, D에 칠할 수 있는 색은 B와 C에 칠한 색을 제외한 1가지, E에 칠할 수 있는 색은 B와 D에 칠한 색을 제외한 1가지이므로 방법의 수는
$3\cdot2\cdot2\cdot1\cdot1=12$

i), ii)에서 구하는 방법의 수는
$24+12=36$

정답 36

## 줄기 1-14

풀이 1) 100원은 50원짜리 2개로 지불하는 금액이므로 100원짜리를 50원짜리로 바꾼다고 가정할 수 있다. (∵ 50원이 2개 이상 있다.)
따라서 10원짜리 3개, 50원짜리 6개로 지불할 수 있는 금액의 수와 같다.
10원짜리 3개로 지불할 수 있는 금액은
0, 10, 20, 30원의 4가지
50원짜리 6개로 지불할 수 있는 금액은
0, 50, 100, ⋯, 300원의 7가지
이때, 0원을 지불하는 것은 제외하므로
$4\times7-1=27$

2) 50원은 10원짜리 5개로 지불하는 금액이므로 50원짜리를 10원짜리로 바꾼다고 가정할 수 있다. (∵ 10원이 5개 이상 있다.)

10원짜리 16개, 100원짜리 2개로 지불할 수 있는 금액의 수와 같다.
⇨ ⋆거짓 (∵ 금액이 100원에서 겹친다.)

또, 100원짜리를 10원짜리로 바꾼다고 가정한다. (∵ 10원 짜리가 16개 있다고 가정할 수 있으므로)
따라서 10원짜리 36개로 지불할 수 있는 금액의 수와 같다.
10원짜리 36개로 지불할 수 있는 금액은
0, 10, 20, ⋯, 360원의 37가지
이때, 0원을 지불하는 것은 제외하므로
$37-1=36$

정답 1) 27 2) 36

## 줄기 1-15

풀이 A, B, C, D 네 명의 학생의 선물을 각각 $a, b, c, d$라 하고 다른 사람의 선물을 집는 경우를 수형도로 그리면 오른쪽 그림과 같다.
따라서 구하는 방법의 수는 9이다.

A B C D
$b$ ─ $a$ — $d$ — $c$
$b$ ─ $c$ — $d$ — $a$
$b$ ─ $d$ — $a$ — $c$
$c$ ─ $a$ — $d$ — $b$
$c$ ─ $d$ ─ $a$ — $b$
$c$ ─ $d$ ─ $b$ — $a$
$d$ ─ $a$ — $b$ — $c$
$d$ ─ $c$ ─ $a$ — $b$
$d$ ─ $c$ ─ $b$ — $a$

정답 9

## 줄기 1-16

풀이 $A_1\neq1$이므로 $A_1$이 2, 3, 4인 경우에 대하여 $A_2\neq2$, $A_3\neq3$, $A_4\neq4$인 경우를 수형도로 그리면 오른쪽 그림과 같다.
따라서 구하는 방법의 수는 9이다.

$A_1$ $A_2$ $A_3$ $A_4$
2 ─ 1 — 4 — 3
2 ─ 3 — 4 — 1
2 ─ 4 — 1 — 3
3 ─ 1 — 4 — 2
3 ─ 4 ─ 1 — 2
3 ─ 4 ─ 2 — 1
4 ─ 1 — 2 — 3
4 ─ 3 ─ 1 — 2
4 ─ 3 ─ 2 — 1

정답 9

## 줄기 1-17

풀이 지점의 배열이
A→□→□→□→A
이므로 가운데 B, C, D를 일렬로 배열하는 방법은 오른쪽 그림과 같으므로

B ─ C — D
B ─ D — C
C ─ B — D
C ─ D — B
D ─ B — C
D ─ C — B

i) A → B → C → D → A
$2\times3\times1\times1=6$

ii) A → B → D → C → A
$2\times3\times1\times2=12$

iii) A → C → B → D → A
$2\times3\times3\times1=18$

iv) A → C → D → B → A
$2\times1\times3\times2=12$

v) A → D → B → C → A
$1\times3\times3\times2=18$

vi) A → D → C → B → A
$1\times1\times3\times2=6$

이상에서 구하는 방법의 수는
$6+12+18+12+18+6=72$

정답 72

**[줄기 2-1]**

풀이 1) ${}_{⑦}P_r=840$

$=7\times6\times5\times4$

$={}_7P_4$

$\therefore r=4$

⑦ | 840
6 | 120
5 | 20
4

2) ${}_nP_2=6n$

$n(n-1)=6n$

$n\geq2$이므로 양변을 $n$으로 나누면

$n-1=6\quad\therefore n=7$

3) $20{}_nP_3={}_nP_4$

$20n(n-1)(n-2)=n(n-1)(n-2)(n-3)$

$n\geq3,\ n\geq4$에서 $n\geq4$이므로 양변을

$n(n-1)(n-2)$로 나누면

$20=n-3\quad\therefore n=23$

4) ${}_nP_2+3{}_nP_1=8$

$n(n-1)+3n=8$

$n^2+2n-8=0,\quad(n+4)(n-2)=0$

$\therefore n=2\ (\because n\geq2)$

정답 1) $r=4$ 2) $n=7$ 3) $n=23$ 4) $n=2$

**[줄기 2-2]**

증명 ${}_{n-1}P_r+r\cdot{}_{n-1}P_{r-1}$

$=\dfrac{(n-1)!}{(n-1-r)!}+r\cdot\dfrac{(n-1)!}{\{(n-1)-(r-1)\}!}$

$=\dfrac{(n-1)!}{(n-1-r)!}+r\cdot\dfrac{(n-1)!}{(n-r)!}$

$=(n-1)!\cdot\left\{\dfrac{1}{(n-r-1)!}+\dfrac{r}{(n-r)!}\right\}$

$=(n-1)!\cdot\left\{\dfrac{n-r}{(n-r)(n-r-1)!}+\dfrac{r}{(n-r)!}\right\}$

$=(n-1)!\cdot\dfrac{(n-r)+r}{(n-r)!}$

$=\dfrac{n\cdot(n-1)!}{(n-r)!}$

$=n\cdot{}_{n-1}P_{r-1}={}_nP_r$

참고 ${}_9P_6+6\cdot{}_9P_5={}_{10}P_6$

**[줄기 2-3]**

풀이 1) 9명을 일렬로 배열하는 방법의 수이므로

${}_9P_9=9\cdot8\cdot7\cdot6\cdot5\cdot4\cdot3\cdot2\cdot1=9!$

2) 50명에서 3명을 뽑은 후, 반장, 부반장, 서기 순으로 배열하는 방법의 수이므로

${}_{50}P_3=50\cdot49\cdot48=117600$

2) 반장과 부반장과 서기가 50명 중에서 선택되는 방법의 수이므로

반장 부반장 서기

$50\times49\times48=117600$

3) 7명에서 $n$명을 택하는 순열의 수이므로

${}_{⑦}P_n=840$

$=⑦\cdot6\cdot5\cdot4$

$\therefore n=4$

⑦ | 840
6 | 120
5 | 20
4

4) 6개의 상점을 일렬로 배열한 후 배열된 순서대로 상점에 들러서 물건을 구입하는 방법의 수와 같으므로

${}_6P_6=6\cdot5\cdot4\cdot3\cdot2\cdot1=6!$

정답 1) 362880 2) 117600 3) 4 4) 720

**[줄기 2-4]**

풀이 7개의 문자를 일렬로 나열하는 경우의 수는

$7!=5040$

㉮□□□□□㉮와 같이 양 끝에 자음인 s, p, c, l 중 2개를 택하여 나열하는 경우의 수는 ${}_4P_2=12$

또, 가운데 나머지 5개의 문자를 나열하는 경우의 수는 $5!=120$

이므로 양 끝에 모두 자음이 오는 경우의 수는

$12\times120=1440$

따라서 구하는 경우의 수는

$5040-1440=3600$

정답 3600

## [줄기 2-5]

**풀이** 1) ⓇⅡⅡⅡⓑ□□□와 같이 $r$□□□$b$를 한 문자로 생각하여 4개의 문자를 일렬로 나열하는 경우의 수는

$4!=24$

$r$과 $b$ 사이에 3개의 문자를 나열하는 순열의 수는

${}_6P_3=120$

$r$과 $b$의 자리를 바꾸는 경우의 수는

$2!=2$

따라서 구하는 경우의 수는

$24\times120\times2=5760$

2) 8개의 문자를 일렬로 나열하는 경우의 수는

$8!=40320$

㉤□□□□□□㉤ 와 같이 양 끝에 모음인 $e, u, i$ 중 2개를 택하여 나열하는 경우의 수는

${}_3P_2=6$

가운데 나머지 6개의 문자를 나열하는 경우의 수는

$6!=720$

즉, 양 끝에 모두 모음이 오는 경우의 수는

$6\times720=4320$

따라서 구하는 경우의 수는

$40320-4320=36000$

**정답** 1) 5760 2) 36000

## [줄기 2-6]

**핵심** 자연수를 만드는 문제에서 최고 자리에는 0이 올 수 없다.

**풀이** 1) 십만의 자리에 0이 올 수 없으므로 십만의 자리에 올 수 있는 숫자는 1, 2, 3, 4, 5의 5가지이다. (방법 I)

1□□□□□ 꼴 : $5\cdot4\cdot3\cdot2\cdot1=5!$

2□□□□□ 꼴 : $5\cdot4\cdot3\cdot2\cdot1=5!$

3□□□□□ 꼴 : $5\cdot4\cdot3\cdot2\cdot1=5!$

4□□□□□ 꼴 : $5\cdot4\cdot3\cdot2\cdot1=5!$

5□□□□□ 꼴 : $5\cdot4\cdot3\cdot2\cdot1=5!$

$\therefore 5!\times5=600$

1) 십만의 자리에 0이 올 수 없으므로 (강추 방법 II)

☒□□□□□ 꼴 :

$5\cdot5\cdot4\cdot3\cdot2\cdot1=600$

2) 천의 자리에 0이 올 수 없으므로

☒□□□ 꼴 : $5\cdot5\cdot4\cdot3=300$

3) 2의 배수는 일의 자릿수가 짝수인 수이다.

천의 자리에 0이 올 수 없으므로

□□□0 꼴 : $5\cdot4\cdot3=60$

☒□□2 꼴 : $4\cdot4\cdot3=48$

☒□□4 꼴 : $4\cdot4\cdot3=48$

따라서 구하는 짝수의 개수는

$60+48+48=156$

**정답** 1) 600 2) 300 3) 156

## [줄기 2-7]

**풀이** 1) 4의 배수는 끝의 두 자릿수가 4의 배수이거나 00으로 끝나는 수이다.

□□04 꼴 : $3\cdot2=6$

☒□12 꼴 : $2\cdot2=4$

□□20 꼴 : $3\cdot2=6$

☒□24 꼴 : $2\cdot2=4$

☒□32 꼴 : $2\cdot2=4$

□□40 꼴 : $3\cdot2=6$

따라서 구하는 정수의 개수는

$6+4+6+4+4+6=30$

2) 3의 배수는 각 자릿수의 합이 3의 배수인 수이다.

5개의 숫자 0, 1, 2, 3, 4에서 서로 다른 3개를 택하였을 때, 그 합이 3의 배수가 되는 경우는 다음과 같다.

(0, 1, 2), (0, 2, 4), (1, 2, 3), (2, 3, 4)

i) 0, 1, 2로 만들 수 있는 세 자리 정수의 개수는

☒□□ 꼴 : $2\cdot2\cdot1=4$

ii) 0, 2, 4로 만들 수 있는 세 자리 정수의 개수는

☒□□ 꼴 : $2\cdot2\cdot1=4$

iii) 1, 2, 3로 만들 수 있는 세 자리 정수의 개수는

□□□ 꼴 : $3\cdot2\cdot1=6$

iv) 2, 3, 4로 만들 수 있는 세 자리 정수의 개수는

□□□ 꼴 : $3\cdot2\cdot1=6$

따라서 구하는 정수의 개수는

$4+4+6+6=20$

**정답** 1) 30 2) 20

**[줄기 2-8]**

풀이 friend을 알파벳 순서로 나열하면 definr이다.

d□□□□□ 꼴 : $5!=120$

e d □□□□ 꼴 : $4!=24$

e f □□□□ 꼴 : $4!=24$

e i □□□□ 꼴 : $4!=24$

e n d f □□ 꼴 : $2!=2$

$120+24\times3+2=194$이고,

endifr, endirf, ⋯ 순이므로 196번째 오는 문자열은 endirf

정답 endirf

**[줄기 3-1]**

풀이 1) ${}_nC_2=\dfrac{n(n-1)}{2!}=28$

$n(n-1)=28=8\cdot7$

$\therefore n=8$ ($\because n,\ n-1$은 자연수)

2) ${}_nC_2+{}_nC_3=35$에서

$\dfrac{n(n-1)}{2!}+\dfrac{n(n-1)(n-2)}{3!}=35$

$3n(n-1)+n(n-1)(n-2)=210$

$n(n-1)(n+1)=5\cdot6\cdot7$

$(n+1)n(n-1)=7\cdot6\cdot5$

$\therefore n=6$ ($n+1,\ n,\ n-1$은 자연수)

3) ${}_{n+3}C_2={}_nC_2+{}_{n-2}C_2$에서

$\dfrac{(n+3)(n+2)}{2!}=\dfrac{n(n-1)}{2!}+\dfrac{(n-2)(n-3)}{2!}$

$n^2+5n+6=n^2-n+n^2-5n+6$

$n^2-11n=0,\quad n(n-11)=0$

$\therefore n=11$ ($\because n\ge4$)

정답 1) 8　2) 6　3) 11

**[줄기 3-2]**

풀이 1) ${}_{n+2}C_4={}_nC_2$에서

$\dfrac{(n+2)(n+1)n(n-1)}{4!}=\dfrac{n(n-1)}{2!}$

$(n+2)(n+1)n(n-1)=12n(n-1)$

$n\ge2$이므로 양변을 $n(n-1)$로 나누면

$(n+2)(n+1)=12=4\cdot3$

$\therefore n=2$ ($\because n+2,\ n+1$은 자연수)

2) ${}_nC_p={}_nC_q$이면 i) $p=q$ 또는

ii) $p=n-q$ (즉, $p+q=n$)

${}_{32}C_{n-7}={}_{32}C_{2n}$에서

i) $n-7=2n$

$\therefore$ ~~$n=-7$~~ ($\because n-7\ge0$, 즉 $n\ge7$)

ii) $(n-7)+2n=32\quad\therefore n=13$

정답 1) 2　2) 13

**[줄기 3-3]**

풀이 1) ${}_nP_3=210$에서

$n(n-1)(n-2)=210=7\cdot6\cdot5$

$\therefore n=7$ ($\because n,\ n-1,\ n-2$는 자연수)

따라서 ${}_7C_3=\dfrac{7\cdot6\cdot5}{3!}=35$

2) ${}_nC_4=15$에서

$\dfrac{n(n-1)(n-2)(n-3)}{4!}=15$

$n(n-1)(n-2)(n-3)=6\cdot5\cdot4\cdot3$

$\therefore n=6$ ($\because n,\ n-1,\ n-2,\ n-3$은 자연수)

따라서 ${}_6P_4=6\cdot5\cdot4\cdot3=360$

3) ${}_nP_r={}_nC_r\times r!$이므로

$110=55\times r!\quad\therefore r=2$

${}_nP_2=n(n-1)=110=11\cdot10$

$\therefore n=11$ ($\because n,\ n-1$은 자연수)

정답 1) 35　2) 360　3) $n=11,\ r=2$

**[줄기 3-4]**

풀이 피자 5개 중에서 3개를 택하는 방법의 수는

${}_5C_3={}_5C_2=\dfrac{5\cdot4}{2\cdot1}=10$

햄버거 6개 중에서 3개를 택하는 방법의 수는

${}_6C_3=\dfrac{6\cdot5\cdot4}{3\cdot2\cdot1}=20$

치킨 4개 중에서 3개를 택하는 방법의 수는

${}_4C_3={}_4C_1=4$

따라서 구하는 방법의 수는

$10+20+4=34$

정답 34

### 줄기 3-5

풀이 소설책 $n$권 중에서 3권을 택하는 방법의 수는

$${}_nC_3=\frac{n(n-1)(n-2)}{3\cdot2\cdot1}$$

잡지책 5권 중에서 2권을 택하는 방법의 수는

${}_5C_2=10$

이때 소설책 3권, 잡지책 2권을 택하는 방법의 수가 560이므로

$$10\times\frac{n(n-1)(n-2)}{3\cdot2\cdot1}=560$$

$n(n-1)(n-2)=56\times6$

$n(n-1)(n-2)=8\cdot7\cdot6$

$\therefore n=8$

정답 8

### 줄기 3-6

풀이 $${}_{10}C_1\times{}_9C_2=10\times\frac{9\cdot8}{2\cdot1}=360$$

정답 360

### 줄기 3-7

풀이 1) 회원 7명이 악수를 한 총횟수는 7명 중에서 2명을 뽑는 방법의 수와 같으므로

$${}_7C_2=\frac{7\cdot6}{2\cdot1}=21$$

2) 20명이 모두 악수를 한 경우에서 여자끼리 악수한 경우와 부부끼리 악수한 경우를 빼면 되므로

$$\begin{aligned}{}_{20}C_2-{}_{10}C_2-10&=\frac{20\cdot19}{2\cdot1}-\frac{10\cdot9}{2\cdot1}-10\\&=190-45-10\\&=135\end{aligned}$$

정답 1) 21 2) 135

### 줄기 3-8

풀이 1) 특정한 2명을 이미 뽑았다고 생각하고 나머지 8명 중에서 2명을 뽑으면 되므로 구하는 방법의 수는 ${}_8C_2=28$

2) 특정한 2명을 이미 제외했다고 생각하고 나머지 8명 중에서 4명을 뽑으면 되므로 구하는 방법의 수는 ${}_8C_4=70$

정답 1) 28 2) 70

### 줄기 3-9

풀이 1) 전체 9명 중에서 4명을 뽑는 방법의 수는

${}_9C_4=126$

특별한 2명이 동시에 선출되는 방법의 수는 특별한 2명을 이미 뽑았다고 생각하고 나머지 7명 중에서 2명을 뽑으면 되므로

${}_7C_2=21$

따라서 구하는 방법의 수는

$126-21=105$

2) '적어도 …'가 있으면

⇨ 제일 먼저 '전체 경우의 수'를 구한다.

전체 14명 중에서 6명을 뽑는 방법의 수는

${}_{14}C_6=3003$

1반에서 6명을 뽑는 방법의 수는

${}_7C_6={}_7C_1=7$

2반에서 6명을 뽑는 방법의 수는

${}_7C_6={}_7C_1=7$

따라서 구하는 방법의 수는

$3003-(7+7)=2989$

정답 1) 105 2) 2989

### 줄기 3-10

핵심 ☆은 포함하고 ◇를 포함하지 않는 방법의 수는 ☆을 이미 뽑았고 ◇를 이미 제외했다고 생각하면 쉽게 구할 수 있다.

풀이 민지를 이미 뽑고 철수를 이미 제외한 다음 나머지 6명 중에서 4명을 뽑는 방법의 수는

${}_6C_4={}_6C_2=15$

이때 뽑은 5명을 일렬로 세우는 방법의 수는

$5!=120$

따라서 구하는 방법의 수는

$15\times120=1800$

정답 1800

### 줄기 3-11

풀이 9개의 점 중에서 4개를 택하는 방법의 수는

${}_9C_4=126$

일직선 위에 있는 5개의 점 중에서 4개를 택하는 방법의 수는

${}_5C_4={}_5C_1=5$

일직선 위에 있는 4개의 점 중에서 4개를 택하는 방법의 수는

${}_4C_4={}_4C_0=1$

일직선 위에 있는 5개의 점 중에서 3개를 택하고 나머지 점 중에서 1개를 택하는 방법의 수는

${}_5C_3\cdot{}_4C_1={}_5C_2\cdot{}_4C_1=40$

일직선 위에 있는 4개의 점 중에서 3개를 택하고 나머지 점 중에서 1개를 택하는 방법의 수는

${}_4C_3\cdot{}_5C_1={}_4C_1\cdot{}_5C_1=20$

그런데 일직선 위에 있는 4개의 점 또는 일직선 위에 있는 3개의 점과 나머지 한 점으로는 사각형을 만들 수 없으므로 구하는 사각형의 개수는

$126-5-1-40-20=60$

정답 60

## 줄기 3-12

풀이 1) 삼각형은 세 개의 직선으로 결정되므로 9개의 직선에서 3개의 직선을 택하는 방법의 수는

${}_9C_3=84$

평행한 4개의 직선 중에서 3개를 택하는 방법의 수는

${}_4C_3={}_4C_1=4$

평행한 4개의 직선 중에서 2개를 택하고 나머지 직선 중에서 1개를 택하는 방법의 수는

${}_4C_2\cdot{}_5C_1=30$

구하는 삼각형의 개수는

$84-(4+30)=50$

2) 볼록 $n\ (n\geq 3)$ 각형의 대각선의 개수가 20이므로

${}_nC_2-n=20$에서 $\dfrac{n(n-1)}{2!}-n=20$

$n^2-n-2n=40$

$n^2-3n-40=0,\ (n+5)(n-8)=0$

$\therefore n=8\ (\because n\geq 3)$

3) 가로 방향의 5개의 평행선 중에서 2개, 세로 방향의 6개의 평행선 중에서 2개를 택하면 한 개의 평행사변형이 만들어지므로

${}_5C_2\cdot{}_6C_2=10\cdot 15=150$

정답 1) 50 2) 8 3) 150

## 줄기 3-13

풀이 1) 한 변의 길이가 1인 정사각형의 개수는

$5\cdot 4=20$

한 변의 길이가 2인 정사각형의 개수는

$4\cdot 3=12$

한 변의 길이가 3인 정사각형의 개수는

$3\cdot 2=6$

한 변의 길이가 4인 정사각형의 개수는

$2\cdot 1=2$

따라서 정사각형의 개수는

$20+12+6+2=40$

2) 가로 방향의 직선 중 2개, 세로 방향의 직선 중 2개를 택하면 직사각형이 만들어지므로 직사각형의 개수는

${}_5C_2\cdot{}_6C_2=10\cdot 15=150$

따라서 정사각형이 아닌 직사각형의 개수는

$150-40=110$

정답 1) 40 2) 110

# 풀이 잎 문제

### 잎 10-1

핵심 단순히 개수를 세는 문제도 출제된다.

풀이 i) 한 변의 길이가 1인 정삼각형 2개로 이루어진 평행사변형의 개수는

ii) 한 변의 길이가 1인 정삼각형 4개로 이루어진 평행사변형의 개수는

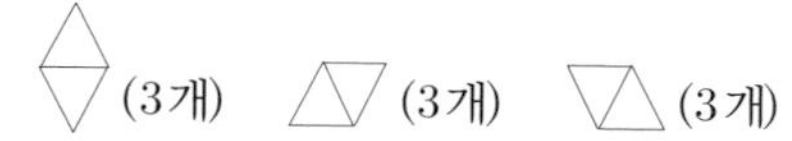


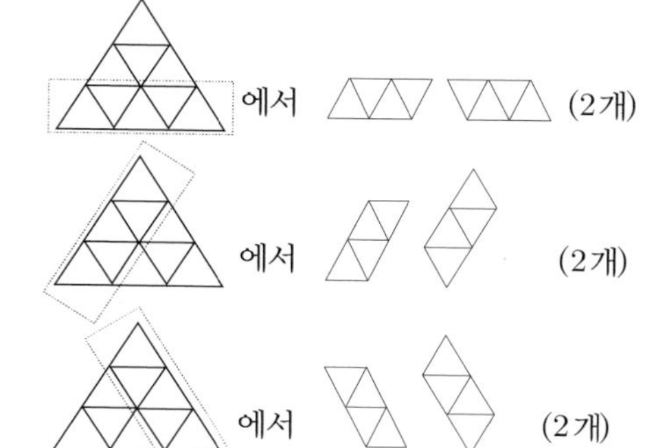


따라서 구하는 평형사변형의 개수는

$3\times 3+2\times 3=15$

정답 15

## 잎 10-2

**풀이** 가장 바깥 테두리선과 만나는 영역은 A, B, C, D이다. 이 중에서 모든 영역에 인접한 영역이 B이므로 B영역부터 칠한다.
B에 칠할 수 있는 색은 5가지, C에 칠할 수 있는 색은 B에 칠한 색을 제외한 4가지, D에 칠할 수 있는 색은 B와 C에 칠한 색을 제외한 3가지, A에 칠할 수 있는 색은 B와 D에 칠한 색을 제외한 3가지이다.
따라서 구하는 방법의 수는 $5\cdot4\cdot3\cdot3=180$

**정답** 180

## 잎 10-3

**주의** 점만 접해있는 영역은 인접한 영역이 아니다.
∴ A와 C는 인접한 영역이 아니다.

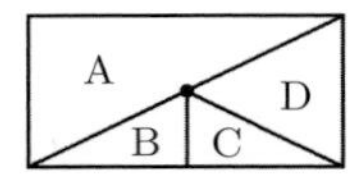


**핵심** 떨어진 두 영역 A, C를 잡고 가장 많이 인접한 영역 A부터 (반) 시계방향의 순으로 칠한다.

**풀이** 가장 바깥 테두리선과 만나는 영역은 A, B, C, D이다. 이 중에서 모든 영역에 인접한 영역이 없으므로 떨어진 두 영역 A, C를 잡고 A, B, C, D의 순으로 칠할 때,

i) **A와 C에 같은 색을 칠하는 방법의 수**
A에 칠할 수 있는 색은 4가지, B에 칠할 수 있는 색은 A에 칠한 색을 제외한 3가지, C에 칠할 수 있는 색은 A에 칠한 색과 같은 1가지, D에 칠할 수 있는 색은 A(C)에 칠한 색을 제외한 3가지이므로 방법의 수는
$4\cdot3\cdot1\cdot3=36$

ii) **A와 C에 다른 색을 칠하는 방법의 수**
A에 칠할 수 있는 색은 4가지, B에 칠할 수 있는 색은 A에 칠한 색을 제외한 3가지, C에 칠할 수 있는 색은 A와 B에 칠한 색을 제외한 2가지, D에 칠할 수 있는 색은 A와 C에 칠한 색을 제외한 2가지이므로 방법의 수는
$4\cdot3\cdot2\cdot2=48$

i), ii)에서 구하는 방법의 수는
$36+48=84$

**정답** 84

## 잎 10-4

**주의** 점만 접해있는 영역은 인접한 영역이 아니다.
∴ B와 E, C와 D는 인접한 영역이 아니다.

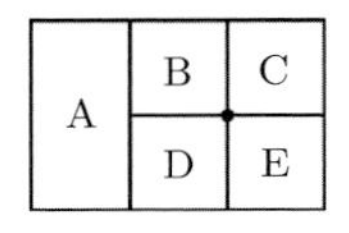


**핵심** 떨어진 두 영역 B, E를 잡고 가장 많이 인접한 영역 B부터 (반) 시계방향의 순으로 칠한다.

**풀이** 가장 바깥 테두리선과 만나는 영역은*A, B, C, D, E이다. 이 중에서 모든 영역에 인접한 영역이 없으므로 떨어진 두 영역 B, E를 잡고 B, C, E, D, A의 순으로 칠할 때,

i) **B와 E에 같은 색을 칠하는 방법의 수**
B에 칠할 수 있는 색은 5가지, C에 칠할 수 있는 색은 B에 칠한 색을 제외한 4가지, E에 칠할 수 있는 색은 B에 칠한 색과 같은 1가지, D에 칠할 수 있는 색은 B(E)에 칠한 색을 제외한 4가지, A에 칠할 수 있는 색은 B와 D에 칠한 색을 제외한 3가지이므로 방법의 수는
$5\cdot4\cdot1\cdot4\cdot3=240$

ii) **B와 E에 다른 색을 칠하는 방법의 수**
B에 칠할 수 있는 색은 5가지, C에 칠할 수 있는 색은 B에 칠한 색을 제외한 4가지, E에 칠할 수 있는 색은 B와 C에 칠한 색을 제외한 3가지, D에 칠할 수 있는 색은 B와 E에 칠한 색을 제외한 3가지, A에 칠할 수 있는 색은 B와 D에 칠한 색을 제외한 3가지이므로 방법의 수는
$5\cdot4\cdot3\cdot3\cdot3=540$

i), ii)에서 구하는 방법의 수는
$240+540=780$

**정답** 780

## 잎 10-5

**핵심** 단순히 개수를 세는 문제도 출제된다.

**풀이** 원의 가운데 A, B, C를 반시계방향으로 칠하면 나머지 6개의 영역을 칠하는 방법의 수는 다음 그림과 같이 4가지이다.

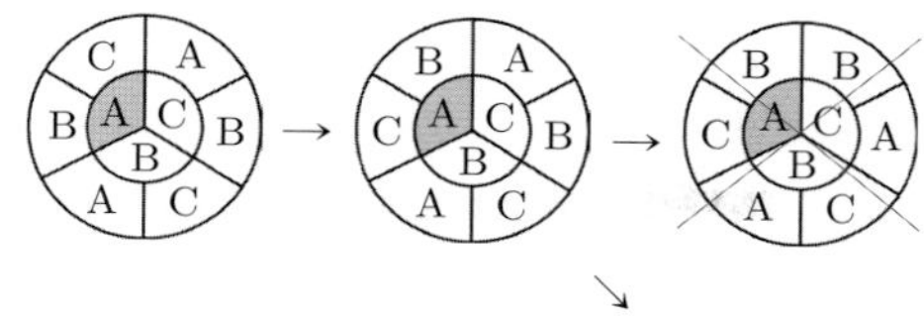

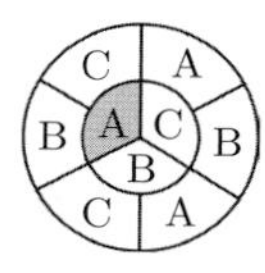
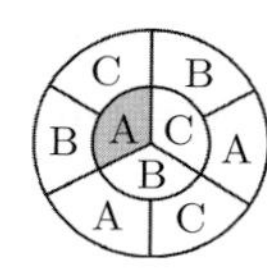

같은 방법으로 원의 가운데에 A, B, C를 시계 방향으로 칠하면 나머지 6개의 영역을 칠하는 방법의 수는 4가지이다.
따라서 구하는 방법의 수는 $4+4=8$

정답 ①

## 잎 10-6

풀이 $2000<abcd<7000$이라 하면
$a$는 2, 3, 4, 5, 6이 가능하고,
$d$는 0, 2, 4, 6, 8이 가능하다.
이때, 각 자리의 숫자가 모두 다르므로 $b$, $c$는 각각 8가지, 7가지로 이루어진다.

i) $a$가 2, 4, 6 중의 하나이면 $d$는 4가지
⇨ $a \quad b \quad c \quad d$
$3\times8\times7\times4=672$

ii) $a$가 3, 5 중의 하나이면 $d$는 5가지
⇨ $a \quad b \quad c \quad d$
$2\times8\times7\times5=560$

따라서 구하는 수의 개수는
$672+560=1232$

정답 ②

## 잎 10-7

풀이 1) 남자 4명과 여자 3명이 교대로 앉는 방법은 다음과 같은 1가지 경우가 있다.
[남] 여 [남] 여 [남] 여 [남]
남자 4명을 일렬로 앉히고 그 사이사이에 여자 3명을 앉히면 되므로 구하는 방법의 수는
$4!\cdot3!=24\cdot6=144$

2) 남과 여의 수가 4명으로 같으므로 교대로 앉는 방법은 다음과 같은 2가지 경우가 있다.
[남] 여 [남] 여 [남] 여 [남] 여
여 [남] 여 [남] 여 [남] 여 [남]
남자 4명을 일렬로 앉히는 방법의 수는
$4!=24$
남자 사이사이와 한쪽 끝에 여자 4명을 일렬로 앉히는 방법의 수는
$4!=24$
따라서 구하는 방법의 수는
$(24\times24)\times2=1152$

3) 2명의 여자가 세 군데의 홀수 번째 자리 중 두 군데에 앉히는 방법의 수는
${}_3P_2=6$
나머지 빈 세 자리에 남자 3명을 앉히는 방법의 수는
$3!=6$
따라서 구하는 방법의 수는
$6\times6=36$

정답 1) 144 2) 1152 3) 36

## 잎 10-8

핵심 이웃하지 않는 경우의 순열의 수
⇨ 이웃해도 좋은 것을 먼저 배열한다.

풀이 □남□남□남□⊗□
남학생 3명과 빈 의자 1개를 일렬로 세우는 방법의 수는
$4!=24$
빈 의자 1개와 남학생 3명의 사이와 양 끝의 다섯 자리에 여학생 2명이 앉는 방법의 수는
${}_5P_2=20$
따라서 구하는 방법의 수는
$24\times20=480$

정답 480

## 잎 10-9

풀이 ${}_nC_2=55$에서 $\dfrac{n(n-1)}{2!}=55$
$n(n-1)=110=11\cdot10$
$\therefore n=11$

정답 11

**잎 10-10**

풀이 오른쪽 그림과 같이 6개 지역을 A, B, C, D, E, F라 할 때, 이웃하는 2개의 지역을 짝지어 보면 AB, AC, AE, BC, BD, CD, CE, CF, DF, EF의 10가지다.

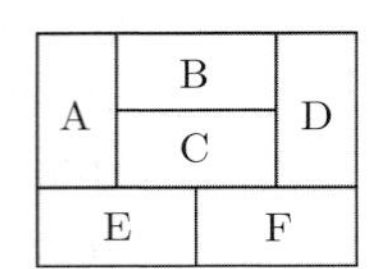


조사원 5명 중 이웃한 2개 지역을 담당할 1명을 고른 다음 이 1명이 담당할 이웃하는 지역을 택하고 나머지 4명은 남은 4개 지역을 담당하면 되므로 구하는 경우의 수는

${}_5C_1 \times 10 \times 4! = 1200$

정답 ⑤

**잎 10-11**

풀이 철수를 포함하여 4명을 뽑는 방법의 수는

$a = {}_9C_3$

철수를 포함하지 않고 4명을 뽑는 방법의 수는

$b = {}_9C_4$

$\therefore a + b = {}_{9}C_{3} + {}_{9}C_{4} = {}_{10}C_{4}$

정답 ③

**잎 10-12**

핵심 ${}_{n-1}C_{r-1} + {}_{n-1}C_r = {}_nC_r$

풀이 ${}_nC_1 + {}_nC_2 + {}_{n+1}C_3 + {}_{n+2}C_4 + {}_{n+3}C_5$

$= {}_{n+1}C_2 + {}_{n+1}C_3 + {}_{n+2}C_4 + {}_{n+3}C_5$

$= {}_{n+2}C_3 + {}_{n+2}C_4 + {}_{n+3}C_5$

$= {}_{n+3}C_4 + {}_{n+3}C_5$

$= {}_{n+4}C_5$

따라서 ${}_{n+4}C_5 = {}_{11}C_5$

$\therefore n + 4 = 11 \qquad \therefore n = 7$

정답 7

**잎 10-13**

핵심 '적어도…'가 있으면
⇨ 제일 먼저 '전체 경우의 수'를 구한다.

풀이 전체 9명 중 4명을 선발하는 방법의 수는

${}_9C_4 = 126 \rightarrow n(U) = 126$

남학생만 4명을 선발하는 방법의 수는

${}_5C_4 = {}_5C_1 = 5$

여학생만 4명을 선발하는 방법의 수는

${}_4C_4 = {}_4C_0 = 1$

따라서 구하는 방법의 수는

$126 - (5 + 1) = 120$

정답 120

**잎 10-14**

방법 I i) **A와 B가 공통으로 가입한 동아리가 0개인 경우**

4개의 동아리 중에서 A가 2개의 동아리에 가입했을 때, B는 A가 가입하지 않은 나머지 2개의 동아리에 가입해야 하므로

공통인 동아리가 0개인 경우의 수는

${}_4C_2 \cdot {}_2C_2 = 6$

ii) **A와 B가 공통으로 가입한 동아리가 1개인 경우**

4개의 동아리 중에서 A와 B가 같은 동아리 1개에 가입하는 경우의 수는

${}_4C_1 = 4$

나머지 3개의 동아리 중에서 A와 B가 서로 다른 동아리 1개에 가입하는 방법의 수는

${}_3C_1 \cdot {}_2C_1 = 6$

공통인 동아리가 1개인 경우의 수는

$4 \times 6 = 24$

따라서 구하는 경우의 수는 $6 + 24 = 30$

방법 II i) A와 B가 4개의 동아리 중에서 2개씩 가입하는 경우의 수는

${}_4C_2 \cdot {}_4C_2 = 36$

ii) A와 B가 가입한 2개의 동아리가 모두 같은 경우의 수는

${}_4C_2 = 6$

($\because$ A가 동아리를 선택하면 B는 무조건 같은 동아리를 선택해야 하므로 A가 선택하는 방법의 수만 따져주면 된다.)

따라서 구하는 경우의 수는

$36 - 6 = 30$

정답 30

## 잎 10-15

풀이 5일 중 3일을 선택하여 요가를 하는 방법의 수는

$_5C_3 \cdot {_1C_1} = 10$

남은 2일 중 하루를 선택하여 수영, 줄넘기 중 한 가지를 선택하는 방법의 수는

$_2C_1 \cdot {_2C_1} = 2$

남은 하루에 농구, 축구 중 한 가지를 선택하는 방법의 수는

$_1C_1 \cdot {_2C_1} = 2$

따라서 구하는 가짓수는

$10 \times 4 \times 2 = 80$

정답 ④

## 잎 10-16

풀이 서로 다른 6개의 공을 3개씩 2개의 조로 나누는 방법의 수는

$_6C_3 \cdot {_3C_3} \cdot \frac{1}{2!} = 10$

이 2개의 조를 두 바구니 A, B에 분배하는 방법의 수는

$2! = 2$

따라서 구하는 경우의 수는

$10 \times 2 = 20$

정답 20

## 잎 10-17

풀이 7명을 2명, 2명, 3명의 3개의 조로 분할하는 방법의 수는

$_7C_2 \cdot {_5C_2} \cdot {_3C_3} \cdot \frac{1}{2!} = 105$

이 3개의 조를 A, B, C 세 나라에 분배하는 방법의 수는

$3! = 6$

따라서 구하는 방법의 수는

$105 \times 6 = 630$

정답 ④

## 잎 10-18

풀이 5명을 2명, 3명의 2개의 조로 나누는 방법의 수는

$_5C_2 \cdot {_3C_3} = 10$

이 2개의 조를 2층부터 5층까지 4개의 층 중 2개의 층에 분배하는 방법의 수는

$_4P_2 = 12$

따라서 구하는 방법의 수는

$10 \times 12 = 120$

정답 120

## 잎 10-19

풀이 6명을 2명씩 3개의 조로 나누는 방법의 수는

$_6C_2 \cdot {_4C_2} \cdot {_4C_2} \cdot \frac{1}{3!} = 15$

이 3개의 조를 2층부터 8층까지 7개의 층 중 3개의 층에 분배하는 방법의 수는

$_7P_3 = 210$

따라서 구하는 방법의 수는

$15 \times 210 = 3150$

정답 3150

CHAPTER 11 행렬

본문 p.287

## 줄기 문제

### [줄기 1-1]

풀이 1) 제 2 행의 성분 : 2, $-5$, 6

따라서 구하는 곱은 $2\times(-5)\times6=-60$

2) (2, 3)성분 : 6, (1, 2)성분 : 3

따라서 구하는 합은 $6+3=9$

3) $a_{11}=4$, $a_{13}=1$, $a_{22}=-5$, $a_{23}=6$이므로

$a_{11}+a_{13}-a_{22}+a_{23}=4+1-(-5)+6=16$

4) $a_{11}=4$, $a_{22}=-5$

정답 1) $-60$ 2) 9 3) 16 4) $a_{11}=4$, $a_{22}=-5$

### [줄기 1-2]

풀이 $a_{ij}$는 $i$도시에서 $j$도시로 직접 연결한 통신망의 수이므로

$a_{11}=0$, $a_{12}=1$, $a_{13}=2$

$a_{21}=1$, $a_{22}=0$, $a_{23}=3$

$a_{31}=2$, $a_{32}=3$, $a_{33}=1$

$$\therefore A=\begin{pmatrix}0&1&2\\1&0&3\\2&3&1\end{pmatrix}$$

정답 $\begin{pmatrix}0&1&2\\1&0&3\\2&3&1\end{pmatrix}$

### [줄기 1-3]

풀이 $a_{11}=3\cdot1-1^2=2$, $a_{12}=3\cdot1-2^2=-1$

$a_{13}=3\cdot1-3^2=-6$

$a_{21}=3\cdot2-1^2=5$, $a_{22}=3\cdot2-2^2=2$

$a_{23}=3\cdot2-3^2=-3$

$a_{31}=3\cdot3-1^2=8$, $a_{32}=3\cdot3-2^2=5$

$a_{33}=3\cdot3-3^2=0$

$$\therefore A=\begin{pmatrix}2&-1&-6\\5&2&-3\\8&5&0\end{pmatrix}$$

이때 $b_{ij}=a_{ji}$이므로 $B=(b_{ij})$는 $A=(a_{ij})$를 주대각선에 대하여 대칭이동한 것이다. 따라서

$$B=\begin{pmatrix}2&5&8\\-1&2&5\\-6&-3&0\end{pmatrix}$$

정답 $\begin{pmatrix}2&5&8\\-1&2&5\\-6&-3&0\end{pmatrix}$

### [줄기 1-4]

풀이 두 행렬이 서로 같을 조건에서

$x+2y-1=-2x+y+4$

$\therefore 3x+y=5$ …㉠

$2x+y+5=x-3y+3$

$\therefore x+4y=-2$ …㉡

㉠, ㉡을 연립하여 풀면 $x=2$, $y=-1$

정답 $x=2$, $y=-1$

### [줄기 1-5]

풀이 두 행렬이 서로 같을 조건에서

$\alpha+\beta=2$, $\alpha\beta=4$

$$\therefore \frac{\beta^2}{\alpha}+\frac{\alpha^2}{\beta}=\frac{\alpha^3+\beta^3}{\alpha\beta}=\frac{(\alpha+\beta)^3-3\alpha\beta(\alpha+\beta)}{\alpha\beta}$$

$$=\frac{2^3-3\cdot4\cdot2}{4}=-4$$

정답 $-4$

### [줄기 1-6]

풀이 두 행렬이 서로 같을 조건에서

$x^2=a$, $-3=x+y$, $2=xy$, $y^2=b$

$\therefore a+b=x^2+y^2=(x+y)^2-2xy$

$=(-3)^2-2\cdot2=5$

$\therefore ab=x^2y^2=(xy)^2=2^2=4$

따라서 구하는 값은

$a^3+b^3=(a+b)^3-3ab(a+b)$

$=5^2-3\cdot4\cdot\ 5=-35$

정답 $-35$

**[줄기 2-1]**

풀이 $\frac{1}{3}(A-2B)=\frac{1}{2}(-X+B)$의 양변에 6을 곱하면

$2(A-2B)=3(-X+B)$

$2A-4B=-3X+3B$

$3X=-2A+7B$

$\therefore X=\frac{1}{3}(-2A+7B)$

$=\frac{1}{3}\left\{-2\begin{pmatrix}2 & 1 & 0\\1 & -3 & -2\end{pmatrix}+7\begin{pmatrix}-1 & -2 & 1\\2 & 1 & 0\end{pmatrix}\right\}$

$=\frac{1}{3}\left\{\begin{pmatrix}-4 & -2 & 0\\-2 & 6 & 4\end{pmatrix}+\begin{pmatrix}-7 & -14 & 7\\14 & 7 & 0\end{pmatrix}\right\}$

$=\frac{1}{3}\begin{pmatrix}-11 & -16 & 7\\12 & 13 & 4\end{pmatrix}$

정답 $\begin{pmatrix}-\frac{11}{3} & -\frac{16}{3} & \frac{7}{3}\\4 & \frac{13}{3} & \frac{4}{3}\end{pmatrix}$

**[줄기 2-2]**

풀이 $A+B=\begin{pmatrix}3 & 4\\5 & 6\end{pmatrix}\cdots$ ㉠

$A-B=\begin{pmatrix}1 & 0\\3 & 2\end{pmatrix}\cdots$ ㉡

㉠+㉡을 하면

$2A=\begin{pmatrix}4 & 8\\4 & 8\end{pmatrix}\quad \therefore A=\begin{pmatrix}2 & 4\\2 & 4\end{pmatrix}$

$\therefore B=\begin{pmatrix}3 & 4\\5 & 6\end{pmatrix}-A=\begin{pmatrix}3 & 4\\5 & 6\end{pmatrix}-\begin{pmatrix}2 & 4\\2 & 4\end{pmatrix}=\begin{pmatrix}1 & 2\\1 & 2\end{pmatrix}$

$\therefore A-3B=\begin{pmatrix}2 & 4\\2 & 4\end{pmatrix}-\begin{pmatrix}3 & 6\\3 & 6\end{pmatrix}=\begin{pmatrix}-1 & -4\\-1 & -2\end{pmatrix}$

따라서 행렬 $A-3B$의 $(1, 2)$ 성분은 $-4$이다.

정답 $-4$

**[줄기 2-3]**

풀이 $\begin{pmatrix}5 & -1\\-3 & 3\end{pmatrix}=xA+yB$로 놓는다.

$\begin{pmatrix}5 & -1\\-3 & 3\end{pmatrix}=x\begin{pmatrix}2 & 0\\0 & 2\end{pmatrix}+y\begin{pmatrix}-1 & 1\\3 & 1\end{pmatrix}$

$=\begin{pmatrix}2x & 0\\0 & 2x\end{pmatrix}+\begin{pmatrix}-y & y\\3y & y\end{pmatrix}$

$=\begin{pmatrix}2x-y & y\\3y & 2x+y\end{pmatrix}$

행렬이 서로 같을 조건에 의하여

$2x-y=5,\ y=-1$

$3y=-3,\ 2x+y=3$

위의 식을 연립하여 풀면 $x=2,\ y=-1$

따라서 $\begin{pmatrix}5 & -1\\-3 & 3\end{pmatrix}=2A+(-1)B$

정답 $2A+(-1)B$

**[줄기 2-4]**

풀이 $2\begin{pmatrix}a & 1\\3 & 2b\end{pmatrix}-3\begin{pmatrix}-1 & c\\2 & 0\end{pmatrix}=\begin{pmatrix}7 & 8\\d & 12\end{pmatrix}$에서

좌변을 정리하면

$\begin{pmatrix}2a & 2\\6 & 4b\end{pmatrix}+\begin{pmatrix}3 & -3c\\-6 & 0\end{pmatrix}$

$=\begin{pmatrix}2a+3 & 2-3c\\0 & 4b\end{pmatrix}$

따라서 $\begin{pmatrix}2a+3 & 2-3c\\0 & 4b\end{pmatrix}=\begin{pmatrix}7 & 8\\d & 12\end{pmatrix}$

두 행렬이 서로 같을 조건에 의하여

$2a+3=7,\ 2-3c=8,\ d=0,\ 4b=12$

$\therefore a=2,\ c=-2,\ d=0,\ b=3$

정답 $a=2,\ b=3,\ c=-2,\ d=0$

**[줄기 3-1]**

풀이 $\begin{pmatrix}3 & -1\\a & 5\end{pmatrix}\begin{pmatrix}1 & 0\\-2 & b\end{pmatrix}=\begin{pmatrix}5 & -b\\a-10 & 5b\end{pmatrix}$,

$2\begin{pmatrix}3 & b\\0 & 3\end{pmatrix}+\begin{pmatrix}-1 & -3\\-8 & c\end{pmatrix}=\begin{pmatrix}5 & 2b-3\\-8 & 6+c\end{pmatrix}$

따라서

$\begin{pmatrix}5 & -b\\a-10 & 5b\end{pmatrix}=\begin{pmatrix}5 & 2b-3\\-8 & 6+c\end{pmatrix}$이므로

두 행렬이 서로 같을 조건에 의하여

$-b=2b-3,\ a-10=-8,\ 5b=6+c$

$\therefore b=1,\ a=2,\ c=-1$

정답 $a=2,\ b=1,\ c=-1$

**[줄기 3-2]**

풀이 $A\begin{pmatrix}2a\\b\end{pmatrix}+A\begin{pmatrix}3a\\4b\end{pmatrix}=A\begin{pmatrix}5a\\5b\end{pmatrix}=5A\begin{pmatrix}a\\b\end{pmatrix}$

$\therefore 5A\begin{pmatrix}a\\b\end{pmatrix}=\begin{pmatrix}8\\-1\end{pmatrix}+\begin{pmatrix}2\\6\end{pmatrix}=\begin{pmatrix}10\\5\end{pmatrix}$

$\therefore A\begin{pmatrix}a\\b\end{pmatrix}=\begin{pmatrix}2\\1\end{pmatrix}$

정답 $\begin{pmatrix}2\\1\end{pmatrix}$

**[줄기 3-3]**

풀이 $A\begin{pmatrix}2a-3c\\2b-3d\end{pmatrix}=\begin{pmatrix}5\\2\end{pmatrix}$에서

$2A\begin{pmatrix}a\\b\end{pmatrix}-3A\begin{pmatrix}c\\d\end{pmatrix}=\begin{pmatrix}5\\2\end{pmatrix}$

$3A\begin{pmatrix}c\\d\end{pmatrix}=2A\begin{pmatrix}a\\b\end{pmatrix}-\begin{pmatrix}5\\2\end{pmatrix}$

$=\begin{pmatrix}2\\8\end{pmatrix}-\begin{pmatrix}5\\2\end{pmatrix}$

$=\begin{pmatrix}-3\\6\end{pmatrix}$

$\therefore A\begin{pmatrix}c\\d\end{pmatrix}=\begin{pmatrix}-1\\2\end{pmatrix}$

정답 $\begin{pmatrix}-1\\2\end{pmatrix}$

**[줄기 3-4]**

풀이 $A=\begin{pmatrix}a_{11}&a_{12}\\a_{21}&a_{22}\end{pmatrix}$라 하면

$\begin{pmatrix}a_{11}&a_{12}\\a_{21}&a_{22}\end{pmatrix}\begin{pmatrix}a\\b\end{pmatrix}=\begin{pmatrix}a\cdot a_{11}+b\cdot a_{12}\\a\cdot a_{21}+b\cdot a_{22}\end{pmatrix}=\begin{pmatrix}1\\3\end{pmatrix}$

$\therefore \begin{cases}a\cdot a_{11}+b\cdot a_{12}=1 \cdots ㉠\\a\cdot a_{21}+b\cdot a_{22}=3 \cdots ㉡\end{cases}$

$\begin{pmatrix}a_{11}&a_{12}\\a_{21}&a_{22}\end{pmatrix}\begin{pmatrix}c\\d\end{pmatrix}=\begin{pmatrix}c\cdot a_{11}+d\cdot a_{12}\\c\cdot a_{21}+d\cdot a_{22}\end{pmatrix}=\begin{pmatrix}2\\-2\end{pmatrix}$

$\therefore \begin{cases}c\cdot a_{11}+d\cdot a_{12}=2 \cdots ㉢\\c\cdot a_{21}+d\cdot a_{22}=-2 \cdots ㉣\end{cases}$

$A\begin{pmatrix}2a&3c\\2b&3d\end{pmatrix}=\begin{pmatrix}a_{11}&a_{12}\\a_{21}&a_{22}\end{pmatrix}\begin{pmatrix}2a&3c\\2b&3d\end{pmatrix}$

$=\begin{pmatrix}2a\cdot a_{11}+2b\cdot a_{12}&3c\cdot a_{11}+3d\cdot a_{12}\\2a\cdot a_{21}+2b\cdot a_{22}&3c\cdot a_{21}+3d\cdot a_{22}\end{pmatrix}$

$\Rightarrow \begin{pmatrix}2\times㉠&3\times㉢\\2\times㉡&3\times㉣\end{pmatrix}$

$=\begin{pmatrix}2&6\\6&-6\end{pmatrix}$

참고 이차 정사각행렬 $A$에 대하여

$A\begin{pmatrix}a\\b\end{pmatrix}=\begin{pmatrix}p\\q\end{pmatrix},\ A\begin{pmatrix}c\\d\end{pmatrix}=\begin{pmatrix}r\\s\end{pmatrix}$

$\Leftrightarrow A\begin{pmatrix}a&c\\b&d\end{pmatrix}=\begin{pmatrix}p&r\\q&s\end{pmatrix}$

$A\begin{pmatrix}2a\\2b\end{pmatrix}=2A\begin{pmatrix}a\\b\end{pmatrix}=\begin{pmatrix}2\\6\end{pmatrix},$

$A\begin{pmatrix}3c\\3d\end{pmatrix}=3A\begin{pmatrix}c\\d\end{pmatrix}=\begin{pmatrix}6\\-6\end{pmatrix}$

$\therefore A\begin{pmatrix}2a&3c\\2b&3d\end{pmatrix}=\begin{pmatrix}2&6\\6&-6\end{pmatrix}$

정답 $\begin{pmatrix}2&6\\6&-6\end{pmatrix}$

**[줄기 4-1]**

풀이 행렬 $A$의 부대각선의 성분이 모두 0이므로

$A^5=\begin{pmatrix}a&0\\0&-2\end{pmatrix}^5=\begin{pmatrix}a^5&0\times5\\0\times5&(-2)^5\end{pmatrix}$

$\therefore A^5=\begin{pmatrix}a^5&0\\0&(-2)^5\end{pmatrix}$

따라서 $a^5=-1$이므로 $a=-1$ ($\because a$는 실수)

정답 $a=-1$

**[줄기 4-2]**

풀이 $A^2=\begin{pmatrix}1&1\\0&0\end{pmatrix}\begin{pmatrix}1&1\\0&0\end{pmatrix}=\begin{pmatrix}1&1\\0&0\end{pmatrix}$이므로

$A=A^2=A^3=\cdots=A^{10}=\begin{pmatrix}1&1\\0&0\end{pmatrix}$

$\therefore A+A^2+A^3+\cdots+A^{10}=10A$

$=10\begin{pmatrix}1&1\\0&0\end{pmatrix}$

$=\begin{pmatrix}10&10\\0&0\end{pmatrix}$

따라서 행렬 $A+A^2+A^3+\cdots+A^{10}$의 $(2,1)$ 성분은 0이다.

정답 0

## [줄기 4-3]

**풀이** $2A-B=\begin{pmatrix}1&1\\-3&1\end{pmatrix}\cdots$ ㉠

$A+2B=\begin{pmatrix}-2&3\\1&-7\end{pmatrix}\cdots$ ㉡

㉠$\times 2+$㉡을 하면

$5A=2\begin{pmatrix}1&1\\-3&1\end{pmatrix}+\begin{pmatrix}-2&3\\1&-7\end{pmatrix}$

$=\begin{pmatrix}0&5\\-5&-5\end{pmatrix}$

$\therefore A=\begin{pmatrix}0&1\\-1&-1\end{pmatrix}$ $\quad\therefore 2A=\begin{pmatrix}0&2\\-2&-2\end{pmatrix}$

㉠$-$㉡$\times 2$를 하면

$-5B=\begin{pmatrix}1&1\\-3&1\end{pmatrix}-2\begin{pmatrix}-2&3\\1&-7\end{pmatrix}$

$=\begin{pmatrix}5&-5\\-5&15\end{pmatrix}$

$\therefore B=\begin{pmatrix}-1&1\\1&-3\end{pmatrix}$

따라서

$4A^2-B^2$

$=(2A)^2-B^2$

$=\begin{pmatrix}0&2\\-2&-2\end{pmatrix}\begin{pmatrix}0&2\\-2&-2\end{pmatrix}-\begin{pmatrix}-1&1\\1&-3\end{pmatrix}\begin{pmatrix}-1&1\\1&-3\end{pmatrix}$

$=\begin{pmatrix}-4&-4\\4&0\end{pmatrix}-\begin{pmatrix}2&-4\\-4&10\end{pmatrix}$

$=\begin{pmatrix}-6&0\\8&-10\end{pmatrix}$

**정답** $\begin{pmatrix}-6&0\\8&-10\end{pmatrix}$

## [줄기 4-4]

**풀이** 곱셈공식이 성립한다. $\therefore AB=BA$

$\begin{pmatrix}1&2\\1&3\end{pmatrix}\begin{pmatrix}0&x\\y&4\end{pmatrix}=\begin{pmatrix}0&x\\y&4\end{pmatrix}\begin{pmatrix}1&2\\1&3\end{pmatrix}$이므로

$\begin{pmatrix}2y&x+8\\3y&x+12\end{pmatrix}=\begin{pmatrix}x&3x\\y+4&2y+12\end{pmatrix}$

두 행렬이 서로 같을 조건에 의하여

$2y=x,\ x+8=3x,\ 3y=y+4,\ x+12=2y+12$

$\therefore x=4,\ y=2$

**참고** $(A+B)^2=A^2+2AB+B^2$

$(A+B)(A+B)=A^2+2AB+B^2$에서

$A^2+AB+BA+B^2=A^2+2AB+B^2$

$\therefore AB=BA$

**정답** $x=4,\ y=2$

## [줄기 4-5]

**방법 I** 1) $A+B=O$에서 $B=-A$이므로

$-2AB=3E,\ -2A(-A)=3E,$

$2A^2=3E\quad\therefore A^2=\frac{3}{2}E$

$\therefore A^4=(A^2)^2=\left(\frac{3}{2}E\right)^2=\frac{9}{4}E$

또 $B^4=(-A)^4=A^4=\frac{9}{4}E$

따라서 $A^4+B^4=\frac{9}{4}E+\frac{9}{4}E=\frac{9}{2}E$

**방법 II** 1) $A+B=O$의 양변의 오른쪽에 행렬 $B$를 곱하면

$AB+B^2=O,\ B^2=-AB$

$\therefore B^2=\frac{3}{2}E\ (\because AB=-\frac{3}{2}E)$

└ $2AB+3E=O$

$\therefore B^4=(B^2)^2=\left(\frac{3}{2}E\right)^2=\frac{9}{4}E$

$A+B=O$의 양변의 왼쪽에 행렬 $A$를 곱하면

$A^2+AB=O,\ A^2=-AB$

$\therefore A^2=\frac{3}{2}E\ (\because AB=-\frac{3}{2}E)$

└ $2AB+3E=O$

$\therefore A^4=(A^2)^2=\left(\frac{3}{2}E\right)^2=\frac{9}{4}E$

따라서 $A^4+B^4=\frac{9}{4}E+\frac{9}{4}E=\frac{9}{2}E$

**방법 I** 2) $3A+B=O$에서 $B=-3A$이므로

$AB=-3E,\ A(-3A)=-3E$

$\therefore A^2=E$

$\therefore A^{14}=(A^2)^7=E^7=E$

또 $B^{14}=(-3A)^{14}=3^{14}A^{14}=3^{14}E$

따라서

$A^{14}+B^{14}=E+3^{14}E=(1+3^{14})E$

**방법 II** 2) $3A+B=O$의 양변의 오른쪽에 행렬 $B$를 곱하면

$3AB+B^2=O,\ B^2=-3AB$

$\therefore B^2=9E\ (\because AB=-3E)$

$\therefore B^{14}=(B^2)^7=(3^2E)^7=3^{14}E$

$3A+B=O$의 양변의 왼쪽에 행렬 $A$를 곱하면

$3A^2+AB=O,\ 3A^2=-AB$

$\therefore A^2=E\ (\because AB=-3E)$

$\therefore A^{14}=(A^2)^7=E^7=E$

따라서

$A^{14}+B^{14}=E+3^{14}E=(1+3^{14})E$

정답 1) $\frac{9}{2}E$ 2) ①

## [줄기 4-6]

풀이 1) $A+B=E$의 양변의 오른쪽에 행렬 $B$를 곱하면

$AB+B^2=B$

$\therefore B^2=B-E\ (\because AB=E)$

위의 등식의 양변의 오른쪽에 행렬 $B$를 곱하면

$B^3=B^2-B=(B-E)-B=-E$

$A+B=E$의 양변의 왼쪽에 행렬 $A$를 곱하면

$A^2+AB=A$

$\therefore A^2=A-E\ (\because AB=E)$

위의 등식의 양변의 오른쪽에 행렬 $A$를 곱하면

$A^3=A^2-A=(A-E)-A=-E$

$$\begin{aligned}A^{101}+B^{101}&=(A^3)^{33}A^2+(B^3)^{33}B^2\\&=(-E)^{33}A^2+(-E)^{33}B^2\\&=-A^2-B^2\\&=-(A-E)-(B-E)\\&=-(A+B)+2E\\&=-E+2E\\&=E\end{aligned}$$

$\therefore k=1$

2) $(A+E)^2=O$에서

$A^2+2A+E=O$ ⋯ ㉠

위의 등식의 양변의 오른쪽에 행렬 $B$를 곱하면

$A^2B+2AB+B=O$

그런데 $AB=-2E$이므로

$A(-2E)+2(-2E)+B=O$

$\therefore B=2A+4E$

따라서

$B^2=(2A+4E)^2=4A^2+16A+16E$

㉠에서 $A^2=-2A-E$이므로

$$\begin{aligned}B^2&=4(-2A-E)+16A+16E\\&=8A+12E\end{aligned}$$

정답 1) 1 2) $8A+12E$

## [줄기 4-7]

풀이 $$\begin{aligned}(A^5+E)^3-3A^5(A^5+E)&=(A^5)^3-E\\&=A^{15}-E\end{aligned}$$

$A^2=\begin{pmatrix}0&1\\-1&0\end{pmatrix}\begin{pmatrix}0&1\\-1&0\end{pmatrix}=\begin{pmatrix}-1&0\\0&-1\end{pmatrix}=-E$

$A^3=A^2A=-EA=-A$

$A^4=A^3A=-AA=-A^2=-(-E)=E$

$A^5=A^4A=A$

$A^{15}=(A^5)^3=A^3=-A$

따라서 $$\begin{aligned}A^{15}-E&=-A-E\\&=\begin{pmatrix}0&-1\\1&0\end{pmatrix}-\begin{pmatrix}1&0\\0&1\end{pmatrix}\\&=\begin{pmatrix}-1&-1\\1&-1\end{pmatrix}\end{aligned}$$

이므로 행렬 $(A^5+E)^3-3A^5(A^5+E)$의 $(2, 2)$ 성분은 $-1$이다.

정답 $-1$

## [줄기 4-8]

풀이 케일리-해밀턴의 정리에 의하여

$A^2-(a+2)A+(2a-b)E=O$

이 식은 $A^2-A+E=O$와 일치하므로

$a+2=1,\ 2a-b=1$

$\therefore a=-1,\ b=-3$

정답 $a=-1,\ b=-3$

## [줄기 4-9]

풀이 케일리-해밀턴의 정리에 의하여

$A^2-A+E=O\ \therefore A^2=A-E$

양변에 $A+E$를 곱하면

$(A+E)(A^2-A+E)=O$

$\therefore A^3=-E$

$$\begin{aligned}\therefore A^{200}&=(A^3)^{66}A^2\\&=(-E)^{66}A^2\\&=A^2\\&=A-E\\&=\begin{pmatrix}3&1\\-7&-2\end{pmatrix}-\begin{pmatrix}1&0\\0&1\end{pmatrix}\\&=\begin{pmatrix}2&1\\-7&-3\end{pmatrix}\end{aligned}$$

정답 $\begin{pmatrix}2&1\\-7&-3\end{pmatrix}$

**줄기 4-10**

풀이 1) 케일리-해밀턴의 정리에 의해

$A^2-3A=O$

$\therefore A^2=3A$

$A^3=A^2A=(3A)A=3A^2=3(3A)$
$=3^2A$

$A^4=A^3A=(3^2A)A=3^2A^2=3^2(3A)$
$=3^3A$

$A^5=A^4A=(3^3A)A=3^3A^2=3^3(3A)$
$=3^4A$

따라서

$A+A^2+A^3+A^4+A^5$
$=A+3A+3^2A+3^3A+3^4A$
$=(1+3+9+27+81)A$
$=121A$

$\therefore k=121$

2) 케일리-해밀턴의 정리에 의해

$A^2+3E=O$

$\therefore A^2=-3E$

따라서

$A^{100}=(A^2)^{50}=(-3E)^{50}=3^{50}E$
$=3^{50}\begin{pmatrix}1&0\\0&1\end{pmatrix}=\begin{pmatrix}3^{50}&0\\0&3^{50}\end{pmatrix}$

정답 1) 121 2) $\begin{pmatrix}3^{50}&0\\0&3^{50}\end{pmatrix}$

## 풀이 잎 문제

**잎 11-1**

풀이 $X+AB=B$에서

$X=B-AB$

$=\begin{pmatrix}0&1\\1&0\end{pmatrix}-\begin{pmatrix}1&-1\\1&-1\end{pmatrix}\begin{pmatrix}0&1\\1&0\end{pmatrix}$

$=\begin{pmatrix}0&1\\1&0\end{pmatrix}-\begin{pmatrix}-1&1\\-1&1\end{pmatrix}$

$=\begin{pmatrix}1&0\\2&-1\end{pmatrix}$

따라서 행렬 $X$의 모든 성분의 합은

$1+0+2+(-1)=2$

정답 ②

**잎 11-2**

풀이 1) $A=\begin{pmatrix}a_{11}&a_{12}&a_{13}\\a_{21}&a_{22}&a_{23}\end{pmatrix}$이므로

$a_{11}=2+1-3=0,\ a_{12}=2+2-3=1$

$a_{13}=2+3-3=2,\ a_{21}=4+2-3=3$

$a_{22}=4+4-3=5,\ a_{23}=4+3-3=4$

$\therefore A=\begin{pmatrix}0&1&2\\3&5&4\end{pmatrix}$

따라서 행렬 $A$의 모든 성분의 합은

$0+1+2+3+5+4=15$

2) $\begin{pmatrix}a_{11}&a_{12}&a_{13}\\a_{21}&a_{22}&a_{23}\\a_{31}&a_{32}&a_{33}\end{pmatrix}$이므로

$i<j$ $i>j$ $i=j$

$A=\begin{pmatrix}1&-5&-8\\3&2&-7\\4&4&3\end{pmatrix}$

따라서 행렬 $A$의 모든 성분의 합은

$1+(-5)+(-8)$
$+3+2+(-7)$
$+4+4+3=-3$

정답 1) 15 2) $-3$

**잎 11-3**

풀이 $AB=\begin{pmatrix}-2\\4\end{pmatrix}\begin{pmatrix}1&\frac{3}{2}&5\end{pmatrix}$

$=\begin{pmatrix}-2&-3&-10\\4&6&20\end{pmatrix}$

따라서 행렬 $AB$의 모든 성분의 합은

$(-2)+(-3)+(-10)+4+6+20=15$

정답 ③

**잎 11-4**

풀이 $a_{ij}=i-j+1$에서 $i=1, 2, j=1, 2$를 각각 대입하면

$a_{11}=1-1+1=1, a_{12}=1-2+1=0$

$a_{21}=2-1+1=2, a_{22}=2-2+1=1$

$\therefore A=\begin{pmatrix} 1 & 0 \\ 2 & 1 \end{pmatrix}$

$b_{ij}=i+j+1$에서 $i=1, 2, j=1, 2$를 각각 대입하면

$b_{11}=1+1+1=3, b_{12}=1+2+1=4$

$b_{21}=2+1+1=4, b_{22}=2+2+1=5$

$\therefore B=\begin{pmatrix} 3 & 4 \\ 4 & 5 \end{pmatrix}$

$\therefore AB=\begin{pmatrix} 1 & 0 \\ 2 & 1 \end{pmatrix}\begin{pmatrix} 3 & 4 \\ 4 & 5 \end{pmatrix}=\begin{pmatrix} 3 & 4 \\ 10 & 13 \end{pmatrix}$

따라서 행렬 $AB$의 $(2, 2)$ 성분은 13이다.

정답 13

**잎 11-5**

방법 I 케일리-해밀턴의 정리에 의하여
「강추」

$A^2-A+(-2-ab)E=O$

이 식은 $A^2=A$, 즉 $A^2-A=O$와 일치하므로

$-2-ab=0$

$\therefore ab=-2$

이때 $a^2+b^2=10$이므로

$(a+b)^2=a^2+b^2+2ab=10+2\cdot(-2)=6$

방법 II $A^2=A$이므로

$\begin{pmatrix} -1 & a \\ b & 2 \end{pmatrix}\begin{pmatrix} -1 & a \\ b & 2 \end{pmatrix}=\begin{pmatrix} -1 & a \\ b & 2 \end{pmatrix}$

$\begin{pmatrix} 1+ab & a \\ b & ab+4 \end{pmatrix}=\begin{pmatrix} -1 & a \\ b & 2 \end{pmatrix}$

$\therefore ab=-2$

이때 $a^2+b^2=10$이므로

$(a+b)^2=a^2+b^2+2ab=10+2\cdot(-2)=6$

정답 ①

**잎 11-6**

풀이 행렬 $M=\begin{pmatrix} 4 \\ -5 \end{pmatrix}$는 $2\times 1$행렬이고, 행렬 $\begin{pmatrix} -1 & -2 \\ 3 & -6 \end{pmatrix}$은 $2\times 2$행렬이다.

따라서 $A$는 $1\times 2$행렬이 되어야 $MA$는 $2\times 2$ 행렬이 된다.

또 $B$는 $2\times 2$행렬이어야 $MA$와 더할 수 있다.

이때 $A=(a \quad b)$로 놓으면

$MA=\begin{pmatrix} 4 \\ -5 \end{pmatrix}(a \quad b)$

$=\begin{pmatrix} 4a & 4b \\ -5a & -5b \end{pmatrix}$

$B=\begin{pmatrix} -1 & -2 \\ 3 & -6 \end{pmatrix}-MA$

$=\begin{pmatrix} -1 & -2 \\ 3 & -6 \end{pmatrix}-\begin{pmatrix} 4a & 4b \\ -5a & -5b \end{pmatrix}$

$=\begin{pmatrix} -1-4a & -2-4b \\ 3+5a & -6+5b \end{pmatrix}$

행렬 $B$의 모든 성분의 합이 18이므로

$(-1-4a)+(-2-4b)+(3+5a)+(-6+5b)$

$=-6+a+b=18$

$\therefore a+b=24$

따라서 행렬 $A$의 모든 성분의 합은

$a+b=24$

정답 24

**잎 11-7**

풀이 실수 $a, b$에 대하여

$aA\begin{pmatrix} 2 \\ 1 \end{pmatrix}+bA\begin{pmatrix} -1 \\ 1 \end{pmatrix}=A\begin{pmatrix} 5 \\ 7 \end{pmatrix}$이 성립한다고 하면

$A\begin{pmatrix} 2a \\ a \end{pmatrix}+A\begin{pmatrix} -b \\ b \end{pmatrix}=A\begin{pmatrix} 5 \\ 7 \end{pmatrix}$

$A\begin{pmatrix} 2a-b \\ a+b \end{pmatrix}=A\begin{pmatrix} 5 \\ 7 \end{pmatrix}$

$\therefore 2a-b=5, a+b=7$

위의 두 식을 연립하여 풀면

$a=4, b=3$

즉 $4A\begin{pmatrix} 2 \\ 1 \end{pmatrix}+3A\begin{pmatrix} -1 \\ 1 \end{pmatrix}=A\begin{pmatrix} 5 \\ 7 \end{pmatrix}$이므로

$A\begin{pmatrix} 5 \\ 7 \end{pmatrix}=4\begin{pmatrix} 4 \\ 3 \end{pmatrix}+3\begin{pmatrix} 2 \\ 1 \end{pmatrix}=\begin{pmatrix} 22 \\ 15 \end{pmatrix}$

따라서 행렬 $A\begin{pmatrix} 5 \\ 7 \end{pmatrix}$의 모든 성분의 합은

$22+15=37$

정답 37

## 잎 11-8

**풀이** $\begin{pmatrix} a & 3 \\ 0 & a \end{pmatrix}$ ($a$는 8 이하의 자연수)에서

$a\begin{pmatrix} 1 & \frac{3}{a} \\ 0 & 1 \end{pmatrix}$

이때 주대각선의 성분이 모두 1이므로

$$\left\{a\begin{pmatrix} 1 & \frac{3}{a} \\ 0 & 1 \end{pmatrix}\right\}^n = a^n\begin{pmatrix} 1^n & \left(\frac{3}{a}\right)\times n \\ 0\times n & 1^n \end{pmatrix}$$

$$= \begin{pmatrix} a^n & 3na^{n-1} \\ 0 & a^n \end{pmatrix}$$

이때 $(1, 1)$성분과 $(1, 2)$성분이 같으려면

$a^n = 3na^{n-1}$

$\therefore a=3n$ ($\because a^{n-1}\neq 0$)

$a$는 8 이하의 자연수이므로

i) $n=1$일 때, $a=3$

ii) $n=2$일 때, $a=6$

따라서 가능한 모든 $a$의 값의 곱은

$3\times 6=18$

**정답** 18

## 잎 11-9

**풀이** $A\begin{pmatrix} 2 \\ 3 \end{pmatrix}=\begin{pmatrix} 3 \\ 4 \end{pmatrix}$이고

$A^2\begin{pmatrix} 2 \\ 3 \end{pmatrix}=AA\begin{pmatrix} 2 \\ 3 \end{pmatrix}=A\begin{pmatrix} 3 \\ 4 \end{pmatrix}=\begin{pmatrix} 5 \\ 7 \end{pmatrix}$이므로

$A=\begin{pmatrix} a & b \\ c & d \end{pmatrix}$라 하면

$\begin{pmatrix} a & b \\ c & d \end{pmatrix}\begin{pmatrix} 2 \\ 3 \end{pmatrix}=\begin{pmatrix} 3 \\ 4 \end{pmatrix}$, $\begin{pmatrix} a & b \\ c & d \end{pmatrix}\begin{pmatrix} 3 \\ 4 \end{pmatrix}=\begin{pmatrix} 5 \\ 7 \end{pmatrix}$

$2a+3b=3$ …㉠ $3a+4b=5$ …㉡

$2c+3d=4$ …㉢ $3c+4d=7$ …㉣

㉠, ㉡을 연립하여 풀면 $a=3$, $b=-1$

㉢, ㉣을 연립하여 풀면 $c=5$, $d=-2$

$\therefore abcd=3\times(-1)\times 5\times(-2)=30$

**정답** 30

## 잎 11-10

**풀이** 케일리-해밀턴의 정리에 의하여

$A^2-aA+4E=O$

이 식은 $A^2+2A+4E=O$와 일치하므로

$a=-2$

$A^2+2A+4E=O$

$(A-2E)(A^2+2A+4E)=O$

$A^3-8E=O$

$\therefore A^3=8E$

또 $A^2+2A+4E=O$에서 $A^2=-2A-4E$이므로

$A^8=(A^3)^2A^2$

$=(8E)^2(-2A-4E)$

$=-128(A+2E)$

따라서

$-128\left\{\begin{pmatrix} 0 & -4 \\ 1 & -2 \end{pmatrix}+\begin{pmatrix} 2 & 0 \\ 0 & 2 \end{pmatrix}\right\}$

$=-128\begin{pmatrix} 2 & -4 \\ 1 & 0 \end{pmatrix}$

**정답** $-128\begin{pmatrix} 2 & -4 \\ 1 & 0 \end{pmatrix}$

## 잎 11-11

**풀이** i) $A\neq kE$일 때, 케일리-해밀턴의 정리에 의하여

$A^2-(a+d)A+(ad-bc)E=O$

이 식은 $A^2-5A+6E=O$와 일치하므로

$a+d=5$

ii) $A=kE$일 때,

$A^2-5A+6E=O$에 $A=kE$를 대입하면

$(kE)^2-5(kE)+6E=O$

$(k^2-5k+6)E=O$

$(k-2)(k-3)E=O$

$\therefore k=2$ 또는 $k=3$

따라서 $A=2E$ 또는 $A=3E$

$A=\begin{pmatrix} 2 & 0 \\ 0 & 2 \end{pmatrix}$ 또는 $A=\begin{pmatrix} 3 & 0 \\ 0 & 3 \end{pmatrix}$

$\therefore a+d=4$ 또는 $a+d=6$

따라서 i), ii)에 의하여 $a+d$의 최댓값은 6이다.

**정답** 6

**잎 11-12**

**방법 I** 케일리-해밀턴의 정리에 의하여
「강추」
$A^2-A+E=O$
$(A+E)(A^2-A+E)=O$
$A^3+E=O$
$\therefore A^3=-E$
$\therefore A^6=(A^3)^2=(-E)^2=E$
따라서 $(A^n)^2=A^{2n}=E$이려면 $2n$은 6의 배수 즉 $n$은 3의 배수이어야 하므로 구하는 100 이하의 자연수 $n$의 개수는 33개다.

**방법 II** 행렬 $A=\begin{pmatrix}1 & 1\\ -1 & 0\end{pmatrix}$에 대하여

$A^2=AA=\begin{pmatrix}1 & 1\\ -1 & 0\end{pmatrix}\begin{pmatrix}1 & 1\\ -1 & 0\end{pmatrix}$
$=\begin{pmatrix}0 & 1\\ -1 & -1\end{pmatrix}$
$A^3=A^2A=\begin{pmatrix}0 & 1\\ -1 & -1\end{pmatrix}\begin{pmatrix}1 & 1\\ -1 & 0\end{pmatrix}$
$=\begin{pmatrix}-1 & 1\\ 0 & -1\end{pmatrix}$
$=-E$
$\therefore A^3=-E$
$\therefore A^6=(A^3)^2=(-E)^2=E$
따라서 $(A^n)^2=A^{2n}=E$이려면 $2n$은 6의 배수 즉 $n$은 3의 배수이어야 하므로 구하는 100 이하의 자연수 $n$의 개수는 33개다.

**정답** 33

**잎 11-13**

**풀이** 1) $A+B=\begin{pmatrix}3 & 1\\ 1 & -1\end{pmatrix}$이므로

$(A+B)^2=\begin{pmatrix}3 & 1\\ 1 & -1\end{pmatrix}\begin{pmatrix}3 & 1\\ 1 & -1\end{pmatrix}=\begin{pmatrix}10 & 2\\ 2 & 2\end{pmatrix}$
이때 $(A+B)^2=A^2+B^2+AB+BA$
$A^2+B^2=\begin{pmatrix}-2 & 1\\ 1 & -6\end{pmatrix}$이므로
$AB+BA=(A+B)^2-(A^2+B^2)$
$=\begin{pmatrix}10 & 2\\ 2 & 2\end{pmatrix}-\begin{pmatrix}-2 & 1\\ 1 & -6\end{pmatrix}$
$=\begin{pmatrix}12 & 1\\ 1 & 8\end{pmatrix}$
$\therefore (A-B)^2=A^2+B^2-(AB+BA)$
$=\begin{pmatrix}-2 & 1\\ 1 & -6\end{pmatrix}-\begin{pmatrix}12 & 1\\ 1 & 8\end{pmatrix}$
$=\begin{pmatrix}-14 & 0\\ 0 & -14\end{pmatrix}$
따라서 행렬 $(A-B)^2$의 모든 성분의 합은
$(-14)+(-14)=-28$

2) $(A+B)^2=(A^2+B^2)+(AB+BA)$
$=\begin{pmatrix}5 & 0\\ \frac{3}{2} & 1\end{pmatrix}+\begin{pmatrix}-4 & 0\\ -\frac{1}{2} & 0\end{pmatrix}$
$=\begin{pmatrix}1 & 0\\ 1 & 1\end{pmatrix}$
따라서
$(A+B)^{100}=\{(A+B)^2\}^{50}=\begin{pmatrix}1 & 0\\ 1 & 1\end{pmatrix}^{50}$
이때 주대각선의 성분이 모두 1이므로
$(A+B)^{100}=\begin{pmatrix}1 & 0\\ 1 & 1\end{pmatrix}^{50}$
$=\begin{pmatrix}1^{50} & 0\times 50\\ 1\times 50 & 1^{50}\end{pmatrix}$
$=\begin{pmatrix}1 & 0\\ 50 & 1\end{pmatrix}$
따라서 행렬 $(A+B)^{100}$의 모든 성분의 합은
$1+0+50+1=52$

**정답** 1) $-28$ 2) 5252

**잎 11-14**

**풀이** $a_{ij}=i-j$에서 $i=1, 2, j=1, 2$를 각각 대입하면
$a_{11}=1-1=0, a_{12}=1-2=-1$
$a_{21}=2-1=1, a_{22}=2-2=0$
$\therefore A=\begin{pmatrix}0 & -1\\ 1 & 0\end{pmatrix}$
케일리-해밀턴의 정리에 의하여
$A^2+E=O$
$\therefore A^2=-E$
$\therefore A^4=E$
$\therefore A+A^2+A^3+A^4=O$ **참고** p.305 뿌리 4-8)
↳ $(\because A+A^2-A-A^2=O)$
$A+A^2+A^3+\cdots+A^{2010}$
$=(A+A^2+A^3+A^4)+A^4(A+A^2+A^3+A^4)$
$+\cdots+A^{2004}(A+A^2+A^3+A^4)$
$+A^{2009}+A^{2010}$
$=A^{2009}+A^{2010}$
$=(A^2)^{1004}A+(A^2)^{1004}A^2$

$=(-E)^{1004}A+(-E)^{1004}A^2$

$=A+A^2$

$=A+(-E)$

$=\begin{pmatrix}0 & -1\\1 & 0\end{pmatrix}-\begin{pmatrix}1 & 0\\0 & 1\end{pmatrix}$

$=\begin{pmatrix}-1 & -1\\1 & -1\end{pmatrix}$

따라서 구하는 $(2, 1)$ 성분은 $1$이다.

정답 ④

## 잎 11-15

**핵심** 케일리-해밀턴의 정리를 이용하여 차수를 낮출 수 있는 꼴이 아니면 차례로 $A^2, A^3, A^4, \cdots$을 직접 구해서 규칙을 발견한다.

**풀이** 행렬 $A^n=\begin{pmatrix}2 & 1\\0 & -4\end{pmatrix}^n$의 $(1, 2)$ 성분이 밑을 $2$로 하는 지수의 꼴로 나오므로 행렬 $A$의 성분도 밑이 $2$가 되는 꼴 $A=\begin{pmatrix}2 & 1\\0 & -2^2\end{pmatrix}$으로 변형한 후

> **팁** $A^2, A^3, A^4, \cdots$을 표현하는 요령
> ⇨ 아래와 같이 밑줄의 개수로 $A$의 차수를 표시하면 실제 풀이에서 더 빠르게 $A^2, A^3, A^4, \cdots$를 구할 수 있다.

$A^2=\begin{pmatrix}2 & 1\\0 & -2^2\end{pmatrix}\begin{pmatrix}2 & 1\\0 & -2^2\end{pmatrix}=\begin{pmatrix}2^2 & 2-2^2\\0 & 2^4\end{pmatrix}\begin{pmatrix}2 & 1\\0 & -2^2\end{pmatrix}$

$A^3=\begin{pmatrix}2^3 & 2^2-2^3+2^4\\0 & -2^6\end{pmatrix}\begin{pmatrix}2 & 1\\0 & -2^2\end{pmatrix}$

$A^4=\begin{pmatrix}2^4 & 2^3-2^4+2^5-2^6\\0 & -2^8\end{pmatrix}\begin{pmatrix}2 & 1\\0 & -2^2\end{pmatrix}$

$A^5=\begin{pmatrix}2^5 & 2^4-2^5+2^6-2^7+2^8\\0 & -2^{10}\end{pmatrix}$

행렬 $A^n$의 $(1, 2)$ 성분이

$2^4-2^5+2^6-2^7+2^8$이므로 $n=5$이다.

따라서 행렬 $A^5$의 $(1, 1)$ 성분은 $a=2^5$이다.

$\therefore a+n=32+5=37$

정답 37

## 잎 11-16

**핵심** 케일리-해밀턴의 정리를 이용하여 차수를 낮출 수 있는 꼴이 아니면 차례로 $A^2, A^3, A^4, \cdots$을 직접 구해서 규칙을 발견한다.

**풀이** $A^2=AA=\frac{1}{\sqrt{2}}\begin{pmatrix}1 & -1\\1 & 1\end{pmatrix}\begin{pmatrix}1 & -1\\1 & 1\end{pmatrix}$

$=\frac{1}{\sqrt{2}}\begin{pmatrix}0 & -2\\2 & 0\end{pmatrix}$

$A^3=A^2A=\frac{1}{\sqrt{2}}\begin{pmatrix}0 & -2\\2 & 0\end{pmatrix}\frac{1}{\sqrt[4]{2}}\begin{pmatrix}1 & -1\\1 & 1\end{pmatrix}$

⇨ 계산하기가 지저분하므로 우선 건너뛴다.

$A^4=A^2A^2=\frac{1}{2}\begin{pmatrix}0 & -2\\2 & 0\end{pmatrix}\begin{pmatrix}0 & -2\\2 & 0\end{pmatrix}$

$=\frac{1}{2}\begin{pmatrix}-4 & 0\\0 & -4\end{pmatrix}=-2\begin{pmatrix}1 & 0\\0 & 1\end{pmatrix}$

$\therefore A^4=-2E$

$\therefore A^{12}=(A^4)^3=(-2E)^3=-8E$ ⋯ ㉠

행렬 $B$에 $\frac{1}{\sqrt[3]{4}}$이 있다. 그런데 $\sqrt[3]{\ }$이 있으면 계산이 쉽지 않다.

⇨ $\sqrt[3]{\ }$을 없애기 위해 $B^3$을 구해본다.

$B^3=BBB$

$=\frac{1}{4}\begin{pmatrix}1 & -\sqrt{3}\\\sqrt{3} & 1\end{pmatrix}\begin{pmatrix}1 & -\sqrt{3}\\\sqrt{3} & 1\end{pmatrix}\begin{pmatrix}1 & -\sqrt{3}\\\sqrt{3} & 1\end{pmatrix}$

$=\frac{1}{4}\begin{pmatrix}-2 & -2\sqrt{3}\\2\sqrt{3} & -2\end{pmatrix}\begin{pmatrix}1 & -\sqrt{3}\\\sqrt{3} & 1\end{pmatrix}$

$=\frac{1}{4}\begin{pmatrix}-8 & 0\\0 & -8\end{pmatrix}=-2\begin{pmatrix}1 & 0\\0 & 1\end{pmatrix}$

$\therefore B^3=-2E$

$\therefore B^{12}=(B^3)^4=(-2E)^4=16E$ ⋯ ㉡

㉠, ㉡에 의하여

$A^{12}+B^{12}=-8E+16E=8E=\begin{pmatrix}8 & 0\\0 & 8\end{pmatrix}$

따라서 모든 성분의 합은 $8+0+8+0=16$

정답 ④